水安全与水生态
研究系列

江苏省"十四五"时期重点出版物
出版专项规划项目

海平面上升对沿海地区水安全与生态系统的影响与应对

王国庆　张建云　金君良　等◎著

Sea Level Rise in Coastal China:
Impacts on Water Security and Ecosystems,
and Adaptation Strategies

河海大学出版社
HOHAI UNIVERSITY PRESS

·南京·

内 容 提 要

海平面上升已对我国沿海地区防洪、供水及环境等产生重要影响,并随着全球变暖,这种影响会越来越明显。针对中国东部沿海地区,本书系统分析了气候变化背景下海平面、风暴潮、台风的变化事实,预估了海平面上升和风暴潮变化对我国沿海堤防水位和防洪的影响,以及对长江口和珠江口感潮河段盐度的影响,提出了基于湿地生境演替模式的生态系统退化甄别分析方法,研究了湿地生态系统退化过程;提出了适用于海平面上升和保障沿海地区防洪安全和供水安全的措施和策略。

本书可供水利工程、海洋工程、气候与气象以及生态和资源环境等专业研究人员、高等院校师生以及水利、生态、环境和农业等部门的工程技术人员与政府决策部门的管理人员参考。

图书在版编目(CIP)数据

海平面上升对沿海地区水安全与生态系统的影响与应对 / 王国庆等著. -- 南京 : 河海大学出版社,2025.
1. -- ISBN 978-7-5630-9538-4

Ⅰ. TV213.4

中国国家版本馆 CIP 数据核字第 2024P3V942 号

书　　名	海平面上升对沿海地区水安全与生态系统的影响与应对	
	HAIPINGMIAN SHANGSHENG DUI YANHAI DIQU SHUI ANQUAN YU	
	SHENGTAI XITONG DE YINGXIANG YU YINGDUI	
书　　号	ISBN 978-7-5630-9538-4	
责任编辑	章玉霞	
特约校对	姚　婵	
装帧设计	徐娟娟	
出版发行	河海大学出版社	
地　　址	南京市西康路 1 号(邮编:210098)	
网　　址	http://www.hhup.com	
电　　话	(025)83737852(总编室)	
	(025)83722833(营销部)	
经　　销	江苏省新华发行集团有限公司	
排　　版	南京布克文化发展有限公司	
印　　刷	广东虎彩云印刷有限公司	
开　　本	718 毫米×1000 毫米　1/16	
印　　张	20.25	
字　　数	394 千字	
版　　次	2025 年 1 月第 1 版	
印　　次	2025 年 1 月第 1 次印刷	
定　　价	98.00 元	

前　言

　　IPCC 系列报告指出，以全球变暖和海平面上升为主要特征的气候变化已是不争的事实；2011—2020 年全球平均温度比 1850—1900 年上升了 1.1 ℃，其中，陆地表面温度上升了 1.59 ℃，海表温度上升了 0.88 ℃。全球变暖导致海水热膨胀和冰川融化，进而引起海平面上升，全球海平面上升趋势与全球变暖趋势表现出一致性，2006—2018 年的海平面上升速率处于加速状态（3.7 mm/a），并会在未来持续上升，且呈现不可逆的趋势。在全球变暖背景下，近些年来暴雨、洪涝、干旱、台风等极端事件发生的频率、强度有增大增强趋势。

　　根据自然资源部 2024 年发布的《中国海平面公报》，中国沿海海平面总体呈加速上升趋势。1993—2023 年，中国沿海海平面上升速率为 4.0 mm/a，高于全球同期平均水平；2020—2023 年，沿海平均海平面持续处于有观测记录以来的高位，较 1980—1989 年平均值高约 130 mm。从分区域来看，2023 年，渤海、黄海、东海和南海沿海海平面较常年平均海平面分别高 122 mm、74 mm、43 mm 和 52 mm，其中环渤海沿海海平面达 1980 年以来最高；从各省（自治区、直辖市）来看，沿海海平面均高于常年，其中，天津、河北最为显著，分别高 145 mm 和 143 mm；辽宁和山东次之，分别高 97 mm 和 85 mm；上海和福建沿海海平面升幅偏小，均低于 35 mm。

　　中国海岸线总长 3.2 万 km，其中大陆海岸线 1.8 万 km。我国 70% 以上的大城市、50% 以上的人口和近 60% 的经济总量都集中在沿海地区，是我国经济最发达、最具活力的地区。海平面上升使感潮河段水位上涨，使城市排涝和泄洪能力大大降低，同时直接造成沿海海岸、海堤、挡潮闸等防洪工程抗灾功能下降。海平面上升的累积作用，导致海水倒灌程度加大、河口地区湿地面积减少、湿地生态服务功能下降。在海平面上升和潮流顶托作用下，河口海水倒灌，咸潮入侵，地表和地下水资源被咸化，严重影响沿海地区地下水水质。

　　海平面上升已对我国沿海地区供水安全、防洪安全以及沿海生态环境等产生重要影响。在国家"十二五"科技支撑项目"沿海地区适应气候变化技术开发与应用"（项目编号 2012BAC21B00）、"十四五"重大研发项目课题"长江口地区城市多水源互补与优化调控技术”(编号:2023YFC3206004)、国家自然科学基金创新研究群体项目“气候变化与水安全”(项目编号:52121006)、国家自然科学基金杰出青年项目“变化环境下的水文过程与水安全适应”(编号:52325902)与南京水利科学研究院科研创新团队建设项目“气候变化下流域水资源与生态安全创新团队”(编号:Y522013)联合支持下,由南京水利科学研究院联合水利部水利信息中心、国家海洋信息中心、中国科学院地理科学与资源研究所、中山大学以及地方水利部门,系统开展了沿海地区应对海平面上升适应技术集成与应用研究,重点分析我国海平面、台风、风暴潮演变规律及未来变化趋势,评估海平面上升和风暴潮对典型沿海地区防洪安全、供水安全、生态安全的影响,研发适应海平面上升,保障沿海地区水资源安全、防洪安全和生态安全的技术,并开展沿海地区应对海平面上升的技术体系集成及示范应用,以保障我国在未来气候变化下人民生命财产安全和经济社会的可持续发展。

本书共分五篇,包括21章。其中,第一篇重点介绍中国海平面、台风、风暴潮演变规律及趋势,第二篇分析海平面上升对典型沿海地区防洪安全的影响,第三篇评估海平面上升对沿海地区水资源安全的影响,第四篇聚焦海岸带典型退化生态系统演变及修复关键技术的研究,第五篇介绍沿海地区应对海平面上升的技术应用。本书由王国庆正高级工程师、张建云院士、金君良教授设计并统稿,第一篇由陈满春、周国良、李响、王国庆等执笔撰写,关铁生、张建立、黄昌兴、刘小妮、王妍、朱春子、李丹等参与了该部分章节的分析计算及撰写;第二篇由张金善、章卫胜、刘翠善、金君良等执笔撰写,宗虎城、熊梦婕、孙高霞、殷成团、王金华、阮俞理、唐佩璐等参与了该部分章节的分析计算及撰写;第三篇由陈晓宏、张建云、刘艳丽、王国庆等执笔撰写,黄锐贞、李诚、肖旭、章卫胜、刘鹏、谢康、邓晰元、李丹等参与了该部分章节的分析计算及撰写;第四篇由李国胜、鲍振鑫、贺瑞敏等执笔撰写,崔林林、廖华军、张伟杰、马昱斐、张利茹、郝洁等参与了该部分章节的分析计算及撰写;第五篇由王国庆、张建云、金君良、刘翠善等执笔撰写,王小军、宋明明、王乐扬、尚熳廷、严小林、李杨等参与了该部分章节的分析计算及撰写。本书初稿形成于2017年,后经多次完善和更新,于2024年11月完成终稿,其间,水利部应对气候变化研究中心的历届研究生参与了本书资料的更新,南京水利科学研究院陈求稳研究员给予了大力支持和关心,南京水利科学研究院贺瑞敏正高级工程师、孙高霞高级工程师对本书进行了校对与审核,河海大学出版社对本书进行了审核和编辑。本书的出版也得到了南京水利科学研究院出版基金的支持。笔者对所有对本书出版做出贡献的老师、同事、同学和朋友致以衷心的感谢。

IPCC第六次评估报告指出,到21世纪中期(2050年前后),相对1995—2014

年水平,全球海平面在中低排放情景下将上升 0.1~0.4 m,在高排放情景下将上升 0.1~0.6 m;未来海平面的持续上升将进一步增加极值水位的高度和频率,对滨海区域的影响将更加严重;应对海平面上升、保障我国沿海地区经济社会可持续发展是国家应对气候变化的重大战略需求。气候变化问题复杂,海平面上升、风暴潮变化以及沿海地区快速的经济发展活动等诸多因素,使得适应和应对气候变化中的挑战依然存在。限于作者认知水平,书中必然存在不足和局限之处,敬请广大读者批评指正。

目　录

第一篇　中国海平面、台风、风暴潮演变规律及趋势

第四篇　海岸带典型退化生态系统演变及修复关键技术

第一篇

中国海平面、台风、风暴潮演变规律及趋势

第一章

绪　论

海平面上升已对我国沿海地区防洪、地下水及环境等产生重要影响，同时对国家经济社会的可持续发展产生了重要的影响，并且随着全球逐渐变暖，这种影响会越来越明显。如何在气候变化的情况下，确保区域防洪安全，对中国水资源开发和保护领域提高气候变化适应能力提出了长期的挑战。中国沿海地区是人口稠密、经济活动最为活跃的区域，大多地势低平，极易遭受因海平面上升带来的各种灾害威胁。目前，沿岸防潮工程建设标准较低，抵抗灾害的能力较弱。由海平面上升逐步引起的海岸侵蚀、海水入侵等问题，对中国沿海地区应对气候变化提出了现实的严峻挑战。

（1）海平面上升、风暴潮变化给我国沿海地区的防洪安全带来新的挑战

海堤工程作为沿海地区防风暴潮侵袭的重要工程措施，在防灾减灾中发挥了巨大的作用。中国沿岸海岸线约有 12 000 km 修有海堤，海堤高度大都由历史最高潮位、相应重现期的风浪爬高和安全超高三项参数相加得到，而这些参数均未考虑使用年限内海平面的可能上升值。未来海平面上升将直接导致风暴潮的初始基面提高，使出现同样风暴潮位所需的增水值减少，从而使得风暴潮极值水位的重现期缩短，风暴潮极值增水漫溢海堤的概率增加。一般情况下，100 年一遇与 50 年一遇校核水位只相差 40 cm 左右，因此，如果海平面上升 20～30 cm，其对工程水位的计算影响很大。海平面上升、台风强度及频次增加将直接导致潮位升高，对现有海堤的防御能力构成新的威胁。一些穿堤和跨堤建筑物的水位变动及浪溅区域

注：1. 本书计算数据或因四舍五入原则，存在微小数值偏差。

2. 本书所使用的市制面积单位"亩"，1 亩 ≈ 666.7 m²。

3. 1 ppm = 1×10^{-6}。

已不适应海平面相对上升产生的新情况。因此,海平面上升和风暴潮的加强,将显著降低沿海堤防工程和涉水工程的防御和耐久性标准,沿海防洪工程标准需要重新评估,风暴潮波浪超高等设计规范需要重新修订。

（2）海水入侵已成为不容忽视的重要水资源安全问题

河流径流量变化和海平面上升是导致河口盐水入侵的主要因素。海平面上升的累积作用,导致海水倒灌程度加大和海岸侵蚀加剧,潮流顶托作用加强,进而使河口海水倒灌,咸潮入侵,地表和地下水资源被咸化,严重影响沿海地区地下水水质。海平面上升使河口盐水楔上溯,加大了海水入侵强度,使入海河口附近河水的盐度增高,这一现象在大江大河三角洲附近尤为明显。珠江口最近十年是历史上咸潮入侵最为严重的时期,每年的10月份开始,径流量减少,而该季节的海平面是一年中的最高值,海水沿河上溯,加重了由于径流减少引起的咸潮入侵强度。2006年汛期10月大潮期间,长江口外海高盐水上溯至北支,强度大,倒灌南支严重,其中底层一直存在较高盐度的盐水楔,导致观测期间陈行水库、宝钢水库河段不存在淡水资源。

（3）海平面上升加重了海岸带生态退化问题

我国是世界上海岸带生态系统退化最严重的国家之一。海岸带生态系统具有防风消浪、护岸护堤、调节气候等功能,对抵御海洋灾害具有重要作用。海平面上升和不合理的海岸开发导致红树林海岸侵蚀加重、沙坝上移,造成红树林生存环境恶化,红树植物群落衰退,分布面积减小。根据2019年海平面变化影响调查结果,广西防城港市企沙半岛的红树林明显受到海岸侵蚀的影响,近30年来受侵蚀的红树林海岸长度达4 km,最大侵蚀距离为122 m,红树林面积萎缩;广西北海市大冠沙红树林不断受沙坝上移影响,底栖动物群落的种数、密度和生物量分别下降了35％、75％和90％,红树林和底栖动物显著退化。海平面上升的累积作用,导致海水倒灌程度加大和海岸侵蚀加剧,造成湿地面积减少、植被和底栖动物群落退化、湿地生态服务功能下降。目前,江苏的沿海环境污染和生态破坏已经十分严重,海平面上升将进一步加重江苏海岸带生态问题。

2006年1月,国务院发布《国家中长期科学和技术发展规划纲要（2006—2020年）》,在"重点领域及其优先主题"之"环境"领域的重点任务"海洋生态与环境保护"中明确提出需要"发展近海海域生态与环境保护、修复及海上突发事件应急处理技术";在"公共安全"领域的重点任务"重大自然灾害监测与防御"中明确提出"重点研究开发地震台风、暴雨、洪水、地质灾害等监测、预警和应急处置关键技术";在"基础研究"之"面向国家重大战略需求的基础研究"领域的重点任务"全球变化与区域响应"中明确"重点研究全球气候变化对中国的影响"。

2011年"中央一号文件"中指出"随着工业化、城镇化深入发展，全球气候变化影响加大，我国水利面临的形势更趋严峻，增强防灾减灾能力要求越来越迫切"。将水安全提高到国家安全的战略高度，把水利作为国家基础设施建设的优先领域，把防灾减灾体系建设摆上应对气候变化的突出位置。应对极端气候，防御水旱灾害，保障水安全，实现水资源的可持续利用，是中国在全面建成小康社会、加快推进现代化进程中必须着力加以解决的重大课题。

因此，紧密围绕《国家中长期科学和技术发展规划纲要（2006—2020年）》、"中央一号文件"要求，深入研究海平面上升对我国沿海水安全的影响，提出保障防洪安全、水资源安全以及典型海岸带修复的关键技术和措施，是保障我国沿海地区水安全和经济社会可持续发展的应对气候变化的重大战略需求。

为此，中华人民共和国科学技术部于2012年设立并启动了"十二五"国家科技支撑计划课题"沿海地区应对海平面上升适应技术集成与应用"，课题目标与任务为研究沿海地区应对海平面上升适应技术集成与应用，其中重点研究典型沿海地区防洪安全、水资源安全关键技术和海岸带典型退化生态系统修复的关键技术。

第二章

沿海海平面的演变规律

近百年来,全球气候变化最突出的特点是显著的增暖趋势。联合国政府间气候变化专门委员会(IPCC)第六次评估报告指出:1880—2020年,全球地表平均温度呈线性上升趋势,2011—2020年平均温度比1850—1900年平均温度上升了1.1 ℃,其中,陆地温度上升了1.59 ℃,海洋温度上升了0.88 ℃。中国近百年气温变化明显超出全球平均水平,1900年以来中国气温变暖速率每百年平均升高1.3~1.7 ℃。

全球变暖导致海水热膨胀和冰川冰盖融化,进而引起海平面上升,全球海平面上升趋势与全球变暖趋势表现出一致性。自1993年以来,海洋热膨胀对海平面上升的预估贡献率约为57%,而冰川和冰帽的贡献率则大约为28%,其余的贡献率则归因于极地冰盖等。

随着全球变暖引起的冰川融化和海洋热膨胀的加剧,未来海平面将会发生显著变化。IPCC第六次评估报告指出,2006—2018年的海平面上升速率处于加速状态(3.7 mm/a),并会在未来持续上升,且呈现不可逆的趋势。其中2050年,在低(SSP1-2.6)、中(SSP2-4.5)、高(SSP5-8.5)情景下,中国近海平均海平面将上升0.21(0.16~0.26)m、0.22(0.19~0.28)m和0.24(0.21~0.33)m;2100年,在低(SSP1-2.6)、中(SSP2-4.5)、高(SSP5-8.5)情景下,中国近海平均海平面将上升0.47(0.31~0.64)m、0.59(0.47~0.80)m和0.83(0.64~1.09)m。不同情景下全球平均海平面增幅变化趋势见图2.1。

海平面上升分为绝对海平面上升和相对海平面上升两个方面。绝对海平面上升是指理论上的全球平均海平面的上升,相对海平面上升是指某一地点绝对海平面上升值与当地的地面和地壳沉降值之和。相对海平面的上升量对区域的长期规划建设有重要的参考价值,对某一区域产生最直接的影响,因而研究当地相对海平

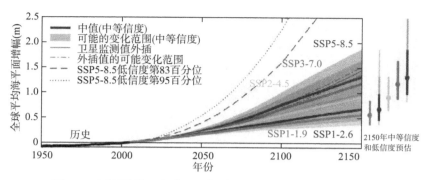

图 2.1　不同情景下全球平均海平面增幅变化趋势（IPCC AR6）

面变化更具现实意义。

　　本章研究近代短时间尺度的海平面变化依据的数据，主要包括中国近海沿岸验潮站潮位观测资料、Topex/Poseidon 和 Jason-1 卫星高度计资料（1993—2020 年）、SODA 资料（1958—2020 年）、WOD 资料、IMMA 资料（1960—2020 年）等。综合应用验潮站资料和卫星测高海面高度距平场（SSHA），采用经验正交函数（Empirical Orthogonal Function，EOF）分析方法估计 SSHA 的空间相关性，重构近 60 年中国近海海平面高度场；分别采用长期验潮、卫星测高资料，利用小波分析、EOF 分析、混合谱与显著性周期检验、周期拟合等方法和模型，以中国近海及其邻近海域为主，研究近 60 年中国海平面变化的周期性、趋势性和区域性特征，分析中国海域海平面年际和年代际变化规律；采用奇异值分解（Singular Value Decomposition，SVD）分析研究中国近海海平面变化与气温、气压、风场等气候要素变化的相关性；根据中国近海海平面与气候变化及全球海平面变化的关系，选取中国海平面上升主要影响因子，为中国近海海平面上升预测提供依据。

2.1　中国沿海海平面长期变化趋势

　　中国沿海海平面变化具有明显的趋势性和波动性特征，总体呈上升趋势。在海平面变化趋势分析中，一般将 1993—2011 年的平均海平面定为常年平均海平面（以下简称常年）。自 20 世纪 90 年代以来，海平面上升趋势明显。1980—2023 年中国沿海海平面变化趋势见图 2.2。

　　在全球变暖背景下，中国沿海海平面总体呈加速上升趋势。1980—2023 年，中国沿海海平面上升速率为 3.5 mm/a；1993—2023 年，中国沿海海平面上升速率为 4.0 mm/a，高于全球同期平均水平。2020—2023 年，中国沿海平均海平面持续

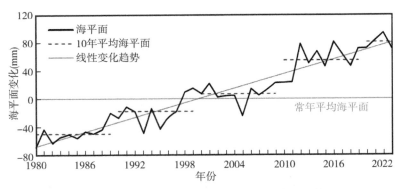

图 2.2　1980—2023 年中国沿海海平面变化趋势

处于有观测记录以来的高位,较 1980—1989 年平均值高约 130 mm。2023 年,中国沿海海平面较常年高 72 mm,比 2022 年低 22 mm,仍处于有观测记录以来的高位。从分区域来看,2023 年,渤海、黄海、东海和南海沿海海平面较常年分别高 122 mm、74 mm、43 mm 和 52 mm,其中环渤海沿海海平面达 1980 年以来最高,台湾海峡沿海海平面为近八年最低。从各省来看,沿海海平面均高于常年,其中,天津、河北最为显著,分别高 145 mm 和 143 mm;辽宁和山东次之,分别高 97 mm 和 85 mm;上海和福建沿海海平面升幅偏小,均低于 35 mm。

2023 年,中国沿海海平面变化区域特征明显。渤海湾至山东半岛北部沿海海平面达 1980 年以来最高,较常年高 127 mm,台湾海峡沿海海平面偏低明显,接近常年水平。与 2022 年相比,中国沿海海平面以山东半岛东部为界,北部沿海略有上升,南部沿海下降明显,其中台湾海峡至广东西部沿海海平面平均降幅约 45 mm。

全球海平面上升是由气候变暖导致的海洋热膨胀、冰川冰盖融化、陆地水储量变化等因素造成的,不同时段的海平面上升速率不同,各因子的贡献率也在发生变化。IPCC 第六次评估报告显示,全球平均海平面上升速率在 1971—2018 年、1993—2018 年、2006—2018 年分别为 2.3 mm/a、3.3 mm/a、3.7 mm/a。自 20 世纪 70 年代以来,冰川冰盖融化及陆地水储量变化对全球海平面上升的贡献率呈增加趋势。1971—2018 年,冰川冰盖融化对全球海平面上升的贡献率为 41.9%,1993—2018 年为 43.2%,2006—2018 年增加至 44.8%。2006—2018 年,冰盖和冰川质量的减少是导致全球平均海平面上升的主要因素。海洋热膨胀的贡献率由 1971—2018 年的 50.4% 减少至 2006—2018 年的 38.6%。

1960—2021 年,渤海、黄海,东海和南海沿海海平面均呈上升趋势。受沿海地面沉降以及区域水动力过程等因素影响,各海区沿海海平面上升速率存在差异。1960—2021 年,渤海、黄海,东海和南海海平面上升速率分别为 2.1 mm/a、

2.5 mm/a 和 2.8 mm/a,南海沿海海平面上升速率最快,渤海、黄海最慢;1980—2021 年,渤海、黄海,东海和南海海平面上升速率分别为 3.5 mm/a、3.3 mm/a 和 3.6 mm/a,渤海、黄海和南海沿海海平面上升速率均较快,东海最慢;1993—2021 年,渤海、黄海,东海和南海海平面上升速率分别为 4.1 mm/a、4.4 mm/a 和 3.7 mm/a。渤海、黄海沿海海平面在 20 世纪 60—70 年代上升较慢,80 年代之后上升加快;南海沿海海平面在 90 年代之后上升速率慢于渤海、黄海和东海沿海,详见图 2.3。

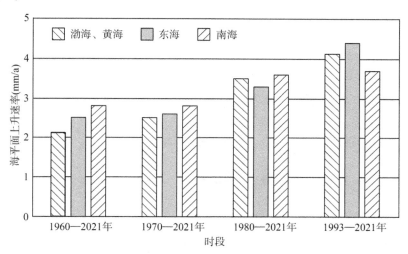

图 2.3　中国渤海、黄海,东海和南海沿海不同时期海平面变化

2.2　中国沿海海平面变化的周期性

中国沿海平均海平面的变化呈波动上升趋势,包含了各种时间长度的周期性振荡,存在 2～7 年、11 年、19 年以及更长时间的年际和年代际显著变化周期。其中,2～7 年的周期变化,是对厄尔尼诺现象、黑潮大弯曲和中国沿海气候变化的综合响应;11 年左右的周期与太阳黑子的活动有关;由于引潮力 18.61 年的周期性作用,在地壳较稳定的地区,一般都有 19 年左右的周期;此外,极地海冰和陆冰的长期变化以及气候的长期变化也使海平面产生变化,而 35～40 年的变化周期与全球气温变化中的 36 年周期相当。

中国沿海近 30 年的年平均海平面分析结果表明:中国沿海海平面的年际和年代际变化区域特征明显,不同区域的振幅存在明显差异,并且海平面周期性振荡高位和低位的发生时间也不同。以长江口的吕四港为界,长江口以北,周期性振荡的高位叠加时间是1998年;长江口以南,周期性振荡的高位叠加时间是1999—2001年,其中2001年最高。渤海和黄海周期性振荡的振幅相近,到长江口时,4～7年周期性振荡的振幅开始变得明显,高于其他周期的振幅。

渤海、黄海、长江口和杭州湾海平面的年际和年代际变化主要以2～3年、7年、11年和19年左右最为显著。1998年,海平面处于2～3年、7年和19年周期的高位,因此该年度渤海和黄海的海平面也处于历史最高位,较常年偏高50～70 mm;2003年,海平面处于2～3年、7年和11年周期的低位,该年度渤海和黄海的海平面较常年偏低约10 mm。另外,杭州湾和长江口外的区域,4～7年的厄尔尼诺周期变得较为显著。

东海和南海海平面的年际和年代际变化主要有7年、11年左右、19年左右的变化周期,其中7年的周期较为显著。1999—2001年,海平面处于7年、11年和19年周期的高位,因此这3年的平均海平面也达到了历史最高位,其中自台湾海峡至南海海域,海平面较常年偏高82 mm。另外,珠江口海平面2～3年的变化周期最为显著。

2.3 中国沿海海平面的季节变化

海平面季节变化是指主要因季节变化引起的海平面的升降变化,这种变化规律每年大致是相同的。但由于受到大尺度海洋和气候环境变化的影响,这种规律有时也会发生变化。在中国沿海,地理位置越向北,海平面的季节变化越显著。

中国沿海海平面季节变化与气候密切相关,且其区域特征明显。年变化幅度自北向南逐渐减小,渤海、黄海较大,东海次之,南海较小。季节性高、低海平面出现的日期自北向南逐渐推迟。受季风、气压、降水、海浪等多因素的影响,季节性高海平面发生时间由北向南逐渐推迟。渤海和黄海北部的季节性高海平面,一般发生在气温最高、气压最低、降水量最大和季风影响较小的8月前后;黄海南部和东海中部的季节性高海平面,一般出现在盛行南向季风和表层南向沿岸流较强的9月前后;东海南部和台湾海峡在9月下旬—10月上旬的季节性海平面最高;10—11月,受东北季风影响,大量海水通过巴士、巴林塘和台湾海峡进入南海,南海东北部沿海海平面达到一年中的最高。

2023年,渤海、黄海、东海和南海沿海海平面较常年分别高122 mm、74 mm、43 mm和52 mm,总体呈北高南低的空间特征,渤海沿海海平面偏高最明显,黄海沿海次之;与2022年相比,渤海沿海海平面略有上升,黄海沿海海平面略有下降,东海和南海沿海海平面下降明显,降幅分别为 36 mm 和 42 mm(图 2.4)。

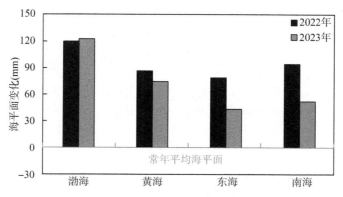

图 2.4　2023 年中国各海区沿海海平面变化

1980—2023 年,渤海沿海海平面上升速率为 3.8 mm/a。2023 年,渤海沿海海平面较常年高 122 mm,略高于 2022 年。预计未来 30 年,渤海沿海海平面将上升 65~160 mm。2023 年,渤海沿海海平面 2 月、5 月和 9 月较常年同期分别高 157 mm、150 mm 和 170 mm,均为 1980 年以来同期第二高;与 2022 年同期相比,5 月、10 月和 12 月分别上升 62 mm、66 mm 和 95 mm,6 月和 11 月分别下降 64 mm 和 134 mm[图 2.5(a)]。

1980—2023 年,黄海沿海海平面上升速率为 3.3 mm/a。2023 年,黄海沿海海平面较常年高 74 mm,比 2022 年低 12 mm。预计未来 30 年,黄海沿海海平面将上升 60~165 mm。2023 年,黄海沿海海平面 2 月、4 月、5 月和 9 月较常年同期分别高 113 mm、105 mm、107 mm 和 111 mm,其中 2 月、4 月和 5 月海平面均为 1980 年以来同期第二高;与 2022 年同期相比,5 月和 12 月分别上升 58 mm 和 90 mm,3 月和 11 月分别下降 89 mm 和 133 mm[图 2.5(b)]。

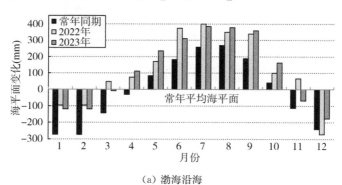

(a)渤海沿海

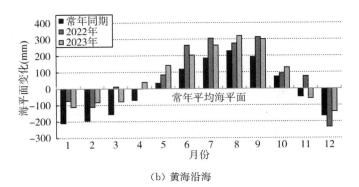

（b）黄海沿海

图 2.5　2023 年渤海、黄海沿海月平均海平面变化

1980—2023 年，东海沿海海平面上升速率为 3.2 mm/a。2023 年，东海沿海海平面较常年高 43 mm，比 2022 年低 36 mm。预计未来 30 年，东海沿海海平面将上升 80～190 mm。2023 年，与常年同期相比，东海沿海海平面 2 月和 8 月分别高 103 mm 和 118 mm，11 月和 12 月分别低 40 mm 和 24 mm，其中 11 月海平面为近 19 年同期最低；与 2022 年同期相比，8 月上升 140 mm，3 月和 11 月分别下降 127 mm 和 90 mm［图 2.6（a）］。

1980—2023 年，南海沿海海平面上升速率为 3.5 mm/a。2023 年，南海沿海海平面较常年高 52 mm，比 2022 年低 42 mm。预计未来 30 年，南海沿海海平面将上升 80～190 mm。2023 年，与常年同期相比，南海沿海海平面 2 月高 140 mm，11 月低 10 mm，为近 14 年同期最低；与 2022 年同期相比，除 6 月外，其他各月海平面均下降，其中 10 月和 12 月下降幅度分别为 99 mm 和 80 mm［图 2.6（b）］。

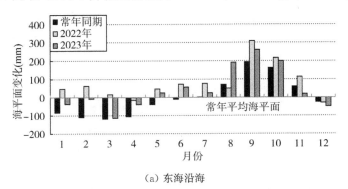

（a）东海沿海

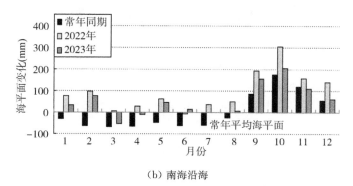

（b）南海沿海

图 2.6　2023 年东海、南海沿海月平均海平面变化

2.4　中国沿海典型省份及城市海平面变化

以连云港、吕四、大戟山、滩浒、坎门、三沙 6 个自北向南的潮位观测站作为典型站，分析江苏、浙江、上海沿海的海平面季节变化、长期变化规律以及周期性变化特征。

（1）海平面季节变化

江苏、浙江与上海沿岸海平面具有显著的季节变化，且其区域特征明显。年变化振幅（年变幅）由北向南逐渐减小，季节性高、低海平面出现的月份自北向南逐渐递推，详见表 2.1。

表 2.1　中国沿岸海平面季节（年与半年）变化

站名	年变化振幅（cm）	半年变化振幅（cm）	季节最高海面发生月份	季节最低海面发生月份
连云港	21.59	3.06	8 月	1 月
吕四	17.93	2.92	9 月	2 月
大戟山	18.09	3.63	9 月	2 月
滩浒	17.84	4.67	9 月	2 月
坎门	12.60	4.42	9 月	3 月
三沙	11.67	4.64	10 月	4 月

江苏北部沿岸季节性高水位一般出现在 8 月份，季节性低水位多出现在 1 月份；年变幅达 45 cm 左右。江苏南部、上海与浙江北部高水位一般在 9 月份出现，季节性低水位多出现在 2 月份；年变幅接近 40 cm。浙江中部与南部沿岸最高水

位则一般在 10 月份出现,季节性低水位出现在 3、4 月份;年变幅一般不超过 30 cm。

（2）海平面变化周期

通过功率谱分析发现,江苏、上海与浙江沿岸海平面有 2～5 年、10 年左右与 20 年的振荡周期。2～5 年的准周期变化是对厄尔尼诺现象、黑潮大弯曲和中国沿岸气候变化的响应;10 年左右的周期是黄、白交点运动造成的月球赤纬偏离二分点与二至点的 9.3 年周期,以及月球轨道拱线 8.85 年周期和太阳黑子 11 年左右活动周期的综合反映;20 年周期是振幅为 20～30 mm 的交点分潮的变化所致。

（3）海平面长期变化趋势

利用随机动态模型计算江苏、上海与浙江沿岸 6 个长期验潮站 1978—2012 年海平面线性变化速率。

1978—2012 年,江苏、上海与浙江沿岸海平面的平均上升速率为 3.2 mm/a。江苏南部与浙江北部沿岸海平面上升趋势最强,升速超过 4.0 mm/a;江苏北部与长江口海域升速约为 3.0 mm/a;浙江中部与南部海平面上升较缓,升速约为 2.2 mm/a。见图 2.7。

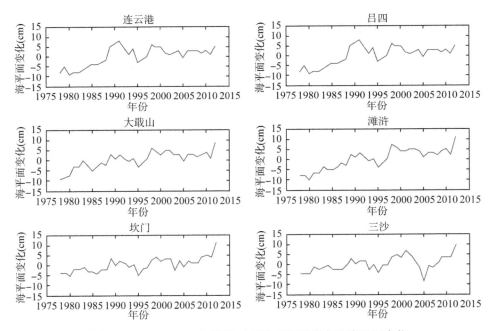

图 2.7　1978—2012 年江苏、上海与浙江沿岸年均海平面变化

2.5　海平面变化原因

海平面变化是绝对海平面变化与相对海平面变化的叠加。海水的质量与体积变化是绝对海平面变化的原因。前者可能因极地冰盖和山岳冰川融化后汇于海洋而增多;后者因受热或冷却使得海水膨胀或收缩,导致海平面的上升或下降。此外,局部风场引起沿岸水的堆积或流失、海面气压的变化、径流入海量多寡以及洋流系统的变异,都能使局地绝对海平面发生相应的变化。相对海平面变化主要由沿海地区地壳运动、洋盆深度变化、海底扩张等造成。

中国沿海海平面变化主要受海温、气温、风和降水等因素的影响。近40年来,长期累积效应导致海平面上升,造成滩涂损失、低地淹没和生态环境破坏。地面沉降也是相对海平面上升的原因之一。

从影响状况来看,近40年来,海平面上升的长期累积效应造成海岸带生态系统挤压和滩涂损失,影响沿海地下淡水资源;高海平面加大风暴潮、滨海城市洪涝和咸潮入侵致灾程度。同时,沿海地区地面沉降导致相对海平面上升,加大灾害影响程度。2023年,辽宁、山东、江苏、海南沿海部分监测岸段海岸侵蚀加剧,其中砂质海岸平均侵蚀距离约2.7 m;河北北部、山东、江苏南部沿海部分监测断面重度海水入侵程度加重,重度海水入侵距离均超过6.8 km;与2022年相比,长江口、钱塘江口和珠江口咸潮入侵程度总体减轻,咸潮入侵次数和影响天数均减少;风暴潮和滨海城市洪涝给福建、广东、广西等带来较大影响。

（1）中国沿海海平面与气候要素的相关性

全球海平面上升主要由气候变暖导致的海水增温膨胀、陆地冰川和极地冰盖融化等因素造成。1993年至2022年间,全球平均海面温度每十年上升约0.42 ℃。但从2023年3月开始,海面温度在短短5个月内上升了约0.28 ℃。

2022年,全球大气二氧化碳平均浓度创历史新高,为(417.9±0.2)ppm。2023年,全球平均表面温度比工业化前水平(1850—1900年平均值)高(1.45±0.12) ℃,为有观测记录以来最暖的年份。全球海洋上层2 000 m持续增暖,2023年海洋热含量达历史新高。2023年南极最大海冰范围和最小海冰范围均为有卫星观测记录以来的最低;2022年9月至2023年8月,格陵兰冰盖冰量损失约2 170亿 t。全球平均海平面持续上升,1993—2023年上升速率为(3.4±0.3)mm/a,2023年达到有卫星观测记录以来的最高。在全球变暖背景下,中国沿海气温和海温显著升高,海平面加速上升。1980—2023年,中国沿海气温和海温每十年分别上升0.39 ℃和0.29 ℃。1980—2023年,中国沿海海平面上升速率为35 mm/a;1993—2023年海平面上升速率为 4.0 mm/a,高于全球同期平均水平。2023 年,中国沿海气温和海温较常年分别高 1.06 ℃和 1.01 ℃,比 2022 年分别上升 0.62 ℃和 0.36 ℃,均为 1980 年以来最高;海平面较常年高 72 mm,仍处于 1980 年以来高位。1980—2023 年中国沿海气温和海温距平变化见图 2.8。

中国近海南北跨度大,地理上跨越热带、副热带和温带,加之海岸线漫长曲折,太阳辐射的不均匀分布及季节变化使得中国近海区域南北方向上的气候出现较大差异。中国近海受到不同纬度的天气系统影响,寒潮、温带气旋、热带气旋活动频繁,增加了气候的多样性。中国近海上空盛行季节性风系,区域内气候变化主要取决于东亚季风的变化。受东亚强季风控制,中国近海风力较同纬度洋面偏大,而且冬季风强于夏季风。

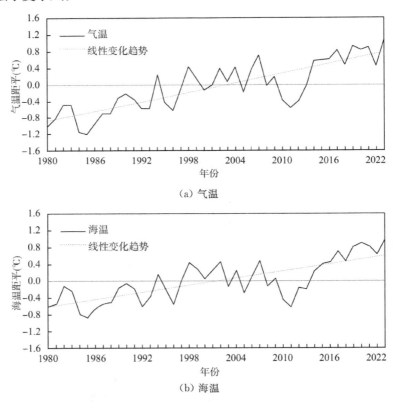

(a) 气温

(b) 海温

图 2.8 1980—2023 年中国沿海气温和海温距平变化

东亚季风的变化是影响中国近海和邻近海域海洋环境要素(如海流、海水温度和盐度、海平面高度等)变化的重要原因。冬季(12 月至翌年 2 月),在我国渤海、黄海和东海盛行西北偏北季风,气压较高,海平面降低;夏季盛行西南偏南季风,气压较低,海平面升高。

（2）地面沉降

地面沉降的主要原因是开采地下流体。随着人类活动的加剧,由人类不合理的抽取地下水而导致的地面标高损失已成为影响相对海平面变化的主要因素之一。地面沉降最早发生于20世纪20年代的上海和天津。2012年国土资源部（现自然资源部）、水利部印发的《全国地面沉降防治规划（2011—2020年）》指出,我国累计地面沉降量超过20 cm的地区达7.9万 km²。上海市自1921年发现地面沉降至1965年未采取措施前,中心城区地面平均下降了1.76 m,最大累积沉降量为2.63 m（西藏中路北京东路交叉路口）,其中1957—1961年市区平均沉降速率为110 mm/a,使市区地面标高已低于1974年黄浦江最高水位2 m左右;1966—1985年在压缩开采、调整开采层次的同时,采取大面积的人工回灌等措施,地面沉降状况得到基本控制,平均沉降速率仅为0.9 mm/a;1986年以后,随着社会经济的快速增长,周边地下水用量的增加及大规模市政建设的进行,1986—1996年平均沉降量增至10.2 mm/a。自2004年以来,随着《地质灾害防治条例》的实施,全国各地均开展了地面沉降的治理工作,北京、上海、天津、西安等多个城市均观测到地面沉降的减缓甚至回升。2021—2023年,我国进一步颁布了《地下水管理条例》《地下水保护利用管理办法》等一系列法律法规,加快促进地下水恢复及地面沉降的防治。

（3）海水热比容效应

在给定面积的水柱中,海水密度的变化必然导致水柱高度的变化。水温变化引起的海水热膨胀效应（海水热比容效应）为

$$\Delta H = \int_{Z1}^{Z2} C \cdot \Delta T \mathrm{d}Z \qquad (2.1)$$

其中:C 为热膨胀系数,$C = \dfrac{1}{\rho}\dfrac{\partial \rho}{\partial T}$;$T$ 为水温;Z 为海水深度。

2022年受到拉尼娜事件持续影响,附近海域水温存在显著的季节变化,冬季风偏强,夏季风持续时间偏长,距平风场导致沿岸长时间增水,2月、6月和11月局部地区降水量达1980年以来同期高位,局部海域出现不同程度的海洋热浪,这些均与典型月份海平面异常变化密切相关。以2022年6月为例,杭州湾以北沿海海温较常年同期高1.14 ℃,为1980年以来同期最高,渤海湾、莱州湾和江苏沿海海域均出现不同程度的海洋热浪,其中江苏沿海海域最大强度为3.67 ℃;气温较常年同期高0.84 ℃,气压较常年同期低1.8 hPa,为1980年以来同期第三低;夏季风较常年同期偏强,距平风场有利于海水向岸堆积,沿海月平均增水约56 mm,对当月海平面上升的贡献率约38%;沿海降水量较常年同期多约57 mm,为1980年以

来同期第二多。在海温、气温、风和降水等因素共同作用下,杭州湾以北沿海海平面较常年同期高 149 mm,为 1980 年以来同期最高。

2022 年 11 月,长江口以北沿海气温和海温较常年同期分别高 2.28 ℃ 和 1.82 ℃,均为 1980 年以来同期最高,气压较常年同期低 1.7 hPa;距平风场有利于海水向岸堆积,沿海月平均增水约 97 mm,对当月海平面上升的贡献率约 68%(图 2.9);沿海降水量较常年同期多 29 mm。在气温、海温、风和降水等因素共同作用下,长江口以北沿海海平面较常年同期高 142 mm,为 1980 年以来同期最高。

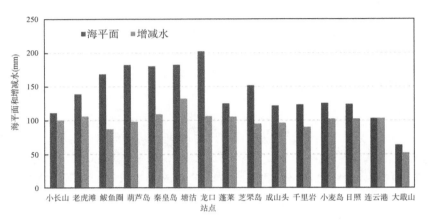

图 2.9　2022 年 11 月长江口以北沿海海平面和增减水

考虑到热膨胀模型的适用范围和水深的因素,要量化热比容效应,必须将研究区域扩展到外海。基于 ISHII(2005)三维温度场,运用一维热膨胀模型,计算了东海比容海平面变化值,并与同期 T/P 海平面变化进行了比较,见图 2.10。

东海 T/P 海平面存在显著的季节变化,年变化振幅超过 8.5 cm,最高和最低海平面分别出现在夏末或秋初和冬末或春初。ISHII(2005)平均比容海平面季节变化基本与 T/P 海平面季节变化同步,年变化振幅达 8.3 cm。1993—2003 年 ISHII (2005)比容海平面上升速率为 2.3 mm/a,对 T/P 海平面上升的贡献达 49.8%。

(4)气压变化

大气压力效应也是引起海洋水位变化的主要原因之一。一般来说气压变化 1 hPa,水位将反向变化 1 cm,为此,用各点的月均气压与海区多年平均气压的偏差来估算静压水位是一种良好的近似。通过分析比较气压与海平面季节变化过程发现:冬季(12 月至翌年 2 月),由于高压系统的影响,江苏、上海、浙江海域静压水位降低 8~10 cm;而夏季(6—8 月)在低压的作用下,海平面将上升 10~12 cm。

2020 年 8 月,西北太平洋副热带高压面积偏大,西伸脊点偏西,台湾海峡沿海

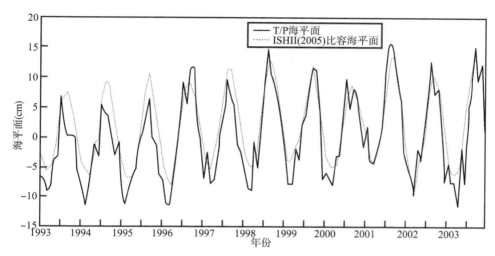

图 2.10　东海 1993—2003 年 T/P 海平面与 ISHII(2005) 比容海平面变化

气压较常年同期高 0.8 hPa,沿海较强的距平风场自南海北部穿过台湾海峡进入东海,风生流场使得海水离岸辐散,广东东部至江苏南部持续减水,其中台湾海峡沿海月平均减水达 80 mm;当月降水较常年同期少 84.6 mm,在风、气压和降水等因素共同作用下,台湾海峡沿海海平面达近 20 年来同期最低。

2020 年 10 月,中国沿海气压总体接近常年同期,其中南海沿海气压偏低明显,较常年同期低 1.4 hPa;东亚季风强度较常年明显偏大,分析风生流场及风生水位数值分布可知,中国沿海风增水自北至南呈梯度分布,渤海、黄海沿海增水相对较小,东海沿海增水超过 100 mm,台湾海峡以南沿海强度大的风生流场使得海水长时间向岸堆积,月平均增水达 150 mm,对当月海平面上升的贡献率超过 45%;另外,南海沿海降水量总体明显偏多,较常年同期多 62.6 mm,在气压、风和降水等因素共同作用下,中国沿海 10 月海平面达到 1980 年以来同期最高。

江苏、上海与浙江气压呈下降趋势,对该海域的海平面上升有重要影响。1978—2012 年,该海域平均气压的变化速率为 −0.04 hPa/a,对海平面上升趋势的贡献约为 12.5%,见表 2.2 和图 2.11。

表 2.2　江苏、上海与浙江沿海 1978—2012 年气压与海平面变化速率

站名	连云港	大戢山	滩浒	坎门
气压(hPa/a)	−0.040	−0.035	−0.027	−0.060
海平面(mm/a)	3.1	3.0	4.1	2.4

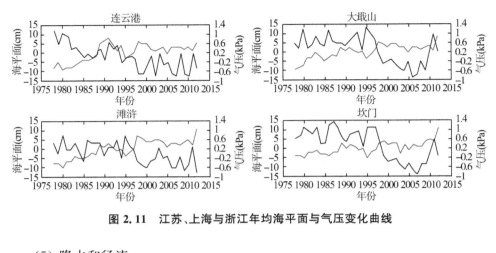

图 2.11　江苏、上海与浙江年均海平面与气压变化曲线

（5）降水和径流

以上海长江口高桥站为例，该站常年（1975—2003 年）海平面为 209 cm。而在 1963 年和 1978 年，长江径流量偏少，平均海平面只有 195 cm 和 201 cm。1998 年长江流域遭遇特大洪水，造成高桥海平面相对常年异常偏高 25 cm。

（6）海流

中国近海海流的基本流系是由黑潮与来自大陆径流入海形成的沿岸流组成。从 6 月份起，浙闽沿岸、台湾海峡和北纬 30°以南流向一致，均向北或东北方向流动。这一动力条件，使得注入东中国海的径流基本保持在本海区，形成环流并构成当地水团。这是夏、秋季东海出现高水位的一个原因。冬季，东海的黑潮主干仍向东北流去，然而，偏北季风驱动的沿岸流十分强盛，它从黄海流向南海，致使东海水体大量流失，水位降低。

黑潮在东海的平均流量约为 30×10^6 m³/s，为长江径流量的 1 000 倍。黑潮的流速和流量有明显的季节变化，春、秋较强，冬、夏较弱，存在半年周期。这是东海海平面半年变化较强的主要原因之一。黑潮平均流量年际变化较大，为 $19 \times 10^6 \sim 42 \times 10^6$ m³/s。1988 年冬季东海黑潮流量达 29.8×10^6 m³/s，夏季也高达 29.3×10^6 m³/s；1989 年夏季也有 25.7×10^6 m³/s。所以包括苏、浙、沪地区在内的东海沿岸均表现为海面升高；1990 年夏季东海黑潮流量高达 31.2×10^6 m³/s，明显高于多年距平值，致使东海海平面升高。

第三章

潮汐特征及其演变规律

以连云港、吕四、大戢山、滩浒、坎门、三沙6个潮位观测站作为典型站,分析江苏、浙江、上海沿海的潮汐类型、潮差以及潮汐特征的长期变化。根据潮汐观测数据,利用最小二乘、算术平均等方法计算历年各站主要分潮振幅、平均高(低)潮位、平均潮差与潮汐特征值;利用小波分析、随机动态等方法分析沿海地区潮汐特征的周期性、趋势性以及区域性变化规律。

江苏、上海与浙江沿岸潮汐类型以正规半日潮为主,但在杭州湾湾口南部的宁波、舟山群岛西岸之间的部分水域为不正规半日潮。

河口、近岸地区是人类活动、聚集最为频繁的地区,研究河口潮汐的变化特征,对于帮助我们加强对水动力的了解、实现河口资源的有效开发利用以及维护河口生态环境等,具有非常重要的实际意义。潮汐是由月球、太阳等天体对地球引潮力作用所导致的海水运动,相应的潮汐变化呈复杂的长周期性波动,它在水平方向上表现为潮位的涨落,在竖直方向上则表现为潮位的升降。河口蕴藏着丰富的潮汐能源,又是维护航道、水运事业的关键所在,因此对潮汐数据进行研究分析具有重要的现实指导意义。

长江口是中等强度潮汐的三角洲分汊河口,也是中国最大的河口,经过两千多年的自然演变和人类干预作用,目前形成了三级分汊、四口入海的河势特点,其地形复杂,受地形及径流影响,潮汐特征在河口各汊道互不相同,具有空间差异。因此,选择长江口的6个潮位站:鸡骨礁站、牛皮礁站、北槽中站、横沙站、中浚站、南槽东站,数据资料采样时间间隔为1 h,测量时间长度为5 a,观测时段为2016—2020年,进行连续同期潮位观测。

3.1 潮差基本特征

从各潮位站的月平均水位年内变化(表 3.1)可以看出,6 个站的潮位变化趋势呈单峰状,潮位从 2 月开始增大,9 月份达到最高,此后逐渐减小。这种变化趋势与长江的径流变化具有一致性,相比其他五个站,横沙站的潮位较低,2 月份水位为 208.2 cm,而 9 月份最高达到了 252.0 cm。

表 3.1 各潮位站月平均水位统计 单位:cm

站名	1月	2月	3月	4月	5月	6月	7月	8月	9月	10月	11月	12月
北槽中	217.4	215.0	222.2	227.6	233.6	241.8	249.4	253.8	256.4	248.2	233.4	220.4
鸡骨礁	245.0	238.6	243.8	251.6	257.0	267.4	271.0	276.2	280.8	274.0	262.2	250.2
牛皮礁	250.8	244.8	251.4	258.0	262.8	271.0	275.8	280.4	285.6	276.2	264.8	253.8
南槽东	267.0	261.6	267.2	273.0	278.0	288.0	292.4	296.2	300.6	294.0	281.8	270.4
中浚	246.0	241.0	249.0	256.0	260.8	270.2	276.6	279.0	281.6	274.0	262.0	250.0
横沙	212.6	208.2	217.0	224.8	231.0	242.0	250.4	251.8	252.0	244.0	230.0	217.0

3.2 潮汐特征长期变化

长江口各潮位站的潮汐特征变化有着显著的规律,即在 1 个太阴日当中,出现 2 次高潮和 2 次低潮,潮汐变化过程呈现出半日潮特征,6 个测站潮汐时间变化呈现出较好的一致性(图 3.1)。

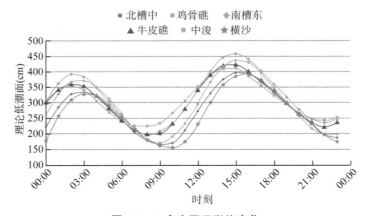

图 3.1　1 个太阴日潮汐变化

根据各潮位站所处地理位置的不同，大致可分为 2 个水域：①离岸区，即鸡骨礁、牛皮礁和南槽东站；②河口近岸区，即北槽中、中浚和横沙站。下面分别对各个水域实测潮汐特征加以分析，各站的实测涨落潮统计结果见表 3.2。通过涨、落潮历时的长短分析，得出潮汐变化的一些特性：在离岸区，鸡骨礁、牛皮礁和南槽东站观测期间的平均涨潮历时为 5 h 40 min～5 h 59 min，而平均落潮历时为 6 h 27 min～6 h 45 min；在河口近岸区的北槽中、中浚和横沙 3 个测站中，其平均涨潮历时为 5 h 10 min～5 h 26 min，平均落潮历时则为 6 h 59 min～7 h 15 min。由此可以发现，离岸越近，落潮历时相对较久；离岸越远，涨潮历时则相对较久。

表 3.2　各潮位站涨落潮历时统计

站名	涨落潮历时	
	平均涨潮历时	平均落潮历时
北槽中	5 h 26 min	6 h 59 min
鸡骨礁	5 h 55 min	6 h 30 min
牛皮礁	5 h 59 min	6 h 27 min
南槽东	5 h 40 min	6 h 45 min
中浚	5 h 22 min	7 h 3 min
横沙	5 h 10 min	7 h 15 min

3.3　平均潮差变化

从长江口 6 个潮位站的最大、最小和平均潮差（表 3.3）可以看出，最大潮差范围在 429～514 cm，最小潮差在 20～54 cm。其中，南槽东站最大潮差达到了 514 cm，横沙站因离岸最近，其最大潮差为 429 cm。离岸最高潮位总体高于近岸最高潮位，潮位变化由东向西呈逐渐减少趋势。鸡骨礁站的最小潮差最小，南槽东站和中浚站的最小潮差最大，均为 54 cm。6 个测站的平均潮差从大到小依次排序为：南槽东、牛皮礁、中浚、北槽中、横沙、鸡骨礁。

表 3.3　各潮位站最大、最小和平均潮差情况表　　　　　单位：cm

站名	最大潮差	最小潮差	平均潮差
北槽中	459.0	36.0	274.4
鸡骨礁	460.0	20.0	253.6

站名	最大潮差	最小潮差	平均潮差
牛皮礁	506.0	34.0	291.2
南槽东	514.0	54.0	306.8
中浚	478.0	54.0	286.4
横沙	429.0	35.0	256.2

3.4 平均高潮位变化

从长江口 6 个潮位站的最高和平均高潮位(表3.4)可以看出,最高潮位范围在 517～587 cm,平均高潮位在 360.8～435.0 cm。南槽东站的最高潮位达到了 587 cm,其次是牛皮礁站和中浚站。平均高潮位从大到小依次排序为:南槽东、牛皮礁、中浚、鸡骨礁、北槽中、横沙。

表 3.4 各潮位站最高和平均高潮位 单位:cm

站名	最高潮位	平均高潮位
北槽中	535.0	372.2
鸡骨礁	527.0	388.8
牛皮礁	560.0	408.4
南槽东	587.0	435.0
中浚	557.0	405.0
横沙	517.0	360.8

3.5 平均低潮位变化

从长江口 6 个潮位站的最低和平均低潮位(表3.5)可以看出,最低潮位为牛皮礁站,为－35 cm;北槽中站的最低潮位为－8 cm,其他各站的最低潮位均在 3～20 cm;鸡骨礁站的平均低潮位最大,达到了 135.4 cm,其次是南槽东站。平均低潮位从大到小依次排序为:鸡骨礁、南槽东、中浚、牛皮礁、横沙、北槽中。

表 3.5　各潮位站最低和平均低潮位　　　　　　　　　单位：cm

站名	最低潮位	平均低潮位
北槽中	−8.0	98.0
鸡骨礁	3.0	135.4
牛皮礁	−35.0	117.4
南槽东	15.0	128.2
中浚	20.0	118.6
横沙	18.0	104.4

第四章

台风演变规律

台风是一种发生在热带或副热带海洋上的气旋性涡旋,常伴有狂风、暴雨和风暴潮,是一种破坏性很强的天气系统。西北太平洋是世界上生成热带气旋最多的地区,我国位于太平洋西岸,70%以上的大城市、50%以上的人口和近60%的经济总量都处于台风的直接影响之下,是受热带气旋影响最多的国家之一。在沿海地区的各种自然灾害中,台风灾害造成的损失最为严重。

世界气象组织(WMO)根据热带气旋风强度,可将热带气旋分为热带低压(TD)、热带风暴(TS)、强热带风暴(STS)、台风(TY)、强台风(STY)和超强台风(Super TY)六种,见表4.1。

表 4.1　热带气旋等级划分表

强度标记	热带气旋等级	最大平均风速(m/s)	最大风力(级)
0	弱于热带低压(TD)	≤10.8	—
1	热带低压(TD)	10.8~17.1	6~7
2	热带风暴(TS)	17.2~24.4	8~9
3	强热带风暴(STS)	24.5~32.6	10~11
4	台风(TY)	32.7~41.4	12~13
5	强台风(STY)	41.5~50.9	14~15
6	超强台风(Super TY)	≥51.0	16 或以上

台风通指8级风力及其以上的热带气旋,包括热带风暴、强热带风暴、台风、强台风、超强台风5个等级。考虑到研究主要目的围绕风暴潮对沿海地区的影响,一些强度较小的热带气旋对风暴潮影响相对有限,因此统计分析中不包括6~7级风

力的弱强度热带气旋。

　　台风中心及登陆历史资料,应用我国气象部门整编的 1949—2013 年历年《台风年鉴》《热带气旋年鉴》数据,包括台风生命期内逐时次中心位置、中心附近最大风速、中心最低风压、登陆强度(风速及风压)与登陆点、台风路径等资料。作为补充分析的 2014—2020 年资料,应用水利部水利信息中心"天眼"业务系统接收处理的中央气象台台风报。本节采用统计分析的方法,分析西太平洋台风登陆我国不同地区、不同季节的概率(特别是江苏沿海地区),分析登陆我国的台风强度、频率的历史演变规律,研究台风强度、中心相对位置与典型地区风暴潮之间的关系。

4.1　生成台风与登陆台风个数变化

4.1.1　生成台风个数变化

　　据统计,西北太平洋产生的台风(热带气旋)数量最多。1949—2023 年西北太平洋(含南海)共生成台风 2 005 个,年均 27 个,总体呈减少趋势,也表现出明显的年代际变化特征,详见图 4.1。在 20 世纪 90 年代中后期,台风生成个数明显减少。其中,生成台风个数最多的一年为 1967 年,共有 40 个台风生成。生成台风最少的年份是 1998 年和 2010 年,均仅有 14 个台风生成。

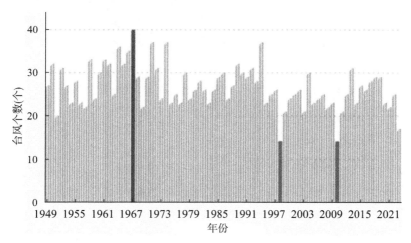

图 4.1　1949—2023 年台风生成个数逐年变化趋势

　　在全球变暖趋势下,西北太平洋生成的热带气旋数量总体呈现下降趋势,但热带气旋的强度呈增加趋势,台风强度以上的热带气旋不论是数量还是比例都呈增加趋势。在西北太平洋和南海生成的台风中有将近四分之一的台风登陆或影响我国。

根据统计的 1949—2018 年这 70 年间影响西太平洋和我国东南沿海的台风数据(图4.2),台风生成个数有显著的月际变化特征,主要集中在 7—10 月,约占总数的 69%,为台风活跃期;12 月至次年 5 月为台风活动平静期。各月平均生成个数近似呈正态分布。从逐月分布看,1949 年到 2018 年这 70 年间,8 月份总共生成了504 个台风,是所有月份里平均生成台风最多的月份,年均达 7.2 个,即每年 8 月份平均每 4.2 天就有一个台风生成。其次是 9 月和 7 月。台风多发的月份是每年的6 月到 11 月,约占 85%。而 12 月到次年 5 月的台风占比很少,其中 2 月份生成的个数最少,仅占全年的 1%。8 月份生成台风个数最多和 2 月份生成台风最少的特点,与海洋温度的年际变化相呼应。

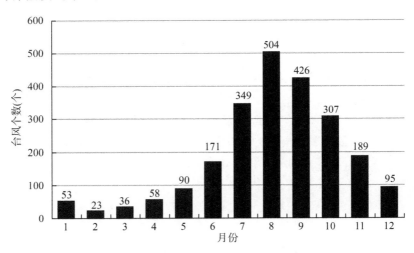

图 4.2　1949—2018 年西北太平洋生成台风逐月变化

4.1.2　登陆台风个数变化

据统计,1949—2020 年间共有 642 个台风登陆中国,占总生成数的 27.17%,平均每年登陆 9 个。中国不同年代际台风登陆个数统计结果见表 4.2。20 世纪 50年代和 60 年代登陆的台风个数最多,均为 97 个;而 21 世纪 10 年代登陆的台风个数最少,达到 80 个,20 世纪 80 年代之后登陆的台风个数整体呈下降趋势。由此可见,20 世纪 40 年代末起,台风生成频数为上升阶段,而后从 20 世纪 70 年代中期台风生成的频数开始减少,这种减少趋势一直持续到 21 世纪。总体而言,登陆中国的台风数量呈减少态势,维持时间呈延长趋势,强度方面呈弱减少、强增多的变化,登陆地点存在向东和向北偏移的情况;登陆台风的风速和降水均呈上升趋势。

表 4.2　1949—2020 年中国不同年代际登陆台风个数统计

年代	个数(个)	占比(%)
1950s	97	15.47
1960s	97	15.47
1970s	88	14.03
1980s	94	14.99
1990s	86	13.72
2000s	85	13.56
2010s	80	12.76

从 1949—2020 年台风在中国的登陆地及登录次数(图 4.3)可以看出,台风在中国的登陆地主要分布在东南沿海地带、台湾地区和海南岛。1949—2020 年间台风登陆次数为 833 次,其中登陆次数最多的登陆地为广东省,共计 255 次,占比为30.61%,不同热带气旋等级的登陆次数从高到低排序为强热带风暴(STS)、热带低压(TD)、热带风暴(TS)、台风(TY);其次是海南岛,登陆次数为 161 次,占比为19.33%,登陆次数从高到低排序为热带低压(TD)、热带风暴(TS)、强热带风暴(STS)、台风(TY)、强台风(STY);接着是台湾地区,总计有 144 次,占比为17.29%,强度方面以台风(TY)、强台风(STY)、超强台风(Super TY)为主,尤其强台风(STY)和超强台风(Super TY)次数远超其余登陆地;最后是福建省,登陆

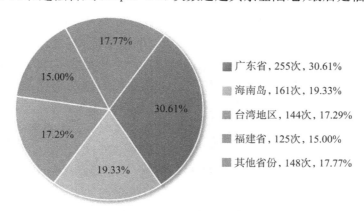

■ 广东省,255次,30.61%

■ 海南岛,161次,19.33%

■ 台湾地区,144次,17.29%

■ 福建省,125次,15.00%

■ 其他省份,148次,17.77%

图 4.3　1949—2020 年台风登陆地与登录次数

次数为 125 次。值得注意的是,若只按第一登陆点统计,有 64% 台风登陆地属于台湾地区,福建省是第二登陆地,其余登陆地登陆次数从高到低排序分别为浙江省、广西壮族自治区、山东省、香港地区、辽宁省、上海市、江苏省、天津市。

1951—2017 年登陆中国的热带气旋个数的月尺度变化特征如图 4.4 所示。从月尺度来说,除了 1—3 月,其余月份均有台风登陆的可能性。热带气旋登陆最早发生在 4 月(200801 号热带气旋 NEOGURI),最晚是 12 月(分别是 197427 号 IRMA 和 200428 号 NANMADOL);1—3 月无热带气旋登陆,6—10 月是热带气旋的登陆频发期,平均每年约 6.9 个热带气旋在该时段登陆,占全年登陆总个数的 94.29%,其中 7—9 月尤为集中,8 月最多。

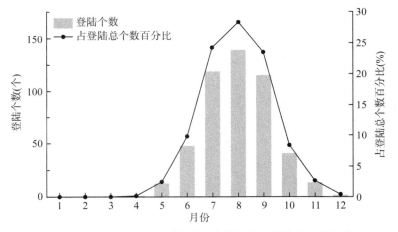

图 4.4 1951—2017 年登陆中国热带气旋个数的月尺度变化

对热带气旋登陆高频时段(6—10 月)内各月份历年热带气旋个数的变化趋势进行分析,如图 4.5 所示,结果表明:6 月登陆的热带气旋个数变化趋势不明显,整体呈弱上升趋势,最多的出现在 1980s,2000—2009 年最少,1990s 初到 2000s 末有较大的年际变化。7 月登陆的热带气旋个数整体呈增加趋势,最大值出现在 2001 年,在 1980s 登陆个数最多,1950s 最少,1950s 至 1980s 中期呈增加趋势,此后至 1990s 末呈下降趋势。8 月登陆的热带气旋个数无明显的变化趋势,总体呈上下波动,最大值分别出现在 1994 年、1995 年、1997 年和 2001 年,且在 1980s 最多,1970s 中期至 1990s 显著减少。9 月登陆的热带气旋个数总体呈下降趋势,最多出现在 1950s,自 1960s 中期起呈波动下降趋势,此后呈上下波动状态。10 月登陆的热带气旋个数总体呈弱上升趋势,最大值出现在 1975 年;1970s 登陆个数最多,1950s 最少,1950s 至 1970s 中期呈增加趋势,之后呈波动变化。6—10 月登陆中国的热带气旋个数总体呈增加趋势。就各季节而言,1951—2017 年,春季(3—5 月)有 13 个热带气旋登陆,共计登陆频次为 19 次;夏季(6—8 月)有 306 个登陆,登陆频次为 422 次;秋季(9—11 月)有 169 个登陆,登陆频次为 220 次;冬季(12 月—次年 2 月)有 2 个登陆,登陆频次为 2 次。可见,夏季是热带气旋登陆中国最频繁的季节,秋季次之,冬季最少。

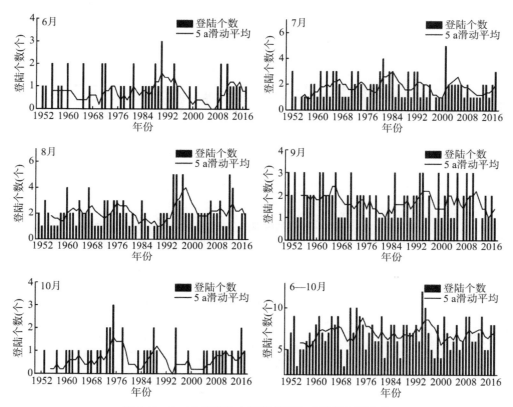

图 4.5　6—10 月登陆中国热带气旋个数的年际变化

基于 1951—2017 年的热带气旋路径资料,分析近 67 年来自西北太平洋登陆中国热带气旋个数及频次的年际和年代际变化特征,如图 4.6 所示。1951—2017 年共有 490 个热带气旋登陆中国,平均每年约 7.3 个,占西北太平洋地区热带气旋发生总数的 27.96%,其中登陆中国大陆 272 个,登陆岛屿 218 个,有着明显的年际变化特征。1971 年登陆中国的热带气旋个数最多,有 12 个,该年也是登陆岛屿热带气旋个数最多的一年(9 个);登陆最少的发生在 1969 年,仅 3 个。1951—2017 年登陆中国的热带气旋个数总体呈下降趋势,变化幅度为 0.003 个/a,M-K 显著性检验表明该下降趋势不显著。从滑动平均值来看,1960 年至 1970s 中期,登陆个数多高于多年平均值,之后在多年平均值上下波动,1988—1996 年登陆个数较多,普遍高于平均值,之后几年登陆个数多在多年平均值之下,其中 2001 年以来登陆个数波动幅度较小。

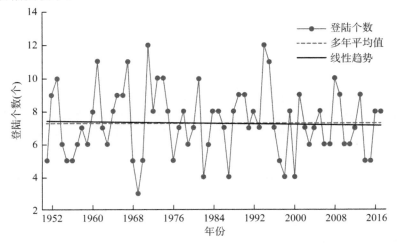

图 4.6　1951—2017 年登陆中国热带气旋登陆个数的年际变化

1951—2017 年登陆中国的热带气旋频次共计 663 次,平均每年约 9.9 次(图 4.7)。从年际变化来看,登陆频次最多的发生在 1961 年,有 19 次,1971 年次之,再次是 1994 年,最少的有 4 次,出现在 1969 年。近 67 年登陆中国的热带气旋频次

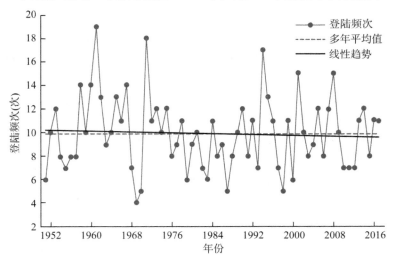

图 4.7　1951—2017 年登陆中国热带气旋登陆频次的年际变化

总体呈下降趋势,其下降幅度大于登陆个数的下降趋势,变化幅度为 0.008 次/a,显著性检验表明该下降趋势不显著。从滑动平均值来看,1962—1986 年热带气旋登陆频次呈下降趋势,之后呈波动变化,2000—2008 年登陆频次呈增加趋势,2009—2012 年呈减少趋势,2013—2017 年呈增加趋势。

4.2　台风强度变化

为了解 1951—2017 年不同强度热带气旋的变化特征,根据登陆强度定义统计不同强度等级的热带气旋登陆个数,如表 4.3 所示。其中 TS 136 个,占比最高,达到 27.76%;Super TY 最少,为 13 个,占比为 2.65%;TD 52 个,STS 122 个,TY 112 个,STY 55 个;仅 TS、STS、TY 占登陆台风总个数的 75.51%。

表 4.3　不同强度等级热带气旋登陆个数统计

等级	登陆个数(个)	占登陆台风总个数的百分比(%)
TD	52	10.61
TS	136	27.76
STS	122	24.90
TY	112	22.86
STY	55	11.22
Super TY	13	2.65
总数	490	100

由于强台风等级以上强度的台风生成个数呈增加趋势,而台风总生成数呈减少趋势,使得强台风等级以上个数与台风生成总数之比呈明显的上升趋势,详见图 4.8。这预示着,随着气候和海洋热状况的变化,未来生成的台风中,强度级别大的比例可能增大。

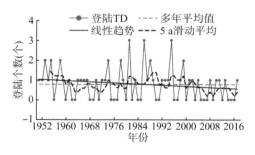

(a) TD

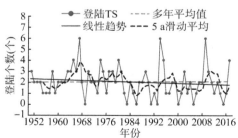

(b) TS

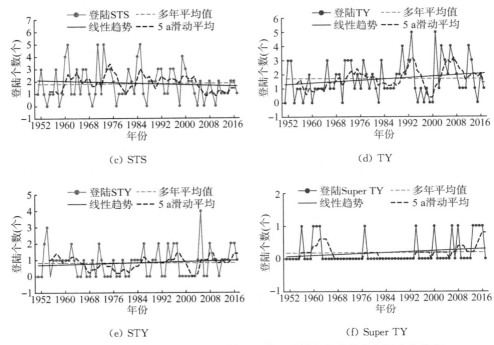

(c) STS (d) TY

(e) STY (f) Super TY

图 4.8 1951—2017 年登陆中国的不同等级热带气旋个数的年际变化特征

1951—2017 年,登陆中国的热带气旋的最低中心气压平均值为 916.2 hPa,如图 4.9 所示。从整体上来看,最低中心气压呈现增加的趋势,且通过了 M-K 显著性检验,递增幅度为 0.38 hPa/a。其中,最小值为 875.0 hPa,出现于 1973 年,表示当时登陆强度最大;最大值为 965.0 hPa,出现于 1978 年。同期,登陆中国热带气

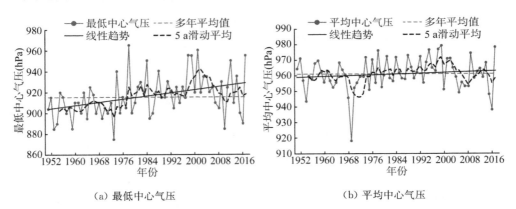

（a）最低中心气压 （b）平均中心气压

图 4.9 1951—2017 年登陆中国的热带气旋最低和平均中心气压年际变化

旋的平均中心气压(平均登陆强度)平均值为 980.5 hPa,总体呈现上升趋势,但增加幅度小于最低中心气压,为 0.07 hPa/a。除 1969 年外,各年份的平均中心气压变化较为均匀,最小值为 918.0 hPa(1969 年),最大值为 980.0 hPa(1999 年),该变化趋势未达到显著性水平。总的来说,从最低中心气压和平均中心气压两个指标来看,登陆中国的热带气旋强度呈现长期减弱的趋势,尤其最低中心气压的变化趋势较为明显。计算 Hurst 指数,两者结果分别为 0.527 和 0.529,表明这一减弱趋势在未来将继续延续,但减弱幅度相对平缓。

4.3 台风生命周期变化

本节热带气旋的开始时间定义为每年第一个影响我国的热带气旋首次产生降水的日期,它是即将到来的热带气旋季节的明确信号;结束时间定义为每年最后一个影响我国的热带气旋不再产生降水的日期,它代表着热带气旋活跃季节的结束。从年际变化来看(图 4.10),1975 年开始时间最早,在 1 月份;1996 年最晚,在 7 月下旬,整体表现出上升趋势,即每 10 年开始时间推迟 2.3 d。结束时间在 2014 年最早,9 月下旬就不再受到热带气旋影响;1981 年最晚,到 12 月底,整体无明显变化趋势。

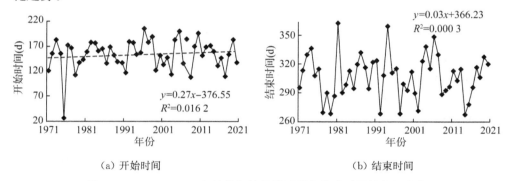

(a) 开始时间　　　　　　　　　　　　(b) 结束时间

图 4.10　1971—2020 年热带气旋开始时间和结束时间的年际变化

从年代变化上看(表 4.4),热带气旋开始时间主要集中在 5 月中旬至 6 月初,均值为第 153 d,在 20 世纪 70 年代最早,90 年代最晚,相差 25.8 d,表现出先延后再回升的变化趋势;结束时间主要集中于 11 月,均值为第 307 d,在 20 世纪 70 年代最早,80 年代最晚,相差 13.3 d,年代上同样无明显变化趋势。

表 4.4　1971—2020 年热带气旋其他特征要素的年代变化

年代	开始时间（d）	结束时间（d）	强热带风暴及以下等级数量（个）	台风及以上等级数量（个）
1970s	137.0	301.5	8.6	7.5
1980s	157.1	314.8	8.7	6.7
1990s	162.8	306.1	7.6	5.2
2000s	157.1	309.6	6.5	6.2
2010s	151.3	304.5	8.6	6.0
总平均	151.3	307.3	8.0	6.3

4.4　台风源地变化

台风生成的源地，一般位于较低纬度，但又离开赤道一定纬距，以保证其生成洋面有足够的能量条件和足够的旋转力条件。

总体而言，登陆我国的台风平均源地空间分布离散度较大。160°E 以西、20°N 以南广阔洋面上生成的台风都有可能登陆我国。其中，南海北部为登陆我国概率最大的台风生成区域，菲律宾以东洋面为另一个相对集中的区域。这两个相对集中区，离我国空间上都较近，尤其是南海北部海域，从生成台风到影响与登陆我国的时间极短，强度增大变化很快，需要特别关注。

1971—2020 年热带气旋深入影响我国的中西部，陕西、四川、重庆、云南和贵州等西部地区亦受到热带气旋较大影响，产生极端降水事件，进而引发泥石流、滑坡等次生灾害。宁夏、甘肃、青海、新疆和西藏在研究时段内没有受到过热带气旋影响。除去不受影响的省级行政区和港澳台，将其他省级行政区按照地形和气候因素分为华南、华东南、华中、西南、华东北、东北、华北、西北 8 个区域，研究时段内影响我国的热带气旋空间分布及变化趋势详见表 4.5。

表 4.5　1971—2020 年影响我国的热带气旋空间分布及变化趋势

区域	省级行政区	热带气旋总数（个）	变化趋势
西北	陕西	18	↓
华北	山西、内蒙古、河北、北京、天津	42	↑

区域	省级行政区	热带气旋总数（个）	变化趋势
东北	黑龙江、吉林、辽宁	104	↑
西南	云南、贵州、四川、重庆	233	↓
华中	河南、湖北、湖南	270	↓
华东北	山东、江苏、安徽、上海	220	↑
华东南	浙江、福建、江西	434	↑
华南	广西、广东、海南	526	↓

大部分偏西路径热带气旋首先在华南和华东南登陆，然后继续西行影响华中和西南。偏北路径热带气旋大部分在华东南和华东北登陆，然后一路北上影响东北、华北和西北；小部分直接在辽宁登陆，然后移向华北或者转向东北。偏东路径大多没有登陆，一般活跃于东海，侧滑影响中国沿海区域；或者在华南登陆，转向东北。因此，由于偏西路径热带气旋数量偏多，华南受到热带气旋影响最大，其次是华东南；华中和西南两个区域热带气旋数量度沿海区域。

热带气旋深入影响我国的中西部，而宁夏、甘肃、青海、新疆和西藏在研究时段内没有受到过热带气旋的影响。影响华南的热带气旋数量最多，共计 526 个。此外，华南热带气旋数量具有显著下降趋势，华东南和华东北则表现为上升趋势，这说明未来我国东部沿海地区受到热带气旋的影响可能会增加，而南部沿海地区可能会减少。

4.5　典型区域台风特征及其影响

从全球热带气旋（Tropical Cyclone，TC）路径分布可以看出，全球平均每年有 80～90 个台风活动，分布在七大海域：西北太平洋和南海、东北太平洋、大西洋及加勒比海、西南印度洋、西南太平洋、东南印度洋和北印度洋，其中，西北太平洋和南海海域是全球台风最为活跃的海域之一。而我国位于西北太平洋和南海海域沿岸，因此频受风暴潮袭击。

受西北太平洋热带气旋活动影响，2001—2020 年，年平均登陆中国致灾的热带气旋有 7 个，热带气旋具有明显的地域性和季节性。每年 5—11 月是台风登陆中国的时期，其中 8 月登陆的台风最多。长江三角洲地区是易受台风影响区域，8级及以上台风对长江三角洲、珠江三角洲和海南岛的影响最大。历史上最强的台风为 5612 号台风,在经过该区域时中心气压最小值达 921 hPa,近中心最大风速达 65 m/s。

相关资料显示,与 2001—2010 年相比,2011—2020 年南海及中国东部附近海面上空热带气旋活动频次明显增强,中国长江以北地区及华南地区热带气旋活动频次增加,而在东南部的浙江、福建、广东、江西等地频次减少。7 月,华南大部、湖南、浙江等地热带气旋活动频次减少,而在长江以北地区增加。2011—2020 年热带气旋活动路径的变化导致影响中国的热带气旋更深入内陆,在长江以北地区活动频次增加,同时也造成未登陆的热带气旋发生频次增多。

影响江苏的台风通常包括:①直接登陆江苏的;②登陆浙北或上海,其台风中心北侧环流严重影响江苏的——含风、雨、潮影响;或者登陆浙闽,深入赣皖后从江苏或鲁南入海的;③从江苏近海经过北上的,及登陆山东半岛的。这三类中,前两类影响较重,第三类影响较小。

1951—2021 年,登陆江苏的台风最早是 2006 年 5 月 18 日,最晚是 1952 年 11 月 25 日,其中 2018 年影响江苏的台风最多,高达 8 个,2021 年的台风"烟花"在江苏停留约 37 h,为有记录以来停留时间最长的台风;全省平均雨量 220.9 mm,为有记录以来雨量最大的台风。根据 1991—2020 年统计的影响江苏的台风数据可知,影响江苏的台风主要集中在 6—10 月,其中 7—9 月是高峰期,7 月共计出现台风 53 个,8 月 85 个,9 月 56 个,平均每年约 3.2 个。

以江苏省盐城地区为例,通过统计 2000—2020 年影响盐城地区的台风实测资料,发现近 20 年共计 49 个台风对盐城地区产生一定的风雨影响,平均每年 2.3 个台风影响盐城地区,每年受台风影响的次数分布不均,最多的年份为 2012 年(有 5 个),2000 年、2015 年、2018 年次之。在 49 个台风中,生成最早的(6 月份)有 2001 年台风"飞燕"以及 2011 年台风"米雷",生成最晚的(10 月份)有 2013 年台风"菲特"以及 2016 年台风"海马"。

(1)登陆江苏的台风

1949—2015 年,登陆江苏省的台风(热带气旋)共 7 个,风力及影响见表 4.6。其中 3 个登陆时间在 1961 年之前,4 个在 1984 年之后。登陆季节都集中在盛夏,7 个均位于 7 月 31 日至 8 月 25 日之间。登陆最强的是 2012 年第 10 号台风"达维",登陆江苏时风力达 12 级(35 m/s)。登陆江苏的台风源地均在西北太平洋范围内,经度位于 120～150°E,纬度跨度很大,南至 10°N,北至 28°N。

表 4.6 历史上登陆江苏的台风及其影响

编号	名称	登陆日期	登陆点	登陆风力（风速）	影响江苏省风雨概况
195010	—	8 月 1 日	启东	7 级(15 m/s)	面雨量 15～50 mm,最大点雨量为兴化站的 145 mm;沿海部分地区有大风
195411	—	8 月 25 日	海门	8 级(20 m/s)	南通面雨量 50～100 mm,苏南有 6～8 级大风,阵风 8～9 级
196120	—	8 月 11 日	启东	6 级(12 m/s)	降雨弱,部分地区有大风
198406	艾德(Ed)	7 月 31 日	如东	11 级(30 m/s)	江苏东部和南部面雨量 10～50 mm,风力 6～7 级、阵风 7～9 级;全省 18 县市受灾,倒房 7 200 间
198509	麦姆依(Mamie)	8 月 18 日	如东	11 级(30 m/s)	全省大部雨量 10～50 mm,东部和南部有 6～8 级大风、阵风 8～11 级;全省倒房 1.2 万间,死亡 5 人
199414	道格(Doug)	8 月 13 日	如东	7 级(15 m/s)	苏南雨量 10～50 mm,部分地区 6～7 级大风、苏南部分地区阵风 8～12 级
201210	达维(Damrey)	8 月 2 日	响水	12 级(35 m/s)	苏北雨量 10～50 mm,苏北沿海 11～12 级大风,阵风 13 级

直接登陆江苏省的台风影响:①从风力看,台风登陆江苏时,有 4 个登陆风力在 8 级及其以下,另有 3 个风力在 11～12 级,总体上风力不大;1949—1983 年登陆的台风有 3 个,最强登陆风力 8 级,而 1984—2015 年登陆的有 4 个,有 3 个登陆风力在 11 级以上,风力似有增强趋势。②从移动路径和登陆点看,台风主要在副高西侧偏南气流引导下,沿海岸线平行线从海上北上登陆影响,多数登陆点偏于苏南沿海,但影响贯穿江苏全境;少数在海上北上途中,恰逢副高加强西伸,台风在副高西南侧被推顶而向西突然折向,向西的移动分量显著增大,正面登陆江苏省。③从降水影响看,一般过程面雨量仅 10～50 mm,部分地区达到 50～100 mm,主要是绝大部分台风登陆影响江苏时,台风中心为快速移动过程,加之江苏省纬度相对较高,台风在抵达江苏沿海之前,降水已处于减弱阶段,登陆江苏的台风风雨影响相对不大。

（2）影响江苏的其他台风

除直接登陆江苏以外，1949—2013年，影响江苏的其他台风（热带气旋）共747个，平均每年11.5个。其中对江苏影响较大的台风，主要登陆点在福建、浙江、上海，且登陆风力在12级以上强度，登陆时间多在7月下旬至8月上旬，共77个。

可见，台风一般是先向西北方向移动，登陆浙闽沪，在我国东部陆地上再转向东北方向，从江苏及邻近地区出海，对江苏产生影响。台风对江苏省可能产生严重影响的重要原因是台风与冷空气结合进而产生超强暴雨的可能性增加，如2000年8月，受12号台风"派比安"影响，江苏北部出现特大暴雨，响水日降水量达828 mm，造成响水城乡积水深达1.4 m，县城被洪水围困72 h，死伤数十人，县城经济损失达9亿多元；2015年"苏迪罗"台风，是近年影响较大的最新一例。

对1949—2000年间影响江苏的台风进行统计，对江苏产生最严重影响级的台风有25个，严重影响级的有41个。在这66个严重影响级及以上的台风中，登陆北上型居多，有41个，占62.1%，且以东路影响最大。其次为近海活动型，有12个，占18.2%，南海穿出的最低，仅1个。正面登陆型台风发生频率不高，但影响相对集中，往往对局部产生严重影响。从过去近60年风暴潮统计来看，造成较大灾害的风暴潮在江苏沿海的连云港、盐城和南通都有出现，但主要集中在一南一北，北部主要是赣榆和响水附近，南部主要是吕四、海安、启东一带，中部较少受到强风暴潮灾害。表4.7为不同台风造成江苏灾害情况的统计。

风暴潮增水尤其产生风暴潮灾害的增水与台风发生时间有关。一般台风与天文大潮相遇时，极易产生较大增水。风暴潮增水与天文大潮高潮位相叠加，容易形成高水位，威胁海堤安全，产生风暴潮灾。根据资料统计，对江苏海岸安全影响最大的风暴潮往往为台风和天文大潮耦合。统计分析表明，出现较强台风与天文大潮（农历初一至初四和十四至十八间）耦合的次数约占总次数的50%左右。在江苏受灾严重的16次台风风暴潮中，有10次为台风与天文大潮相遇。大潮汛期，再叠加上强大风力引起的波浪、风海流及增水，对海岸产生极大破坏。如1997年8月的9711号台风引起的风暴潮是中华人民共和国成立以来最强、损失最严重的一次，登陆浙江温岭时正好与天文大潮相遇，形成特大暴雨，并伴有8~11级大风，从福建沿海到渤海湾几乎所有的验潮站均超过警戒水位，江苏沿海潮位普遍超过历史最高潮位，遥望港附近超过历史最高潮位0.31 m。1981年9月的8114号台风适逢农历8月初的大潮，江苏沿海出现特大高潮位，弶港达6.5 m，小洋口达6.77 m，沿海各站增水值在2 m以上，射阳河口最大增水达2.95 m，小洋口最大增水为3.81 m，吕四海洋站测得最大增水为2.43 m。

表 4.7　不同台风造成江苏灾害情况

年份	名称	强度、路径特征和损失	遭遇潮型
2013	韦帕(Wipha)	台风路径在外海 48 小时警戒线以外	中潮
2012	达维(Damrey)	连云港登陆,连云港站增水超 175 cm	大潮
2011	梅花(Muifa)	最大增水发生在洋口港 159 cm	小潮
2009	莫拉克(Morakot)	闽浙两省灾情严重,总损失 32.65 亿元	小潮
2008	海鸥(Kalmaegi)	主要受灾省份为福建省与江苏省	大潮
2007	韦帕(Wipha)	浙江登陆,潮位未超警戒潮位	小潮
	罗莎(Krosa)	闽浙交界登陆,仅福建一站超警戒潮位	中潮
2005	麦莎(Matsa)	特大风暴潮,自 9711 号台风后最严重一次,正逢农历七月大潮,浙江玉环登陆,沿岸 10 站潮位超过当地警戒潮位,总损失 35.19 亿元	大潮
	卡努(Khanun)	浙江登陆,总损失 22.2 亿元	小潮
2004	蒲公英(Mindulle)	江苏最严重一次热带风暴之一,最大增水发生在吕四,达 142 cm	大潮
2000	派比安(Prapiroon)	特大风暴潮灾,江苏、上海、浙江等沿海有 20 多个验潮站的潮位均超过当地警戒水位,江苏沿海直接损失 55 亿元	大潮
	桑美(Saomai)	恰逢天文大潮,长江口 10 多个验潮站的高潮位均超过警戒水位,特大风暴潮灾	大潮
1997	温妮(Winnie)	从福建北部到渤海沿岸,几乎所有验潮站都超过当地警戒水位,特大风暴潮灾	大潮
1996	贺伯(Herb)	闽浙沿海严重风暴潮灾	大潮
1995	珍妮斯(Janis)	浙江至江苏沿海出现 50~112 cm 增水	大潮
1992	玻莉(Polly)	中华人民共和国成立以来最严重的灾害之一,该风暴一直未达到台风强度,但风暴尺度较大,6 级以上大风影响范围南北纵跨 2 000 km,江苏沿海增水 80~140 cm	大潮

第五章
风暴潮演变规律

5.1 中国沿海风暴潮变化

风暴潮是指由热带气旋(台风或飓风)、温带气旋、寒潮或强冷空气大风等强烈大气扰动引起的、发生在沿海地区的局地海面异常升高(或降低)现象。台风风暴潮多由台风引起,特别是登陆的台风将会引起较强的风暴潮。我国位于太平洋与亚欧大陆之间,从北面辽宁省的鸭绿江口到广西壮族自治区的北仑河口,海岸线长达 18 000 km,纵跨温带、亚热带和热带,环境十分复杂,是少数受台风风暴潮和温带风暴潮双重影响的国家。风暴潮引起的灾害除了台风引起的灾害外,还有风浪和水位上升引起的增水造成的自然灾害而导致的生命财产的损失。根据《中国海洋灾害年鉴》公布的资料,我国发生台风风暴潮的频率与我国近海台风发生的频率是一致的,台风风暴潮造成的海洋灾害与台风登陆的路径、当地的海湾环境、天文条件和防灾减灾设施有密切的关系。

根据《风暴潮等级》(GB/T 39418—2020),风暴潮强度等级可分为 5 级(见表5.1),根据风暴潮等级划分标准定义台风登陆我国或近海转向并造成沿岸任一站出现大于 50 cm 增水的过程为一次台风风暴潮过程。采用验潮站逐时增水数据,对每次过程取各站最大增水值进行统计。根据国家标准中的风暴潮强度等级划分标准,选取 1 m 和 2 m 为增水分段统计指标。过程中任一站最大增水值大于 1 m 定义为一次显著的风暴潮,大于 2 m 定义为大风暴潮或强风暴潮,小于 1 m 为一般或小风暴潮。

表 5.1 风暴潮强度等级

等级	Ⅰ（特强）	Ⅱ（强）	Ⅲ（较强）	Ⅳ（中等）	Ⅴ（一般）
最大风暴增水 hs(m)	$hs>2.5$	$2.0<hs\leqslant2.5$	$1.5<hs\leqslant2.0$	$1.0<hs\leqslant1.5$	$0.5<hs\leqslant1.0$

统计整理 1980—2019 年影响我国沿海的台风风暴潮过程,发现 40 年间共发生台风风暴潮 418 次,其中有 1/4 是由未登陆台风所引起。年平均发生次数为 10.45 次,最多为 1989 年的 16 次,最少为 6 次,年发生频率最高次数(即高频发生次数)为 9 次[图 5.1(a)]。增水 1 m 以上(含 1 m)过程有 264 次,年平均 6.6 次,最多为 1989 年的 12 次,高频发生次数为 7 次[图 5.1(b)]。增水 2 m 以上(含 2 m)的过程有 59 次,占总数的 14.1%,年平均 1.5 次,最多为 4 次,高频发生次数为 1 次。与 1949—1990 年的统计数据相比,增水 1 m 及以上的过程数变化不大(1949—1990 年为 259 次),增水 2 m 及以上的过程数增加了 28%(1949—1990 年为 46 次)。在增水 2 m 及以上的过程中,有近 1/3(17 次)出现在雷州半岛东岸,是出现最多的区域;其次为浙南闽北地区,约占 1/5;有 4 次过程是由未登陆台风所引起,均出现在东海海域,其中 2 次出现在杭州湾,1 次出现在台湾海峡南部,1 次出现在江苏沿海。

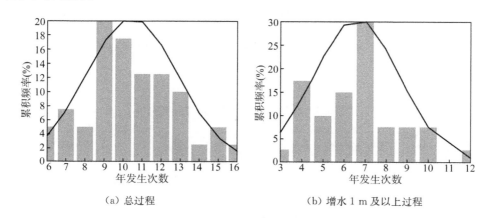

（a）总过程　　　　　　　　　　（b）增水 1 m 及以上过程

图 5.1 台风风暴潮发生次数频率直方图及概率密度图

从年际变化来看(图 5.2),全国沿海台风风暴潮增水年极值在 1980—2019 年间整体呈上升趋势。20 世纪 80 年代末和 2010 年前后是我国台风风暴潮高发期,20 世纪 90 年代中后期为低发期;增水 1 m 及以上和超警戒潮位的过程在 20 世纪 80 年代末至 90 年代初出现高发期;增水 2 m 及以上的过程发生次数在近 10 年明显增多。总体来看,台风风暴潮过程在 20 世纪 80 年代最多,年均达到 11.3 次,

1 m 及以上的显著增水过程在近 10 年最少,但增水 2 m 及以上的过程在近 10 年最多。从月际变化来看(图 5.3),增水 1 m 及以上的台风风暴潮最早发生在 4 月,而增水 2 m 及以上的台风风暴潮最早发生在 6 月,40 年间分别都仅发生过 1 次。2 m 及以上的大风暴潮 8 月最多。9 月是我国渤海、黄海和东海潮位普遍最高的时期。

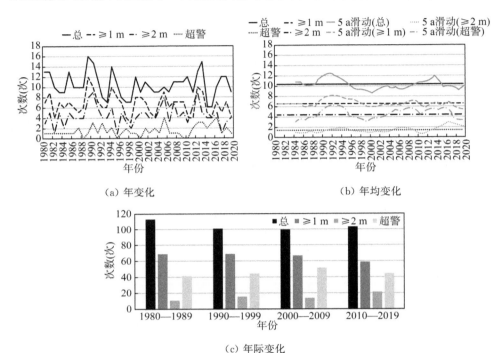

(a) 年变化   (b) 年均变化

(c) 年际变化

图 5.2 台风风暴潮发生次数年际变化

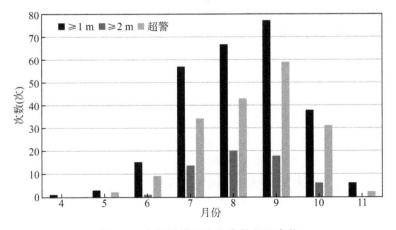

图 5.3 台风风暴潮发生次数月际变化

从各站大于等于 1 m、大于等于 2 m 的增水和超警情况来看(图 5.4),莱州湾、浙江沿海以及珠江口—雷州半岛东岸出现大台风风暴潮的频率较大,苏南和闽南沿海台风风暴潮的出现频率也较多,但大风暴增水情况较少。自长江口、杭州湾一直到福建省,特别是浙南闽北一带出现超警戒潮位的情况较多,一方面是由于大风暴潮和极端风暴潮都较多,另一方面是该沿岸属典型半日潮区,潮差大,高潮位高,大增水叠加较高潮位的概率大,极易造成超警戒的高水位。珠江口—雷州半岛东岸以及海南岛东北部也有较多超警戒的风暴潮过程,说明这一带区域的风暴潮灾害的危险性也比较高。

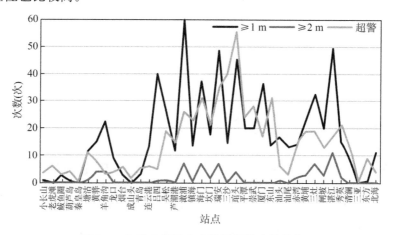

图 5.4　各站台风增水次数及超警次数分布

风暴潮增水重现期是评估风暴潮灾害危险性的重要方法之一。概率统计方法多采用理论频率曲线拟合一定规律的极值分布来进行外延计算,通常以年极值序列为样本。由于台风影响具有随机性,并非所有统计站每年都能记录到台风风暴潮,因此统计了东海和南海共 11 个易受台风影响的统计站的逐年台风最大风暴潮序列,用极值 I 型分布(Gumbel 分布)曲线拟合计算重现期增水值,结果见图 5.5。由图可见,三沙、厦门和汕尾 3 个站不同重现期增水值的间隔很小,不足 1 m,说明其遭受特强风暴潮的概率较小,其与台湾岛的屏障作用和开阔陆架的地形因素有关,这 3 个区域不易出现特别极端的台风风暴潮;而珠江口和雷州半岛东岸沿海 50年一遇至 500 年一遇增水值的增加幅度很大,说明这些地区对台风风暴潮变化敏感,易出现强的风暴增水,危险性较大。

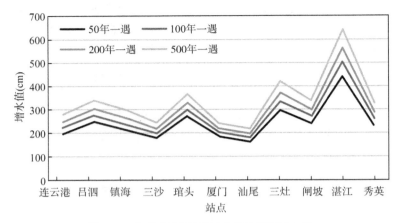

图 5.5　各站台风风暴潮不同重现期增水值

5.2　中国主要海区风暴潮规律

　　风暴潮的发生与温带气旋、寒潮、台风有着密切关系，它们是风暴潮发生的必要条件；而形成严重风暴潮的因素可以归纳为：①强烈持久的向岸大风；②利于风暴潮发生的地形，如口袋状地貌和低平的海岸；③与天文大潮的耦合。

　　温带气旋、寒潮、台风的强度、风速、风场大小、移动速度、登陆路径、持续时间等因素均对风暴潮的发生有一定影响，其中又以强度、风速、登陆路径对风暴潮的影响最为明显。各地天气情况，高压与低压的分布，是否刮向岸风等因素均会影响温带风暴潮的发生。台风过境带来的暴雨一般对增水影响较小，但有时暴雨洪水也会使沿岸大量增水，尤其是低潮位时期。天文潮若与以上天气系统耦合，则可能引发风暴潮或者增强风暴潮，而天文大潮更可能导致特大风暴潮的发生。

　　由于地理位置的原因，导致各地风暴潮的发生条件有一定区别，渤海、黄海风暴潮多由寒潮、温带气旋、台风引起，其中尤以寒潮引起的风暴潮为甚。到了东南海域由于平均气温升高，风暴潮几乎全由台风引起。

　　地形对于风暴潮的发生有明显的影响，渤海地区呈葫芦状，海水易进不易出，且潮波反射会给沿岸造成增水，加之温带气旋、寒潮、台风俱全，是风暴潮的重灾区。台湾海峡情况复杂，由于台湾岛的阻挡，福建沿海地区风暴潮受台风路径、风场位置影响很大。海南省遭受台风次数多、强度大、时间长，有"台风走廊"之称，周围均易发生风暴潮。北部湾由于越南沿岸的影响，风暴潮发生前会有一段减水期。径流对于风暴潮的发生亦有一定的影响，径流的周期性变化，以及偶发的洪水期、枯水期均能对风暴潮的产生起到一定作用。

从历史上看,我国风暴潮有逐年增多趋势,这与全球变暖有着密不可分的联系。在平均气温较高的年份,我国沿海地区风暴潮,尤其是台风风暴潮比平均气温较低的年份显著增加。而全球变暖将导致海平面上升,在一定程度上又促进了风暴潮的产生与发展。因此,未来对风暴潮的预测与防治将更加重要。

(1)渤海

渤海是我国的一个半封闭内海,冬半年易受到冷空气影响,出现以东北向为主的大风天气,渤海西岸的渤海湾和莱州湾也会因此出现明显风暴增水,若冷空气与低压系统配合,则风力增大,风暴潮更为显著。渤海呈葫芦状,在葫芦底部即渤海东南海岸为潮波集中点,渤海海域地势平坦,水深较浅,以上因素均给风暴潮的形成提供了有利条件。

渤海湾东南海岸风暴潮发生频繁。风暴潮不但受天文因素的影响,而且受气象因素影响,季节性强,多出现在春季和秋季,两季的风暴潮发生次数在80%左右。诱发渤海湾东南海岸风暴潮的气象因素主要有台风和寒潮大风两类。台风是诱发渤海湾沿岸风暴潮的重要原因,这类风暴潮发生在7、8月份。台风沿海北上,穿过山东半岛,进入渤海,在其西岸登陆或在辽东半岛登陆时,将影响渤海地区,造成东北大风,引起风暴潮。这种风暴潮发生概率虽小,但与天文大潮相遇时,就会发生特大风暴潮。渤海湾东南海岸发生风暴潮时多伴随暴风,风向多为 NNE、NE、ENE,最大风力在 7～10 级,暴风历时 21～36 h,其中东北大风最多,占80%以上,如1992年、1997年、2003年特大风暴潮均出现东北大风。渤海湾地区主要潮位站潮汐特征值统计见表 5.2。

表 5.2　渤海湾主要潮位站潮汐特征值统计表

站名	资料年限(年)	实测极值潮位				平均高潮位(m)	平均低潮位(m)	最大潮差(m)
		最高(m)	最高出现时间	最低(m)	最低出现时间			
马棚口	20	3.38	1965－11－7	−1.84	1977－9－28	1.40	−0.11	3.85
黄骅	2	4.47	1983－7－30	0.28	1983－3－18	3.59	1.27	3.44
埕口	46	4.56	1997－8－20	−2.08	1981－10－23	1.27	−0.53	2.20
东风港	7	2.31	1979－2－22	−1.86	1975－2－7	1.07	0.65	1.74
富国	27	2.52	1964－4－6	−1.60	1981－10－24	1.01	−0.20	1.20

(2)黄海

黄海北临渤海,南接东海,寒潮大风、温带气旋、台风俱全,是我国风暴潮成因变化最为明显的过渡地带。

连云港位于海州湾内,海州湾遭受温带风暴潮频率仅次于莱州湾和渤海湾,春、秋、冬季均易受到强温带气旋影响。在引发连云港温带风暴潮的天气类型中,西高(压)东低(压)天气类型最有可能引起连云港温带风暴减水,而北高(压)南低(压)、横向高压和孤立气旋天气类型最有可能引发温带风暴潮增水,其中尤以北高南低最为明显。夏秋季,连云港易遭受台风风暴潮侵袭,若与天文大潮相遇,极有可能引发特大风暴潮。但若除去极少数天文大潮的水位异常增高,则连云港台风风暴潮增水极值一般小于 1.5 m,0~0.5 m 增水极值发生得最多,0.5~1.0 m 次之。

青岛风暴潮主要是由台风北上引起,发生原因大致分为三种:第一种在台风北上并向东偏移的过程中,在东南流场和东北流场的作用下,将东海和黄海的水体带向沿岸,使青岛发生增水;第二种台风在北上过程中将东海的水体带向黄海,又在偏东气流的作用下将黄海的水体带向沿岸,使青岛发生增水;第三种是台风北上进入东北后,减弱变成低气压,再和南部低压、副热带高压的共同作用下使青岛发生增水。

(3)东南沿海

我国东南沿海受台风影响最为频繁,台风是东南沿海风暴潮发生的主要原因。东海海域海岸线呈南北走向,而东海海域台风来临前往往刮东风或南风。东海沿岸台风过境时往往带来暴雨,其最明显的变化就是低潮位增水明显,有时甚至可以增水 3~4 m,与正常高潮位相当。8—10月,东海海域天文大潮发生的时间与该地区台风发生时间相重合,是该地区风暴潮灾较为严重的时间。

风暴潮对于上海港的影响,在东部比西部更为严重。吴淞站历史最高潮位为 5.74 m,黄埔站历史最高潮位为 5.22 m,米市渡站为 3.86 m。长江径流对风暴潮有一定影响,长江径流年内周期性变化对上海港高潮位增水具有明显作用,而偶发的洪水对其影响并不明显。黄浦江水情复杂,年内周期性的径流变化对增水影响不大,而洪水年对比枯水年增水明显,在洪水年内,吴淞站潮位 4 m 时,黄埔站增水 10 cm,当吴淞站潮位低于 2 m 时,黄埔站增水 20 cm,对风暴潮的形成有明显影响。东风对于上海港的影响最为明显,由大风刮起的海浪以及向岸风引起的海流使上海港沿岸增水,台风中心的气压较低,在风力作用下海水向中心积聚并随着台风移动。如果此时台风足够强,并且遇到大汛期,天文潮将使风暴潮威力增强数倍。

(4)台湾海峡

福建海域地形复杂,面临台湾海峡,又有台湾山脉阻挡,其所经历的台风大致分为如下情况:第一种类型是经过台湾岛以北正面登陆福建东北部至浙江南部沿海的台风,这类台风一般引起福建沿海增水较大;第二种类型是穿过或靠近台湾海峡北部,在福建霞浦至福清一带正面登陆的台风,这类台风引起海峡西岸最大增水出现在登陆前几小时至十几小时,各站最大增水出现时间由北向南略推迟,增水幅度均不大,约为 60 cm,北部增水比南部略大;第三种类型是穿过台湾海峡中部,在闽中、闽南登陆的台风,福建沿海各站最大增水一般出现在台风离开台湾岛之后,登陆福建之前;第四种类型是穿过台湾海峡南部或台湾海峡以南在广东东部至福建漳浦一带正面登陆的台风,福建沿海最大增水出现在台风登陆前后几小时,各地出现时间相差一般不大于 3 h,最大增水空间分布类似于开阔海域,最大的增水出现在台风登陆点右侧台风最大风速半径附近位置,往北逐渐减小。

对于第一、第二和第三种类型的台风,台湾海峡北部增水都会出现周期约为 12 h 即半日的波动。梅花、平潭等站风暴潮具有明显的潮振动周期可能是风暴潮与天文潮相互作用的结果。

(5)南海和北部湾

南海地区是我国遭受台风风暴潮灾害最为严重的地区之一,其中广东沿海是南海地区受台风风暴潮影响最为严重的地区,汕头和珠江口的风暴潮主要是由台风登陆引起;而雷州半岛及湛江地区地形呈口袋状,海水容易在此堆积,进而导致风暴潮的形成。南海地区的风暴潮发生时间为 4—11 月,最早出现在 4 月中旬末。7—9 月是南海地区风暴潮频发期,且盛夏 7—8 月风暴潮的强度更强。

海南省遭受台风次数多、强度大并且发生季节长达 7 个月,有"台风走廊"的称号。登陆海口港的台风多为北登型,这类台风大风区距海口港较远,大多不易引起增水,但呈蛇形北登的台风也能引起较大增水。南登型台风则会使海口港增水明显。直登型台风对海口港影响最为严重,给海口港带来最为严重的风暴潮灾。海南岛潮汐情况复杂,全日潮、半日潮、混合潮均有,若适逢天文大潮,则会造成更为严重的损失。

北部湾海域风暴潮主要由台风引起,受越南沿岸影响,北部湾风暴潮来临前一般都有一个减水时期,之后逐渐增水达到极值,北部湾前有雷州半岛和海南岛,台风进入时强度减小,进入后再次增大。若台风向西掠过北海、防城港附近海面,则北部湾全岸段发生增水;若台风穿过海南东部沿海,再从广西东部岸段再次登陆,向西北或西边移动,则整个北部湾海岸均增水,但若向北边移动,则东部岸段增水。

5.3 典型区域风暴潮特征及其影响

根据我国 11 个省市 1989—2018 年遭受风暴潮灾害的累计次数绘制分布图（图 5.6），可以看出，我国从南至北均有风暴潮灾害发生，其中东海、南海沿岸省市是台风潮灾高发地段，而温带潮灾集中发生于渤海、黄海沿岸。在这 200 余次灾害中，台风风暴潮占比在 80% 以上，其发生频次和危害程度都远高于温带风暴潮。从整体来看，我国风暴潮灾害发生频次南方多于北方，其中广东、福建、浙江最为频繁。因此，以广东省的珠江口地区、福建中南部沿海、江苏沿海地区为典型区域，重点分析典型区域风暴潮规律。

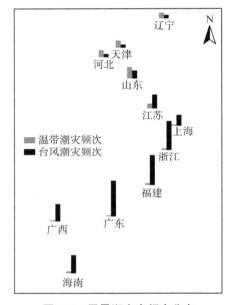

图 5.6　风暴潮灾害频次分布

（1）珠江口风暴潮规律

珠江口位于我国广东省中南部，通过统计 2000—2022 年给珠江口带来风暴增水的热带气旋，筛选出严重影响珠江口的 12 个热带气旋，均为台风级（12 级）以上（表 5.3）。从时间分布上看，2000—2022 年，严重影响珠江口的台风暴潮每年最多发生 2 次，最少 0 次，均发生在 7—9 月。其中，7 月 3 次，占比 25.0%；8 月 4 次，占比 33.3%；9 月 5 次，占比 41.7%。而极端风暴潮均发生在 8—9 月，其中 8 月 1 次，9 月 2 次。由此显示出后汛期尤其 8 月、9 月为珠江口防台关键时期的特点。

从登陆地来看,2 次在海南文昌登陆,其余 10 次均在广东省,可见不仅登陆广东的台风会严重影响珠江口,在海南登陆的也不容忽视。而在广东登陆的 10 次台风中,珠江口以东登陆仅 1 次(惠州);珠江口以西登陆 9 次,分别为珠海 2 次、江门 4 次、茂名 3 次,同时,在珠海至茂名登陆的台风,数量更多,风暴潮危害程度更严重,反映出珠江口防台需重点关注在珠江口以西尤其是珠海至茂名一带登陆的台风,这与北半球台风为逆旋系统和进入南海台风大多西北走向有关,其移动方向的右半圈为最严重风暴潮影响区域。

2000—2022 年严重影响珠江口的热带气旋均超过台风级(12 级),过程最大风力在 12～17;登陆时风力为 12～15 级,中心最大风速 33～48 m/s,7 级风圈半径在 200～480 km(200104 号台风"尤特"缺少可靠风圈数据),同时通过比对其登陆点与珠江口的距离发现,7 级风圈半径在 200～300 km 的结构较小的台风,其登陆点都在珠海至江门等距离珠江口较近的地方,而登陆点在茂名至海南等距离珠江口较远的台风,其风圈半径都在 380 km 以上。

表 5.3　2000—2022 年给珠江口带来严重风暴增水的热带气旋信息

| 序号 | 台风名称 | 中心风力/最大风速(m/s) | | 登陆时间 | | 登陆地点 | 登陆前7级风圈半径(km) | 南沙站最大增水(m) |
		过程	登陆时	公历	农历			
1	202007 海高斯	12 级/35	12 级/35	8 月 19 日	七月初一	珠海金湾区	200	1.23
2	201822 山竹	17 级/65	14 级/45	9 月 16 日	八月初七	江门台山	400	2.84
3	201714 帕卡	12 级/33	12 级/33	8 月 27 日	七月初六	江门台山	250	1.27
4	201713 天鸽	15 级/48	14 级/45	8 月 23 日	七月初二	珠海金湾区	280	2.17
5	201415 海鸥	13 级/40	13 级/40	9 月 16 日	八月廿三	海南文昌	480	1.12
6	201208 韦森特	13 级/40	13 级/40	7 月 24 日	六月初六	江门台山	300	1.89
7	201117 纳莎	14 级/42	14 级/42	9 月 29 日	九月初三	海南文昌	380	1.01

序号	台风名称	中心风力/最大风速(m/s)		登陆时间		登陆地点	登陆前7级风圈半径(km)	南沙站最大增水(m)
		过程	登陆时	公历	农历			
8	200915 巨爵	13级/38	12级/35	9月15日	七月廿七	江门台山	260	1.63
9	200814 黑格比	15级/50	15级/48	9月24日	八月廿五	茂名电白	400	2.01
10	200606 派比安	12级/35	12级/33	8月3日	七月初十	茂名电白	400	1.07
11	200307 伊布都	15级/50	14级/40	7月24日	六月廿五	茂名电白	450(8级)	1.40
12	200104 尤特	13级/41	12级/35	7月7日	五月十七	惠州惠东	无可靠数据	1.14

对"山竹""天鸽""黑格比"3次典型风暴增水过程进行分析(图5.7),以进入南海为起算时刻,至风暴增水退至0.5 m以下为止,结果显示:总体上均符合标准型风暴潮发展的3个阶段,即初振、主振和余振阶段,"山竹"和"黑格比"的增水全过程及形态非常相似,在进入南海后22 h内,处于明显的初振期,增水在0.3 m以下周期性振荡波动;22 h时南沙处于两场台风10级风圈边缘(台风中心距离南沙站220～240 km),进入主振期,增水明显呈峰状大幅突起,可分为增水上升期和增水

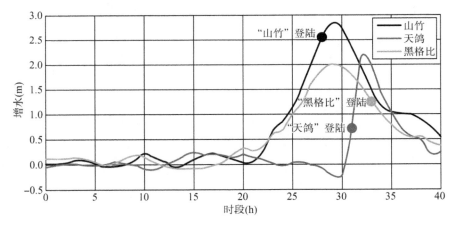

图5.7 "山竹""天鸽""黑格比"进入南海后南沙站风暴增水对比示意图

衰退期,增水上升期持续 7 h,增水显著上升,"山竹"平均增水速率 0.87 m/h,增水最大涨率 0.51 m/h,"黑格比"增水速率 0.24 m/h,增水最大涨率 0.43 m/h,29 日同时达到最大增水。此时,"山竹"已登陆 1 h,中心距离南沙 170 km,"黑格比"未登陆,中心距离南沙 220 km,两个中心处于同一经度的相近位置,在风速、气压和风圈半径相差不大的情况下,"山竹"在增水上升期中心距离珠江口更近,故其导致的最大增水比"黑格比"大 0.83 m,之后进入相似的增水衰退期,分别用时 11 h 和 9 h 进入余振期(表 5.4)。

表 5.4　次极端风暴潮增水特征统计(南沙站)

台风	初振阶段时期 (h)	主振阶段										水衰退期时长 (h)
		时段 (h)	开始位置	10 级风圈半径 (km)	中心距南沙站 (km)	最大增水位置	中心距南沙站 (km)	增水上升级				
								平均增水速率 (m/h)	增水最大涨率 (m/h)	最大增水 (m)	时长 (h)	
201822 "山竹"	0~21	22~40	114.7°E 21.0°N	180	220	112.3°E 21.8°N 登陆后	170	0.87	0.51	2.84	7	11
201713 "天鸽"	0~29	20~37	113.5°E 21.9°N	80	90	112.9°E 22.0°N 登陆后	110	1.19	1.47	2.17	2	5
200814 "黑格比"	0~21	22~38	112.9°E 20.6°N	200	240	112.3°E 21.2°N 登陆前	220	0.24	0.43	2.01	7	9

注:开始时刻为进入南海时刻。

珠江口包含虎门、蕉门、洪奇沥、横门、磨刀门、鸡啼门、虎跳门和崖门等八大口门,城市群社会经济高度发达,是我国社会经济发展最活跃区域之一。由于其特殊的地理位置和气候特点,珠江口是广东乃至我国风暴潮灾害的频发区,且近年来呈愈发严重的趋势,台风风暴潮从口门沿珠江河网上溯,影响区域覆盖整个珠江口城市群,如 2017 年"天鸽"、2018 年"山竹"台风均给珠江口的城市群带来严重的灾害,强烈的台风风暴潮增水致珠江口多个潮位站点测得突破历史纪录的高潮位。

(2)福建中南部沿海风暴潮规律

据海洋灾害公报的数据显示,每年 5—10 月,福建频繁遭受台风袭击,尤其是在 7—9 月最为集中。由于台湾海峡东北至西南的走向与福建省盛行季风的风向一致,形成"狭管效应",年平均风速为 7~10 m/s;海区多年平均波高为 1.0~1.5 m,平均周期为 4.2~5.9 s,冬季平均波高最大,夏季平均波高最小;同时,福建省沿海地区的潮差具有明显的地域分布特点,宁德、莆田、泉州沿海潮差较大,福州、厦门沿海潮差较小,漳州沿海潮差最小。这些独特的地理、环境、水文动力等要素叠加使得福建受风暴潮灾害影响严重,并具有发生频次高、影响范围广、灾害损失重的特点。研究显示,正面登陆福建的热带气旋和登陆浙南的影响热带气旋,比登陆广东的影响热带气旋更容易引发福建沿海台风风暴潮过程,最大风暴增水可达 2 m 以上。

利用福建中南部沿海的东山、厦门、崇武、平潭共 4 个有长期验潮资料的主要验潮站风暴潮资料(表 5.5)进行统计分析,发现风暴潮基本发生在每年的 4—11 月,主要出现在夏、秋两季,其中在 7—9 月最为集中,这 3 个月中风暴潮次数占一年中的 70% 以上。

表 5.5　福建中南部沿海主要潮位站及所用资料时间长度

潮位站	所属地市	资料时间序列	风暴潮次数(次)
东山	漳州	1959 年 1 月—2015 年 12 月	221
厦门	厦门	1959 年 1 月—2015 年 12 月	235
崇武	泉州	1959 年 1 月—2015 年 12 月	216
平潭	福州	1966 年 1 月—2015 年 12 月	197

进一步对各等级风暴潮进行统计分析(图 5.8),东山、厦门和平潭验潮站第Ⅳ等级次数在 8 月份最多,而崇武验潮站则是在 9 月份最多。第Ⅲ等级的次数基本分布在 7—10 月,次数最多的月份分布与第Ⅳ等级一致,除崇武站在 9 月份外,另外 3 站均在 8 月份。第Ⅱ等级的次数分布特征在各站的情况不尽相同,东山站出现在 8 月,厦门站出现在 7 月和 8 月,崇武站则是 7 月、8 月和 9 月各出现一次,平潭站在 6 月和 9 月各出现一次。从福建中南部沿海风暴潮分布特征来看,在1959—2015 这 57 年里,风暴潮第Ⅳ等级出现的次数占总次数的 60% 以上,各站风暴潮超过 100 cm(Ⅲ级)的总次数不超过 50 次,占风暴潮总次数的比例不到25%,每年平均不到 1 次,而风暴潮超过 150 cm(Ⅱ级)以上次数更是有限,不超过5 次。由此可见,福建中南部沿海风暴潮增水主要集中在 50~100 cm,单纯就风暴潮增水幅度(以最大增水值表征)而言,福建中南部沿海风暴潮增水并不大,风暴潮并不算严重,基本以第Ⅳ等级为主。受地域等环境因素和不同路径台风(热带气旋)影响,虽然各站出现最大增水的月份不尽相同,但风暴潮重点影响时段基本一

致,基本出现在 8 月和 9 月,这两个月也是福建沿海台风活跃期,特别是强台风风暴潮多出现在此期间。

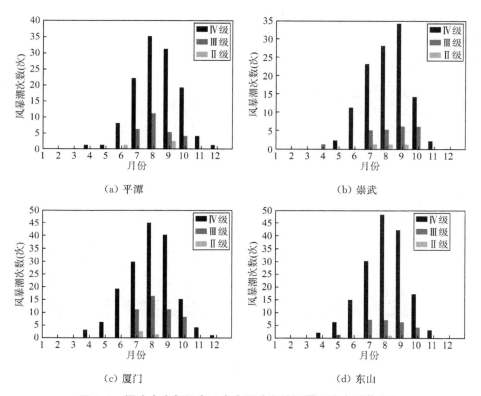

（a）平潭 　　　　　　　　　　　　（b）崇武

（c）厦门 　　　　　　　　　　　　（d）东山

图 5.8　福建中南部沿海 4 个主要验潮站风暴潮增水季节变化

　　从各站风暴潮第Ⅱ、Ⅲ和Ⅳ 3 个等级的发生频数年际变化(图 5.9)可看出,福建中南部沿海年平均发生约 4 次增水超过 50 cm 的风暴潮,仍以第Ⅳ等级所占比例较高,年平均出现超过 2 次增水在 50～99 cm 的风暴潮,而超过 100 cm 及以上的风暴潮次数较少。从年际变化上可看出,风暴潮总次数和第Ⅳ等级次数的变化趋势基本一致,分别在 1960—1965 年、1990—1995 年和 2000—2005 年 3 个时段内出现峰值,福建沿海台风较为活跃,出现的风暴潮频次也较多。而第Ⅱ等级风暴潮次数自 2005 年之后,出现增加趋势,表明福建中南部沿海出现大的风暴潮的次数有所增加,更大的增水意味着风暴潮潜在的风险变大。

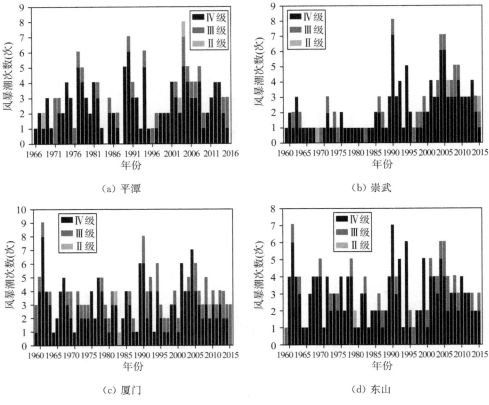

图 5.9　福建中南部沿海风暴潮增水年分布特征

（3）江苏沿海风暴潮规律

根据 1950—2022 年影响江苏沿海的历史台风风暴潮过程资料,对引起江苏沿海台风风暴潮的台风路径进行分析,江苏沿海台风风暴潮发生于 6—10 月（图5.10）,其中 8 月、9 月的发生次数最为集中,分别为 50 次和 40 次,风暴潮次数占所有过程的 68.7%,年平均次数分别为 0.68 次和 0.55 次;6 月风暴潮发生次数最少,仅为 3 次,年平均仅为 0.04 次。从图 5.11 可以看出,风暴潮强度为 V 级的过程最多,占比高达 42.7%,Ⅳ级过程次之,占比 37.4%,这两个强度级别的风暴潮月际分布较为类似,都出现在 6—10 月,8 月、9 月最集中,其中 8 月 V 级过程为 19次,年均 0.26 次,Ⅳ级过程为 20 次,年均 0.27 次,9 月 V 级过程为 18 次,年均0.25 次,Ⅳ级过程为 14 次,年均 0.19 次;风暴潮强度为 Ⅲ级的发生次数较上述两个级别明显减少,占比 16.0%,发生在 7—10 月,其中 8 月发生次数最多,累计为 9次,年均 0.12 次;风暴潮强度为 Ⅱ级的发生次数屈指可数,总计 5 次,占比 3.8%,

且只在 8—10 月出现;江苏沿海没有出现过风暴潮强度为 I 级的过程。

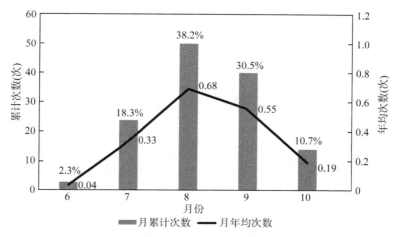

图 5.10　江苏沿海风暴潮累计次数和年均次数月际分布

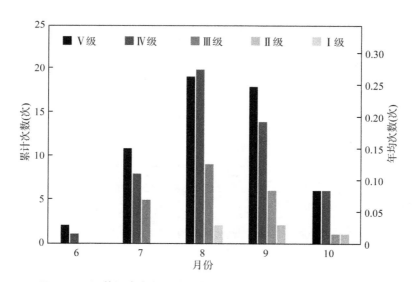

图 5.11　江苏沿海各级强度风暴潮累计次数和年均次数月际分布

　　由表 5.6 可知,江苏沿海的天文潮年极值(以连云港和吕四潮位站为例)几乎全部出现在 8 月、9 月,而各级别强度的风暴潮在 8 月、9 月的出现次数也最多,因此需要重视这两个月份的风暴增水与天文高潮叠加的情况。1950—2022 年,江苏沿海每年发生台风风暴潮的次数年变化总体相对平稳(图 5.12),大部分年份为

1～2 次,年均次数为 1.79 次。其间台风风暴潮发生次数出现过几次小高峰,首先是 20 世纪 60 年代初期,5a 的滑动平均值为 3 次左右,1959 年甚至出现了 5 次;从 20 世纪 70 年代至 90 年代初期,5a 的滑动平均值都维持在 2 次左右,随后有所下降,紧接着在 2004 年和 2005 年前后,出现一个小高峰;近 10 年的统计结果也出现了明显的上升趋势,2018 年出现了 7 次之多,5a 的滑动平均值接近 4 次。

表 5.6　连云港和吕四潮位站近 20 年天文潮年极值计算结果表

年份	连云港		吕四	
	出现日期	极值潮位(cm)	出现日期	极值潮位(cm)
2004 年	8 月 2 日	280	8 月 31 日	324
2005 年	8 月 21 日	280	8 月 22 日	335
2006 年	9 月 9 日	292	9 月 9 日	351
2007 年	9 月 28 日	300	8 月 31 日	350
2008 年	8 月 3 日	287	9 月 1 日	331
2009 年	8 月 22 日	270	8 月 22 日	329
2010 年	9 月 10 日	289	8 月 12 日	354
2011 年	9 月 28 日	311	8 月 31 日	357
2012 年	10 月 16 日	308	8 月 20 日	351
2013 年	7 月 25 日	293	8 月 23 日	328
2014 年	8 月 12 日	297	8 月 12 日	338
2015 年	9 月 1 日	306	8 月 31 日	354
2016 年	10 月 17 日	305	8 月 21 日	354
2017 年	7 月 25 日	299	7 月 25 日	335
2018 年	8 月 13 日	293	8 月 13 日	329
2019 年	9 月 1 日	305	9 月 1 日	348
2020 年	9 月 19 日	306	9 月 19 日	356
2021 年	10 月 8 日	298	9 月 9 日	347
2022 年	8 月 13 日	284	8 月 14 日	332
2023 年	9 月 2 日	282	9 月 1 日	332

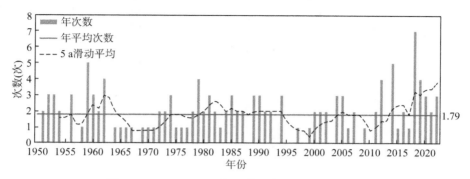

图 5.12　1950—2020 年江苏沿海风暴潮年际变化

以连云港、吕四、大戢山、滩浒、坎门、三沙 6 个潮位观测站作为典型站,分析江苏、浙江、上海沿海的风暴增水、极值潮位、重现期极值水位等特征。

(1)风暴增水

江苏、上海与浙江沿岸最大增水一般在 1.5 m 以上,其中浙江南部与江苏南部最大增水较大,如三沙与吕四分别达 2.35 m 与 2.27 m;江苏北部、浙江北部与中部次之,为 1.6~1.8 m;长江口附近海域最大增水较小,仅为 1.42 m,详见表 5.7。

从超过 0.5 m、1.0 m 与 1.5 m 增水的出现频率看,江苏南部较大增水出现频率最高,苏北沿岸次之,长江口附近海域最低。

最大增水的大小与海岸地形密切相关。根据《中国海岸带水文》,1949—1984年,位于杭州湾顶部的乍浦站最大增水达 4.34 m,位于河口内的温州站最大增水达 3.80 m。

表 5.7　中国东部和南部沿海最大增水

站名	重现周期(d)			最大增水(m)	最大增水发生时间	统计时段
	>0.5 m	>1.0 m	>1.5 m			
连云港	3.88	155.79	3 738.87	1.63	1977 - 9 - 12	1951—2012 年
吕四	2.84	55.54	517.06	2.27	1977 - 9 - 11	1969—2012 年
大戢山	11.61	1 156.06	—	1.42	1983 - 9 - 27	1978—2012 年
滩浒	7.31	274.31	4 114.62	1.79	1997 - 8 - 19	1978—2012 年
坎门	8.54	227.82	2 799.52	1.67	2002 - 9 - 7	1959—2012 年
三沙	7.76	676.01	16 900.33	2.35	1966 - 9 - 3	1966—2012 年

江苏、上海与浙江北部沿岸强增水过程主要受台风与温带气旋的影响,年最大增水出现月份比较分散,最高月份所占频率均不超过 20%。浙江中部与南部沿海较强增水主要受台风影响,极值主要出现在夏季(7—10 月)。年最大增水的年内分布见表 5.8。

表 5.8　中国东部和南部沿海年最大增水的年内分布　　　单位:%

月份	连云港	吕四	大戢山	滩浒	坎门	三沙
1 月	8	12	17	9	4	4
2 月	15	7	3	3	2	2
3 月	6	12	14	9	7	9
4 月	0	2	0	3	0	0
5 月	3	0	0	0	0	4
6 月	2	0	0	0	4	0
7 月	2	7	3	3	11	9
8 月	13	5	11	18	30	23
9 月	19	12	11	12	22	17
10 月	6	12	11	12	13	23
11 月	16	19	14	18	7	9
12 月	10	14	14	15	0	0

(2)极值潮位

中国沿岸极值高潮位一般为天文大潮、风暴增水和季节性高海平面叠加的结果。江苏、上海与浙江沿岸极值水位皆在 3 m 以上,其中浙江中部与江苏南部极值水位较高,坎门与吕四分别为 4.79 m 与 4.30 m。极值水位见表 5.9。

表 5.9　中国东部和南部沿海极值水位

站名	连云港	吕四	大戢山	滩浒	坎门	三沙
极值水位(m)	3.54	4.30	3.36	3.92	4.79	4.09
发生时间	1997 - 8 - 19	1989 - 10 - 16	1997 - 8 - 18	1997 - 8 - 19	1996 - 7 - 31	1996 - 7 - 31
统计时段	1951—2012 年	1969—2012 年	1978—2012 年	1978—2012 年	1959—2012 年	1966—2012 年

江苏、上海与浙江沿岸年极值水位多出现在夏季(7—10月),为季节性高海平面期与风暴潮多发期。江苏北部与浙江中部沿岸年极值水位在8、9月出现频率最高;江苏南部出现最多月份为9月;长江口与杭州湾附近海域8月份出现频率最大;而浙江南部年极值水位在10月份出现最多。极值水位的年内分布见表5.10。

表5.10　中国东部和南部沿海年极值水位出现时间的年内分布　　　　单位:%

月份	连云港	吕四	大戢山	滩浒	坎门	三沙
1月	3	5	0	0	0	0
2月	2	0	0	0	0	0
3月	0	7	0	0	0	2
4月	2	2	0	0	0	0
5月	2	0	0	0	0	0
6月	5	0	9	9	7	0
7月	16	7	20	24	9	6
8月	31	16	43	38	28	17
9月	34	33	14	21	28	30
10月	5	21	11	6	20	38
11月	2	7	3	3	6	4
12月	0	2	0	0	2	2

(3)重现期极值水位

海平面上升和潮差增大,抬升了中国沿岸的高潮位,导致同样高度极值潮位的重现期缩短。利用Gumbel分布分别计算江苏、上海与浙江沿岸6个长期验潮站的不同重现期高潮位值,结果见表5.11。

表5.11　中国东部和南部沿海极值重现期潮位(基面:当地平均海平面)

站名	不同重现期下的高潮位(m)			
	100年	50年	20年	10年
连云港	3.62	3.51	3.35	3.23
吕四	4.57	4.41	4.19	4.02
大戢山	3.48	3.36	3.21	3.10
滩浒	3.88	3.72	3.51	3.35

站名	不同重现期下的高潮位(m)			
	100 年	50 年	20 年	10 年
坎门	5.09	4.83	4.50	4.24
三沙	4.26	4.12	3.93	3.79

比较分析发现,若未来相对海平面上升 50 cm,6 个长期验潮站中,有 3 个站的 100 年一遇的高潮位将变为不足 10 年一遇的极值水位。若考虑潮差增大的因素,极值高潮位重现期的下降将更为显著。

海平面上升使中国沿岸潮位升高、极值水位重现期缩短、潮流与波浪作用增强,导致沿海防护、水利、港口等工程设施的设计标准降低、功能下降。为保证我国沿海经济的和谐发展和人民生命财产安全,有必要在沿海工程设计中考虑海平面上升的影响因素。

第六章

海平面上升预测

　　海平面变化预测方法包括统计分析方法和动力数值模型,其中统计分析方法主要有随机动态模型、经验模态分析和灰度分析法等。在海平面上升预测中,随机动态模型主要根据验潮站历史长系列资料进行分析,是一种非常实用且高效的分析方法,尤其适用长时间序列海平面资料,目前已经被广泛应用于海平面变化分析预测,但在描述中国沿海海平面整体空间变化上具有一定的局限性;潮波动力数值模型系统考虑中国近海受太平洋潮波和近海浅海效应共同作用的海洋动力特征,具有一定的物理基础,但目前发展还不够完善。因此,可通过综合考虑统计方法和动力方法,对中国沿海海平面上升进行预测。

6.1　海平面变化预测模型

　　1. 随机动态模型

　　随机动态分析预测模型利用功率谱分析方法寻找海平面变化周期,使用 F 检验法确定周期的显著性,根据残差序列性质建立海平面上升分析预测的模型。

　　某一时间序列 $Y_i(t)$[记为 $Y(t)$],设有 N 个月均海平面计算值,将其分解为下面的叠加形式

$$Y(t) = T(t) + P(t) + X(t) + \alpha(t) \tag{6.1}$$

式中:$Y(t)$ 为月海平面值;$T(t)$ 为确定性趋势项;$P(t)$ 为确定性的周期项;$X(t)$ 为一剩余随机序列;$\alpha(t)$ 为白噪声序列。

　　只要找出序列中确定性部分和随机性部分的具体表达形式及系数,即可对原始数据进行拟合并采用外推法进行预报。

（1）确定性部分模型

对于确定性的 $T(t)$，取趋势项为一次线性方程式

$$T(t)=A_0+B_0t \tag{6.2}$$

其中，A_0 为起始月（$t=0$）的海平面，B_0 为待定的海平面的线性变化速率。假设在序列中找到了 K 个周期项，则周期项为

$$P(t)=\sum_{i=1}^{K}\left[a_i\cos\left(\frac{2\pi}{T_i}t\right)+b_i\sin\left(\frac{2\pi}{T_i}t\right)\right] \tag{6.3}$$

其中，a_i、b_i 为与周期 T_i 相对应的待定系数，它们与该周期的振幅 A_i、初相 φ_i 的关系为：$A_i=(a_i^2+b_i^2)^{\frac{1}{2}}$、$\varphi_i=\tan^{-1}\left(\frac{a_i}{b_i}\right)$，

从而初步模型可写为

$$Y(t)=A_0+B_0t+\sum_{i=1}^{K}\left[a_i\cos\left(\frac{2\pi}{T_i}t\right)+b_i\sin\left(\frac{2\pi}{T_i}t\right)\right] \tag{6.4}$$

序列中隐含的周期用最大熵谱方法寻找。理论上，要求解精确的趋势项，就要尽可能消除数据中的周期项；而要求出真实的周期，必须将数据平稳化，则要去掉趋势项。这里解决此问题的方法是：将线性趋势和周期求出后，将原始数据中的周期部分去掉，求出剩余数据中的趋势项，然后在原始数据中去掉该趋势项，这样得到的数据将比上一次的更接近平稳的要求，对这一序列进行周期分析，从而得到较上次更理想的周期。循环该过程直至通过平稳性检验。

（2）寻找周期

周期的寻找极为重要，试算表明，周期准确性与拟合误差（尤其是预测误差）关系密切。为此，试验了多种寻找周期的方法，诸如功率谱分析法、周期图法、方差分析法等，最终确定功率谱分析法寻找结果较为理想。功率谱法的常用算法有两种：一是直接计算，二是落后自相关方法。

①直接计算方法。利用谐波分析方法，计算不同阶数的谐波振幅，振幅大表示能量强，因此也称功率谱密度。

②落后自相关方法。对一个时间序列先求其不同落后时间步长（τ）的自相关或者自协方差，然后对自相关或者自协方差函数进行谐波分析，以此来检测周期。如一个时间序列有 5 年周期，那么落后步长为 5、10、15…时，自相关或者自协方差函数就会周期性地出现极大值，用谐波能很好地检测出来。如果落后步长设置较长，会提高对低频部分的检测分辨率，但是计算落后相关使用的资料会变少，从而

降低资料的自由度,影响结果的可靠性;如果落后步长设置太短,则不利于低频周期的检测。理论分析指出,落后步长可取 $\frac{n}{10} \sim \frac{n}{3}$,实际计算中常取 $\tau = \frac{n}{3}$ 左右。若计算所得的功率谱值有峰值,则对应的周期较明显,但其显著性还需根据原时间序列的特性,判断是红噪声谱还是白噪声谱,然后采用不同的方法进行检验。具体计算步骤为:

确定最大落后步长($\tau = M$),计算落后自相关系数

$$R(\tau) = \frac{1}{n-\tau} \sum_{t=1}^{n-\tau} \left(\frac{y_t - \overline{y}}{\sigma_y} \right) \left(\frac{y_{t+\tau} - \overline{y}}{\sigma_y} \right) \ , \ \tau = 0, \cdots, M \tag{6.5}$$

计算功率谱粗谱密度

$$\hat{S}_m = \frac{B_m}{M} \left[R(0) + 2 \sum_{\tau=1}^{M-1} R(\tau) \cos\left(\frac{\pi m \tau}{M} \right) + R(M) \cos(\pi m) \right] \tag{6.6}$$

其中,$B_m = \begin{cases} 1, m = 1, 2, \cdots, M-1 \\ \dfrac{1}{2}, m = 0, M \end{cases}$。

计算平滑功率谱密度值。通常还需对功率谱粗谱密度值 $\hat{S}_k$ 进行平滑处理来消除随机噪声的影响,以便得到比较光滑和平稳的谱密度值。平滑方法包括 Bartlett 窗方法(矩形或者三角形窗)、Hanning 窗、Hamming 窗方法等。不同方法所得的谱密度值有所不同,但不会有本质的改变。

(3)周期显著性检验

功率谱方法找出的周期中可能有伪周期,可采用方差的 F 检验对所得周期进行显著性检验。

对初始模型 $Y(t) = A_0 + B_0 t + \sum_{i=1}^{K} \left[a_i \cos\left(\frac{2\pi}{T_i} t \right) + b_i \sin\left(\frac{2\pi}{T_i} t \right) \right]$ 中的第 k 个周期进行显著性检验,相当于检验假设 $a_i = b_i = 0$ 是否成立,令

$$S_0 = \sum_{t=1}^{N} \left(Y(t) - \left\{ A_0 + B_0 t + \sum_{i=1}^{k} \left[a_i \cos\left(\frac{2\pi}{T_i} t \right) + b_i \sin\left(\frac{2\pi}{T_i} t \right) \right] \right\} \right)^2$$

$$S_1 = \sum_{t=1}^{N} \left(Y(t) - \left\{ A_0 + B_0 t + \sum_{i=1}^{k-1} \left[a_i \cos\left(\frac{2\pi}{T_i} t \right) + b_i \sin\left(\frac{2\pi}{T_i} t \right) \right] \right\} \right)^2$$

$$\tag{6.7}$$

则

$$F = \left(\frac{S_1 - S_0}{2}\right) \bigg/ \left[\frac{S_0}{N - (2k+2)}\right] \tag{6.8}$$

服从自由度为$(2, N-2k-2)$的F分布，对给定置信度α，若$F > F_\alpha$则拒绝原假设，即第k个周期显著；反之，则认为第k个周期不显著。关于线性速率和加速度项可类似地进行F检验。

如果共找到了KS个显著周期，则可得到N个月均值$Y(t)$，确定N个方程

$$Y(t) = A_0 + B_0 t + \sum_{i=1}^{KS}\left[a_i\cos\left(\frac{2\pi}{T_i}t\right) + b_i\sin\left(\frac{2\pi}{T_i}t\right)\right], t=1,2,\cdots,N \tag{6.9}$$

在最小二乘法的意义下解此方程，即可得到待定系数$A_0, B_0, a_i, b_i (i=0, 1, \cdots, KS)$。

（4）残差序列性质的检验

确定性部分求得后，从原始数据中将其删除，得到残差序列

$$Y'(t) = Y(t) - \left\{A_0 + B_0 t + \sum_{i=1}^{KS}\left[a_i\cos\left(\frac{2\pi}{T_i}t\right) + b_i\sin\left(\frac{2\pi}{T_i}t\right)\right]\right\} \tag{6.10}$$

此残差序列因已去除确定性部分，可认为是一随机序列，在应用次序列进行建模之前，需先进行平稳性、正态性和独立性检验。

①平稳性检验

随机序列可分平稳和非平稳两大类。由平稳序列定义可知，检验时间序列的平稳性，即检验其均值和方差是否为常数及其协方差函数是否与时间间隔有关。检验方法有参数检验和非参数检验，此处选用后者，具体步骤如下：

将序列$Y'(t)$按时间序列截成L段，每段长为LM，即$N = L \times LM$（LM应取较大的整数），这样便得到L个等长小序列

$$Y'_{ij} = Y'_{(i-1)LM+j}, i=1,2,\cdots,L; j=1,2,\cdots,LM \tag{6.11}$$

令$\overline{Y'_i} = \dfrac{1}{LM}\sum_{j=1}^{M} Y'_{ij}$，得到统计量$\overline{Y'_1}, \overline{Y'_2}, \cdots, \overline{Y'_L}$。

定义随机变量$a_{ij} = \begin{cases} 1, \text{当}1 < j \text{时}, \overline{Y'_i} > \overline{Y'_j} \\ 0, \text{其他}\end{cases}$，则统计量$A = \sum_{j=1}^{L-1}\sum_{i=j+1}^{L} a_{ij}$。当

L 足够大($L>10$)时,统计量 $u=\dfrac{A+\dfrac{1}{2}-\dfrac{1}{4}L(L-1)}{\sqrt{(2L^3+3L^2-5L)/72}}$ 渐近服从 $N(0,1)$ 分布。对给定的 α,若 $u<N_\alpha$,则序列平稳,反之不平稳。

②正态性检验

采用峰度、偏度检验法判断序列的正态性。

$$偏度系数:g_1=\frac{\mu_3}{\mu_2^{\frac{3}{2}}} \tag{6.12}$$

$$峰度系数:g_2=\frac{\mu_4}{\mu_2^2}-3 \tag{6.13}$$

其中,$\mu_p=\dfrac{1}{N}\displaystyle\sum_{t=1}^{N}Y'_t$,$p=2,3,4$。

在正态白噪声假定下,当 N 充分大时($N>100$),根据中心极限定理,可推出统计量

$$\bar{g}_1=\sqrt{\frac{N}{6}}g_1 \tag{6.14}$$

$$\bar{g}_2=\sqrt{\frac{N}{24}}g_2 \tag{6.15}$$

渐近服从 $N(0,1)$ 分布,若取信度 α,则当 $|\bar{g}_1|>N_\alpha$ 或 $|\bar{g}_2|>N_\alpha$ 时,拒绝序列为正态的假定。

③独立性检验

采用模型残量的自相关检验法判断序列的独立性,令

$$R(k)=\frac{1}{N}\sum_{t=1}^{N-K}Y'(t)Y'(t+k) \tag{6.16}$$

$$\rho(k)=\frac{R(k)}{R(0)} \tag{6.17}$$

可以证明,当 $N\to\infty$ 时,$\sqrt{N}\rho(k)$($k=1,2,\cdots,K$)依概率收敛于 k 个独立正态 $N(0,1)$ 分布的随机变量。当 $N\gg K$ 时,$Q_k=N\displaystyle\sum_{k=1}^{K}\rho^2(k)$ 为自由度以 K 的中心 χ^2 分布。取信度 α,当 $Q_k>\chi^2_{k\alpha}$ 时,拒绝独立的假设,反之接受。

（5）模型建立及其求解

通过对原始序列进行最大熵谱分析，以线性最小二乘法拟合了各确定性部分的系数并对残差序列建立了随机动态模型

$$Y(t) = A + B_0 t + \sum_{i=1}^{K} \left[a_i \cos\left(\frac{2\pi}{T_i} t\right) + b_i \sin\left(\frac{2\pi}{T_i} t\right) \right] + \sum_{j=1}^{p} \varphi_j Y'(t-j) + a(t)$$

$$(6.18)$$

其中，

$$Y'(t) = Y(t) - \left[A + B_0 t + \sum_{i=1}^{K} \left(a_i \cos\frac{2\pi}{T_i} t + b_i \sin\frac{2\pi}{T_i} t \right) \right] \quad (6.19)$$

对此模型，前面计算出的参数值已不再适用，但这些参数值可作为初值，进行非线性最小二乘迭代来求得模型的参数值。一般采用带阻尼因子的高斯-牛顿法（阻尼最小二乘法）求解非线性系数。

（6）统计预测模型检验

中国沿海海平面监测资料序列相对较短，最长只有 50 多年。美国夏威夷火奴鲁鲁站自 1906 年开始进行海平面监测，资料长达 100 多年。利用该站海平面监测资料，能够有效检验统计模型预测结果的准确性。

选取美国夏威夷火奴鲁鲁站最初 50 年（1906—1955 年）月平均海平面资料，利用随机动态模型计算各显著周期对应的振幅、迟角、线性项与其随机相系数，预测未来 50 年（1956—2005 年）海平面上升值，预测误差统计见表 6.1。

表 6.1 火奴鲁鲁站海平面预测误差统计

均方根误差（cm）		2005 年海平面相对 1955 年上升高度		
模拟（1906—1955 年）	预报（1956—2005 年）	实测（cm）	预测（cm）	相对误差（%）
1.46	3.60	13.13	17.84	35.87

2. 半经验预测方法

中国近海海平面长期变化与全球气候变化密不可分，研究气温变化对全球海平面变化的影响具有重要意义。冰川融化引起海水总量增加和盐度降低以及海水温度增加等，而海水温度和盐度变化又可引起海水热比容变化，对海平面上升产生综合影响。中国近海海平面变化不但具有局地特征，还受制于全球海平面的变化。因此，研究海平面变化对气温变化的响应可为深入研究中国近海海平面长期变化规律及机制、预测全球气候变暖条件下未来中国近海海平面变化状况提供科学依据。

Rahmstorf 采用全球平均近表面气温估算海平面上升,以从 1880 年至今的全球平均气温和海平面变化为基础获得预测海平面上升的半经验模型,其中海水表面气温是气候模式可以准确预测的变量。模型结构见图 6.1。

气温的变化是气候变化的重要指标,20 世纪以来全球平均气温上升,造成南北极冰盖融化,大量淡水注入海洋,进而改变海水盐度;同时,全球气候变暖也使得海水温度上升,引起海水的热比容发生变化,这些都是导致海平面上升的重要因素。由此可见气温变化和海平面变化有着较强的相关性,预测海平面变化应充分考虑气温的影响。

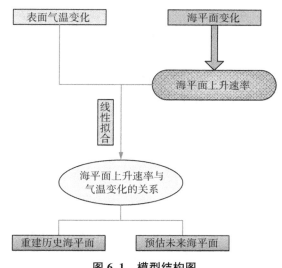

图 6.1　模型结构图

对模型预测结果的检验证明:在十年尺度上,无论是否为线性趋势,该模型都是有效的。尽管该模型还没有直接包含非线性动力学过程产生的未来海平面极端变化的可能性,但由于以物理过程为基础预测海平面上升的模型还不成熟,半经验模型可以作为一个实用的可选方案来评估未来海平面变化。

根据中国沿海 32 个长期验潮站的海平面变化数据,计算得到 1950 年至 2007 年中国近海海平面平均变化状况,并进行拟合,由此计算得到中国近海海平面上升速率与全球气温变化的相关系数为 0.940 3,线性拟合关系为 $R=1.4T+2$(见图 6.2),R 为海平面变化率,T 为气温,再根据此关系式预估未来 100 年海平面变化的结果(见图 6.3),在不同二氧化碳排放情景下,2100 年中国近海海平面将比 2000 年上升 28~64 cm,平均上升 41.6 cm,与中国沿海海平面上升略高于全球的结论一致。

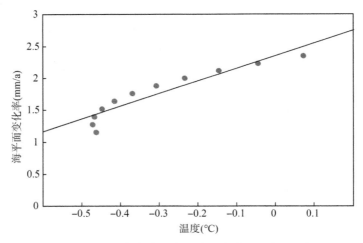

图 6.2　中国近海海平面变化率与全球气温变化拟合图

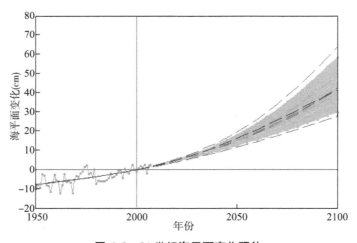

图 6.3　21 世纪海平面变化预估

中国近海海平面变化规律及预测是一个十分复杂的问题,中国近海的海平面变化不但受局地环境因素影响,还与全球气候变化和全球海平面变化密切相关,多因子预测模型应兼顾各种影响因子的作用,这些还有待进一步研究。

3. 西北太平洋潮波数学模型

我国近海有着漫长的海岸线,除了大量的岛屿外,我国大陆的东面、南面分别与中国东海、中国南海相接,处在太平洋的西海岸。我国南海和东海是西太平洋的边缘海,海洋动力系统受太平洋潮波和近海浅海效应共同作用。

气候变化引起的海平面上升是一个全球性的问题,但基于海平面上升资料的有限性,海平面上升预测除统计方法外,主要的研究手段是数值模拟。为了研究近海海平面和潮波变化,假定模型边界足够大,外海海平面上升对外边界的影响主要是水位的升高,外边界潮波性质不发生改变,同时海平面上升的高度是一致的,即均匀上升。在这些假定基础上,研究外海海平面上升对我国近海海平面、潮波和风暴潮的影响。

为了更好地研究外海海平面变化对我国近岸的影响,建立了西部太平洋潮波数学模型。模型范围包括 $90°\sim161.6°E,0°\sim61°N$,涵盖了东中国海、南中国海、日本海、菲律宾海、鄂霍次克海以及西北太平洋其他边缘海。模型采用球面坐标,网格为 $2'\times2'$。边界潮位由全球潮波模型 NAO99 提供,包含 23 个主要分潮。潮位调和常数验证采用《英国潮汐表》435 个潮位站 4 个主要分潮(M_2、S_2、K_1、O_1)对模型计算结果进行对比验证。

（1）模型基本方程

模型采用球面坐标下的二维潮波传播方程,不考虑盐度、温度和其他物质浓度变化的影响（即 Boussinesq 近似）;并采用 Boussinesq 假定、静压假定和刚盖假定;考虑地球曲率和科氏加速度随纬度的变化。模型方程如下:

$$\frac{1}{a\cos\varphi}\left[\frac{\partial}{\partial\lambda}(UD)+\frac{\partial}{\partial\varphi}(VD\cos\varphi)\right]+\frac{\partial\zeta}{\partial t}=0 \tag{6.20}$$

$$\frac{\partial U}{\partial t}+\frac{U}{a\cos\varphi}\frac{\partial U}{\partial\lambda}+\frac{V}{a}\frac{\partial U}{\partial\varphi}-\frac{UV}{a}\tan\varphi=fV-\frac{g}{a\cos\varphi}\frac{\partial}{\partial\lambda}(\zeta-\bar{\zeta})$$
$$+\frac{A_H}{a^2\cos\varphi}\left[\frac{1}{\cos\varphi}\frac{\partial^2 U}{\partial\lambda^2}+\frac{\partial}{\partial\varphi}\left(\cos\varphi\frac{\partial U}{\partial\varphi}\right)\right]-\frac{k_b}{D}\sqrt{U^2+V^2}U \tag{6.21}$$

$$\frac{\partial V}{\partial t}+\frac{U}{a\cos\varphi}\frac{\partial V}{\partial\lambda}+\frac{V}{a}\frac{\partial V}{\partial\varphi}-\frac{U^2}{a}\tan\varphi=-fU-\frac{g}{a}\frac{\partial}{\partial\varphi}(\zeta-\bar{\zeta})$$
$$+\frac{A_H}{a^2\cos\varphi}\left[\frac{1}{\cos\varphi}\frac{\partial^2 V}{\partial\lambda^2}+\frac{\partial}{\partial\varphi}\left(\cos\varphi\frac{\partial V}{\partial\varphi}\right)\right]-\frac{k_b}{D}\sqrt{U^2+V^2}V \tag{6.22}$$

式中:t 为时间;λ 为东经;φ 为北纬;U、V 分别为沿水深平均潮流速在 λ、φ 方向上的分量;D 为总水深,$D=h+\zeta$;h 为静水深;ζ 为相对于静海面的波动值;f 为科氏力分量,$f=2\omega\sin\varphi$;ω 为地球自转角速度;a 为地球平均半径,g 为重力加速度;A_H 为水平涡黏系数,可视为常量;k_b 为运动阻力系数,$k_b=\dfrac{g}{C^2}$,$C=\dfrac{D^{\frac{1}{6}}}{n}$,$C$

为谢才系数，n 为曼宁系数；$\bar{\zeta}$ 为因引潮力引起的海面变化值，即平衡潮潮高。

（2）模型范围和边界条件

模型范围包括西北太平洋边缘的中国渤海、黄海、东海、南海，菲律宾海，日本海，苏禄海以及靠近的太平洋海域。模型东边界在东经 90°位置，西边界在东经 161°10′位置，南边界在 0°，北边界北纬在 61°位置；模型网格为 $2'\times2'$。模型水深资料由 GEBCO 提供（订正到平均海平面）。

模型采用 DSI 方法离散，时间步长 450 s。水平涡黏系数 A_H 取为 10 $\mathrm{m^2/s}$。底部摩擦阻力通过曼宁系数确定，曼宁系数一般为 0.015～0.025。

模型初始条件，给定恒定潮位场，流速为 0。

闭边界满足流体不可入条件，即

$$U_H \cdot n = 0 \qquad (6.23)$$

式中：$U_H = (\bar{U}_\lambda, \bar{U}_\varphi)$，为水平流速矢量；$n$ 为边界法向量。

开边界给定潮位过程线。潮位过程线由潮汐调和常数按以下形式给定

$$\zeta = \sum H_i \cos(\sigma_i t - \theta_i) \qquad (6.24)$$

式中：H_i、σ_i、θ_i 分别为分潮的振幅、角频率和迟角。

潮位过程线由全球潮波模型 NAO99 提供，预报潮位包含 16 个短周期分潮（M_2、S_2、K_1、O_1、N_2、P_1、K_2、Q_1、M_1、J_1、OO_1、$2N_2$、Mu_2、Nu_2、L_2、T_2）和 7 个长周期分潮（M_{tm}、M_f、M_{sf}、M_m、M_{sm}、S_{sa}、S_a）。

（3）模型验证

①潮位验证

模型对《英国潮汐表》435 个潮位站 4 个主要分潮（M_2、S_2、K_1、O_1）以及若干潮流观测点准调和常数和潮流预报值进行了对比验证。计算结果见表 6.2 和图 6.4。根据各站 4 个主要分潮的调和常数计算结果与实测结果比较，可以得出绝大部分点的偏差较小，4 个主要分潮 M_2、S_2、K_1、O_1 振幅绝对值平均偏差分别为 8.3 cm、4.9 cm、5.1 cm 和 5.2 cm；迟角的绝对值平均偏差分别为 12.5°、14.8°、10.7°和 10.2°。由于模型范围较大，对近岸地形和岸线采用了概化，并忽略了河口径流，客观上存在误差。但从模拟结果来看，本节提出的模型整体结果与其他的局部海域模型精细模拟结果十分接近，验证表明模型能够较好地模拟中国近海的潮波系统。

表 6.2　主要分潮调和常数绝对值平均误差

M$_2$		S$_2$		K$_1$		O$_1$	
振幅（cm）	迟角（°）	振幅（cm）	迟角（°）	振幅（cm）	迟角（°）	振幅（cm）	迟角（°）
8.3	12.5	4.9	14.8	5.1	10.7	5.2	10.2

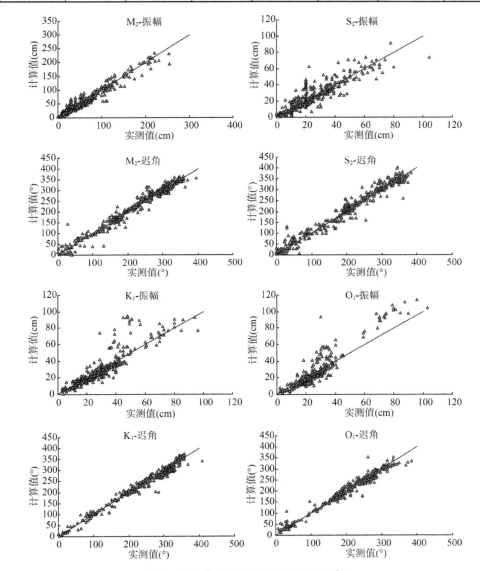

图 6.4　计算调和常数与实测结果比较

②潮流验证

由于缺少大范围的潮流验证资料,对潮流的验证相对困难,这里利用局部海域潮流调和常数和潮汐表潮流预报站的潮流预报结果对模型进行对比验证。将东海和台湾海峡部分测站潮流调和常数计算值与实测值对比,见表 6.3 和表 6.4,可以看出计算结果与实测值误差在较小的范围之内。

综上,西太平洋潮波数值模型能够较好地模拟我国近海海洋的潮波变化及其特点,预测近海潮波运动,可用于模拟海平面和风暴潮变化对中国近海的影响。

表 6.3 东海潮流调和常数计算结果比较

点号	实测				层次	模拟				层次
	U		V			U		V		
	H(cm)	g(°)	H(cm)	g(°)		H(cm)	g(°)	H(cm)	g(°)	
M2	84	129	83	124	表	70	93	63	315	垂线平均
M4	47	117	48	349	表	48	95	49	307	
	30	98	34	325	底					
M5	47	78	51	342	中	66	71	67	313	
M7	40	86	43	335	表	32	48	39	287	
	20	91	27	334	底					
SB	27	6	17	241	底	9	352	5	212	
MS	42	54	41	316	中	52	31	42	278	
	32	42	30	302	底					
SDS	12	78	23	321	底	77	75	52	315	
CN7	31	21	23	259	中	77	75	52	315	

注:U、V 分别表示沿水深平均的潮流方向的分量,H 表示分潮的振幅,g 为迟角。

表 6.4 台湾海峡测站潮流资料与模型计算结果比较

	站名	WC1	WC2	WC3	WC4	EWC	PHC
实测 K1	长半轴(m)	0.091	0.047	0.031	0.015	0.113	0.075
	短半轴(m)	0.001	0.017	0.013	0	0.01	0.033
	方向(°)	29	38	31	49	40	69
	相角(°)	305	238	223	213	288	338

	站名	WC1	WC2	WC3	WC4	EWC	PHC
实测	M2 长半轴(m)	0.295	0.221	0.127	0.053	0.31	0.693
	短半轴(m)	0.065	0.105	0.068	0.01	0.11	0.06
	方向(°)	31	37	32	48	25	67
	相角(°)	264	252	233	224	214	348
模拟	K1 长半轴(m)	0.102	0.065	0.057	0.045	0.069	0.057
	短半轴(m)	0.003	0.006	0.002	0	0.005	0.014
	方向	14	42	50	64	48	94
	相角	204	210	207	203	201	270
	M2 长半轴(m)	0.592	0.254	0.183	0.109	0.375	1.026
	短半轴(m)	0.198	0.111	0.036	0.013	0.048	0.006
	方向(°)	347	15	23	70	32	97
	相角(°)	287	299	284	241	270	244

6.2　基于统计模型的海平面变化预测

基于中国近海近 50 年海平面变化的周期性、趋势性等规律,应用海平面变化统计预测模型,以各级行政区为预测单元,对行政区内的海平面资料序列进行分析,对 2030 年、2050 年和 2100 年的海平面上升值进行预测。低情景下沿海各省级行政区未来海平面预测结果见表 6.5,典型区沿海城市未来海平面预测结果见表 6.6。

表 6.5　中国沿海各省(自治区、直辖市)未来海平面变化预测

沿海行政区	相对于 2001—2010 年平均海平面上升(cm)		
	2030 年	2050 年	2100 年
辽宁	6	17	33
河北	3	14	34
天津	3	18	34
山东北部	4	18	33

沿海行政区	相对于2001—2010年平均海平面上升(cm)		
	2030年	2050年	2100年
山东南部	5	20	36
江苏	3	16	32
上海	5	18	36
浙江	3	16	31
福建	3	14	28
广东	5	17	35
广西	4	16	29
海南	5	20	39
全海域(低)	6	18	34
全海域(中)	11	23	39
全海域(高)	17	38	77

表6.6　典型区各沿海城市未来海平面变化预测

沿海行政区	相对于2001—2010年平均海平面上升(cm)		
	2030年	2050年	2100年
连云港	3	15	30
盐城	3	16	32
南通	4	17	33
上海	5	18	36
嘉兴	6	19	38
杭州	6	19	38
绍兴	6	19	38
舟山	5	16	31
宁波	2	11	21

沿海行政区	相对于 2001—2010 年平均海平面上升(cm)		
	2030 年	2050 年	2100 年
台　州	3	15	28
温　州	4	11	23

从沿海各省(自治区、直辖市)的未来海平面变化预测结果看,山东、广东、上海和海南沿海海平面的上升预测值最高,辽宁、天津、河北沿海次之,浙江、福建、江苏和广西沿海上升最为缓慢。

从典型区各沿海城市的未来海平面变化预测结果看,上海、嘉兴、杭州和绍兴等城市未来海平面上升预测值较高;宁波、温州等地的未来海平面上升预测值相对较低。

6.3　基于数值模型的海平面变化预测

(1) 我国近海海平面上升预测

综合考虑 IPCC 系列评估报告预估结果,取外边界海平面上升 0.45 m 和 0.90 m 分别代表未来 50 年和 100 年外海海平面上升的量值。

应用数值模型预测中国近海海平面变化,可以发现外海海平面上升 0.45 m 和 0.90 m 以后,我国长江口、杭州湾、福建沿海至台湾海峡、南海珠江口、北部湾和山东半岛至朝鲜西海岸海域海平面有所抬升,渤海、南海以及东海东部海平面变化与外海变化幅度较一致。同时,在外边界海平面上升一定的情况下,近海海平面上升相对明显的是潮差较大的波幅区或潮波相汇海域,其他海域相对海平面变化不明显。

(2) 海平面上升后中国近海潮波系统变化

本节以主要的半日分潮 M_2 和全日分潮 K_1 为例,分析海平面上升对潮波系统的主要影响。通过对全球潮波模型的分析可以看出,对于 M_2 分潮,海平面上升以后,在潮波的传播方向上,从西北太平洋到东海杭州湾—长江口以及台湾岛和吕宋岛之间的吕宋海峡一带,分潮等振幅线偏向数值增加的一侧,这表明海区分潮振幅减小;而在其他海域如杭州湾以南至台湾海峡、广东沿海、黄海西海岸、渤海大部分海区,分潮等振幅线则偏向数值减小的一侧,这表明海区分潮振幅增加。从变化幅度来看,台湾海峡、杭州湾、长江口海区变化幅度相对较大。从分潮的等潮时线分布来看,在琉球群岛—台湾海峡岛链以东,海平面上升后等潮时线偏向潮波传播相反的方向,即相位提前,而在岛链以西变化趋势相对复杂。

对于 K_1 分潮,黄海中央无潮点附近 NNW—SSE 一线以东迟角增加,以西迟角减小;WSW—ENE 一线以北振幅增加,以南振幅减小;等迟角分界线与入射波方向基本一致,等振幅分界线与入射波方向基本垂直。渤海海峡口无潮点附近潮波系统变化趋势也相一致。由于波长较长,岸线变化对 K_1 分潮的影响比 M_2 要小,可见模拟的结果与理论分析结果一致。

(3)海平面上升对我国近海海域潮汐特性的影响

实际的潮差和潮时会随着潮波系统的改变而改变,但由于自然潮汐是由多种分潮线相互叠加形成,所以最终潮汐的变化要相对复杂得多。这里利用模拟的 3 个月的潮汐过程来分析海平面上升前后平均潮差和潮时的变化。

图 6.5 为外海海平面上升 0.90 m 后部分站位平均潮差和潮时变化。由此可见,外海海平面上升 0.90 m 以后,渤海和黄海除无潮点附近小范围外相位都前移;东海长江口至台湾海峡以及南海大部海域相位均前移;其中渤海莱州湾、苏北辐射沙洲、杭州湾和北部湾海域相位变化幅度明显,最大前移 20～30 min,东海和南海大部分海域相位变化 2～5 min。相位后移的海域主要为渤海、黄海无潮点附近小海域、东海长江口至济州岛、台湾岛东海岸、汕头至吕宋海峡海域,其中汕头附近潮汐相位变化幅度最明显,最大后移幅度 20 min 左右。可以看出,相位和潮差的变化趋势基本对应,潮差增加的区域相位基本前移,潮差减小的区域相位基本后移。

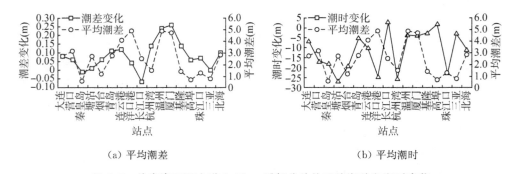

(a)平均潮差   (b)平均潮时

图 6.5 外海海平面上升 0.90 m 后部分站位平均潮差和潮时变化

由于潮差的变化也反映潮能的变化,所以海平面上升会引起部分潮能的重新分配。因此长江口至对马海峡一带潮能减小,而台湾海峡至浙东沿海和黄海大部分海域潮能则相应增加。这种趋势与潮波系统随海平面上升的非线性复杂变化相适应。一般潮差增加区域,最低潮面有所降低,最高潮面有所抬升;否则相反。潮汐最低潮面和最高潮面的变化在海岸工程设计时需重点关注。

表 6.7 为边界海平面上升不同量值时中国沿海部分站位平均高潮位的变化。可以看出,平均高潮位的变化与潮差变化一致。潮差增加的站位,其高潮位抬升幅度超过平均海面的上升幅度,如连云港、温州、厦门等;潮差减小的站位,其高潮位抬升值稍小于海平面上升值,如长江口。同时,渤海、台湾海峡站位潮差随海平面上升的变化速率较为稳定,黄海、东海和南海站位随海平面上升变化速率稍有变化,其中大部分站位变化速率随海平面上升而减小。

表 6.7　边界海平面上升后中国沿海部分站位平均高潮位变化

站位	平均高潮位(m)	平均高潮位变化(m)						增减速率(mm/a)					
		0.15 m	0.30 m	0.45 m	0.60 m	0.90 m	1.50 m	0.15 m	0.30 m	0.45 m	0.60 m	0.90 m	1.50 m
大连	1.34	0.16	0.31	0.47	0.62	0.93	1.56	1.05	1.04	1.04	1.04	1.04	1.04
营口	1.57	0.16	0.32	0.48	0.63	0.93	1.54	1.07	1.06	1.06	1.05	1.04	1.03
秦皇岛	0.31	0.15	0.29	0.44	0.59	0.88	1.47	0.97	0.98	0.98	0.98	0.98	0.98
塘沽	1.30	0.15	0.30	0.44	0.59	0.88	1.46	0.99	0.98	0.98	0.98	0.98	0.97
烟台	0.54	0.15	0.31	0.46	0.61	0.92	1.53	1.03	1.03	1.03	1.02	1.02	1.02
青岛	1.33	0.16	0.32	0.47	0.63	0.95	1.61	1.05	1.05	1.05	1.06	1.06	1.07
连云港	2.08	0.16	0.32	0.48	0.64	0.97	1.64	1.06	1.06	1.06	1.07	1.08	1.09
长江口	1.28	0.14	0.26	0.39	0.53	0.83	1.35	0.92	0.85	0.86	0.88	0.92	0.90
杭州湾	0.90	0.15	0.31	0.46	0.61	0.91	1.50	1.03	1.02	1.02	1.02	1.01	1.00
温州	2.43	0.18	0.36	0.53	0.71	1.04	1.71	1.21	1.18	1.18	1.18	1.16	1.14
厦门	2.35	0.17	0.34	0.51	0.68	1.02	1.71	1.13	1.13	1.13	1.13	1.13	1.14
基隆	0.69	0.16	0.32	0.48	0.65	0.97	1.62	1.08	1.08	1.08	1.08	1.08	1.08
高雄	0.34	0.15	0.31	0.46	0.62	0.93	1.55	1.03	1.03	1.03	1.03	1.03	1.03
珠江口	0.68	0.16	0.32	0.47	0.62	0.93	1.53	1.06	1.05	1.03	1.03	1.03	1.02
三亚	0.39	0.15	0.30	0.45	0.60	0.90	1.51	0.99	0.99	0.99	0.99	1.00	1.01
北海	1.43	0.16	0.32	0.48	0.64	0.96	1.69	1.06	1.06	1.06	1.07	1.07	1.12

海平面上升,一方面会导致直接潮位的抬升,另一方面会引起潮波变化,使局部海域潮差加大、高潮位抬升,并影响风暴潮水位。这些因素都增加了沿海海堤的

防洪风险。

根据预测结果,外海海平面上升 0.90 m 后(100 年),我国长江口高水位将上升 0.83 m 左右,杭州湾、舟山群岛海域高水位上升 0.92~1.20 m,南通沿海、辐射沙洲海域高水位上升 0.95~1.05 m,海州湾海域上升 1.0 m 左右,山东半岛、北黄海沿岸上升 0.92~0.95 m,渤海莱州湾沿海上升 0.85~0.92 m,渤海湾上升约 0.95 m,辽东湾上升 0.92~1.05 m,浙江沿海上升 0.95~1.10 m,福建沿海上升 0.95~1.25 m,台湾岛西海岸上升 0.92~1.10 m,东海岸上升约 0.90 m,广东沿海、珠江口、雷州半岛东海岸上升 0.95~1.00 m,海南岛东侧、南侧海域上升约 0.95 m,海南岛的西海岸上升 0.95~1.10 m,广西北部湾沿海上升 0.96~1.35 m。可以看出,外海海平面上升以后,我国沿海高水位受影响较大的海域是福建沿海、杭州湾海域和广西北部湾海域。

第二篇

海平面上升对典型沿海地区防洪安全的影响

第七章

海平面上升对东部沿海风暴潮水位的影响

7.1 西太平洋风暴潮数学模型构建

我国地处太平洋西海岸,是风暴潮灾害发生频率最高、损失最严重的国家之一。每年进入我国近海的强台风达5次以上。据统计,台风和风暴潮灾害造成的总经济损失约占全部海洋灾害的80%以上,而且台风风暴潮灾害有逐年增多的趋势。我国受台风暴潮影响的主要地区为福建、江苏、浙江、上海沿海以及广东、广西和海南沿海地区。江、浙、沪沿海的重灾区集中在长江三角洲地区,其是我国经济最发达的地区之一,平均每年登陆的台风约2～3次,台风风暴潮会造成巨大损失。

我国台风风暴潮灾害的损失有的超过百亿元,如1996年台风风暴潮灾害的直接损失达200多亿元;9711号台风风暴潮造成的损失达512.2亿元;1991—2000年,风暴潮灾害造成的直接损失平均每年达10亿元人民币以上。预防和抵御台风造成的灾害损失已经成为防灾、减灾研究的重要课题。气候变化和海平面上升必将对我国近海的风暴潮产生重要影响。根据对历史风暴潮的统计,我国长江口地区最严重的风暴潮为9711号台风(Winnie)风暴潮,另外9216号台风(Polly)风暴潮也是影响最强的几次风暴潮之一。因此,以9711号和9216号台风风暴潮作为研究对象,分析其对我国近海的影响及其对海平面上升的响应。

1. 风暴潮模型

风暴潮模型采用大、中、小三层嵌套模型方法。其中大模型范围包括东中国海和南中国海(同西太平洋海域潮波模型),模型采用球面坐标系下方程,网格尺度为$2' \times 2'$;离散方法采用DSI法,模型边界采用8个主要调和常数(M_2、S_2、K_1、O_1、N_2、K_2、P_1、Q_1)预报潮位。计算时考虑风场和气压场作用。

下面给出小模型直角坐标系下二维潮流运动控制方程。

连续性方程：

$$\frac{\partial \zeta}{\partial t} + \frac{\partial HU}{\partial x} + \frac{\partial HV}{\partial y} = 0 \tag{7.1}$$

运动方程：

$$\frac{\partial HU}{\partial t} + \frac{\partial HUU}{\partial x} + \frac{\partial HUV}{\partial y} = fHV - gH \frac{\partial \zeta}{\partial x} - \frac{H}{\rho} \frac{\partial p_a}{\partial x} +$$
$$\frac{(\tau_{sx} - \tau_{bx})}{\rho} + \frac{\partial}{\partial x}\left(\varepsilon_x H \frac{\partial U}{\partial x}\right) + \frac{\partial}{\partial y}\left(\varepsilon_y H \frac{\partial U}{\partial y}\right) \tag{7.2}$$

$$\frac{\partial HV}{\partial t} + \frac{\partial HVV}{\partial x} + \frac{\partial HUV}{\partial y} = -fHU - gH \frac{\partial \zeta}{\partial y} - \frac{H}{\rho} \frac{\partial p_a}{\partial y} +$$
$$\frac{(\tau_{sy} - \tau_{by})}{\rho} + \frac{\partial}{\partial x}\left(\varepsilon_y H \frac{\partial V}{\partial x}\right) + \frac{\partial}{\partial y}\left(\varepsilon_y H \frac{\partial V}{\partial y}\right) \tag{7.3}$$

式中：ζ 为潮位，即相对参考基面的水面位置；H 为总水深，$H = \zeta + h$，h 为海底到参考基面的距离；$HU \approx \int_{-h}^{\zeta} u \, \mathrm{d}z$，$HV \approx \int_{-h}^{\zeta} v \, \mathrm{d}z$，$U$、$V$ 分别为 x、y 方向垂线平均流速，u、v 为分层流速；p_a 为大气压强；ε_x、ε_y 分别为 x、y 方向紊动黏性系数，按 Smagorinsky 公式计算；f 为柯氏力参数；ρ 为海水密度；g 为重力加速度；τ_{sx}，τ_{sy} 为表面风应力分量，表面风应力采用如下形式

$$\begin{pmatrix} \tau_{sx} \\ \tau_{sy} \end{pmatrix} = \rho_a C_D \begin{pmatrix} W_x \\ W_y \end{pmatrix} W_{10} \tag{7.4}$$

其中，ρ_a 为空气密度；W_{10} 为海面上 10 m 处的风速大小，$W_{10} = \sqrt{W_x^2 + W_y^2}$；$W_x$，$W_y$ 分别为 x、y 方向的分量；C_D 为风拖曳力系数，取以下形式

$$C_D = \begin{cases} 1.255 \times 10^{-3}, & W < 7 \text{ m/s} \\ 1.255 \times 10^{-3} + 6.50 \times 10^{-5} \times (W - 7), & 7 \text{ m/s} \leqslant W \leqslant 25 \text{ m/s} \\ 2.425 \times 10^{-3}, & W > 25 \text{ m/s} \end{cases}$$
$$\tag{7.5}$$

τ_{bx}，τ_{by} 为底摩擦应力分量，底摩擦应力采用如下形式

$$\begin{pmatrix} \tau_{bx} \\ \tau_{by} \end{pmatrix} = \frac{\rho n^2}{gH^{\frac{1}{3}}} \sqrt{U^2 + V^2} \begin{pmatrix} U \\ V \end{pmatrix} \tag{7.6}$$

其中，n 为曼宁系数。

2. 气压场模型

常用的气压场公式有：V. Bjerknes（1921）、高桥（1939）、滕田（1952）、Myers（1954）和 Jelesnianski（1965）模式。王喜年（1991）通过多次对比分析后发现，在 $0 \leqslant r \leqslant 2R$ 范围内，滕田公式能较好地反映台风的气压变化；在 $2R \leqslant r < \infty$ 的范围内，高桥公式具有更好的代表性。Holland（1980）在统计分析了大量观测资料的基础上，对 Myers（1954）公式进行了适当改进。

常用的台风气压场模型包括以下三种。

（1）藤田公式——台风气压场模型

$$p = p_\infty - (p_\infty - p_0) / \left[1 + (r/\sqrt{R})^2\right]^{\frac{1}{2}} \tag{7.7}$$

（2）FBM 气压场模型

FBM 是我国海洋系统常用的风暴潮模型，该模型为线性模型，其气压场模型如下：

$$p = (p_\infty - p_0)\left(1 - \frac{1}{\sqrt{1 + 2\dfrac{r^2}{R^2}}}\right) + p_0, 0 \leqslant r \leqslant 2R \tag{7.8}$$

$$p = (p_\infty - p_0)\left(1 - \frac{1}{1 + \dfrac{r}{R}}\right) + p_0, 2R \leqslant r < \infty \tag{7.9}$$

（3）SLOSH 气压场模型

$$\frac{p - p_0}{p_\infty - p_0} = \frac{1}{4}\left(\frac{r}{R}\right)^3, 0 \leqslant r \leqslant R \tag{7.10}$$

$$\frac{p - p_0}{p_\infty - p_0} = 1 - \frac{3}{4}\left(\frac{R}{r}\right), R \leqslant r < \infty \tag{7.11}$$

式中：p_0 为台风中心气压；p_∞ 为外围气压；r 为计算点到台风中心的距离；R 为最大风速半径。

3. 台风风场模型

台风模拟中的风场模型通常由两部分矢量叠加构成。

（1）对称风场

与气压梯度风成比例的台风,其方向为风矢量穿过等压线指向左方,风速与梯度风成正比。

（2）基本风场

基本风场为由台风移速决定的风场：

$$\boldsymbol{W} = C_1 \boldsymbol{W}_1 + C_2 \boldsymbol{W}_2 \tag{7.12}$$

式中：$\boldsymbol{W}_1$ 为梯度风, $\boldsymbol{W}_1 = \sqrt{(r\omega\sin\varphi)^2 + \dfrac{r}{\rho_a} \cdot \dfrac{\partial p}{\partial r}} - r\omega\sin\varphi$, ω 为地球自转角速度, φ 为地理纬度; $\boldsymbol{W}_2$ 为基本风场。

可以得出,

$$\boldsymbol{W}_1 = \frac{fr}{2}\left[\left(1 + \frac{4(p_\infty - p_0)S^3}{p_0 R_0 f^2}\right)^{\frac{1}{2}} - 1\right] \tag{7.13}$$

$$S = \left[1 + \left(\frac{r}{R_0}\right)^2\right]^{-\frac{1}{2}}, f = 2\omega\sin\varphi \tag{7.14}$$

台风移动采用宫崎正卫公式

$$\boldsymbol{W}_2 = \mathrm{e}^{-2\pi r \times 10^{-6}}\binom{W_x}{W_y} \tag{7.15}$$

式中： W_x , W_y 为 x , y 方向的台风中心移动的两个分量。

$$\binom{W_x}{W_y} = C_1 \boldsymbol{W}_1 / r \binom{-(x-x_c)\sin\beta - (y-y_c)\cos\beta}{(x-x_c)\cos\beta - (y-y_c)\sin\beta} + C_2 \boldsymbol{W}_2 \tag{7.16}$$

式中： β 是梯度风与海面风的订正角; C_1 , C_2 是订正系数; x_c , y_c 表示台风中心的位置。

7.2 西太平洋风暴潮数学模型验证

利用西太平洋风暴潮数学模型对 9711 号(Winnie)和 9216 号(Polly)两次台风风暴潮过程进行模拟,图 7.1 和图 7.2 分别是 9711 号和 9216 号台风部分站位的增水验证图。可以看出,模拟的增水过程和大小与实测结果符合性较好,基本反映了实际发生的台风增水过程。

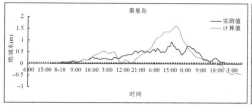
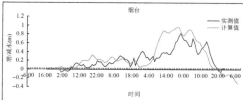
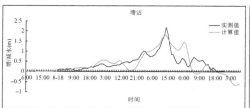
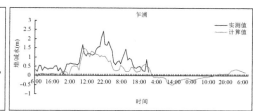
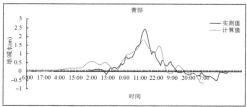
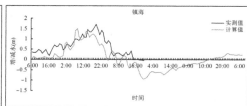
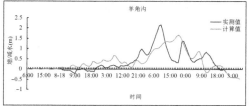
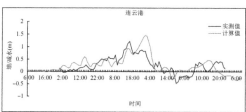

图 7.1　9711 号台风风暴潮验证

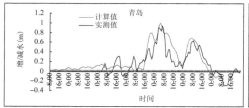
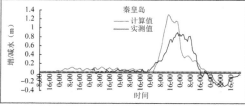

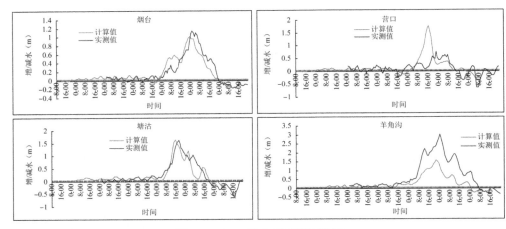

图 7.2 9216 号台风风暴潮验证

7.3 海平面上升对我国东部沿海风暴潮高水位影响

根据西太平洋风暴潮模型结合海平面上升结果,研究海平面上升对风暴潮水位的影响。考虑到我国近海发生风暴潮时其运动范围均在我国近海,风暴潮过程均不可能对西太平洋模型开边界产生影响,对比分析现有条件和海平面上升后风暴潮水位发生的变化,预测海平面上升对我国近海海岸防洪水位的影响。

表 7.1 和表 7.2 分别是海平面上升对 9216 号、9711 号风暴潮高水位和最大增水的影响。根据 9216 台风暴潮的预测结果可以看出,随着海平面的上升,台风暴潮高水位也随之增加,但这种增加为非线性增加。在外海海平面上升 0.90 m 条件下,台风影响的大部分海域最高水位上升 0.88～1.03 m,局部海域超过外海海平面上升结果,如连云港最高水位上升 1.00 m,营口最高水位上升 1.03 m,相对海平面上升的增幅可达 10% 左右。9711 号台风最高水位上升幅度为 0.78～1.10 m,上升幅度较大的海域为浙江沿海,当其上升幅度达 1.10 m 时,相对海平面上升的增幅约为 20%;而北部渤海海域上升幅度较小。海平面上升后,在风暴潮与水深非线性作用下,风暴潮的高水位上升也具有非线性,这种非线性作用影响的幅度最大可达到 0.10～0.20 m。风暴潮高水位抬升结果往往超过海平面上升结果。

对台风风暴潮最大增水而言,海平面上升后其变化不明显,扣除海平面上升因素外基本不变,局部略有下降,一般在 3 cm 以内。

表 7.1 海平面上升对 9216 号台风风暴潮最大增水的影响

	不同场景	青岛	烟台	塘沽	秦皇岛	营口	羊角沟	连云港	吴淞
最高水位（m）	原海平面	2.42	1.98	2.79	1.47	2.40	1.76	3.30	2.36
	上升 0.15 m	2.58	2.14	2.95	1.61	2.58	1.90	3.46	2.50
	上升 0.30 m	2.74	2.30	3.11	1.76	2.75	2.04	3.63	2.64
	上升 0.50 m	2.96	2.51	3.32	1.96	2.98	2.21	3.85	2.83
	上升 0.90 m	3.39	2.93	3.72	2.35	3.43	2.55	4.30	3.21
最大增水（m）	原海平面	0.99	1.01	1.63	1.31	1.76	1.58	1.14	1.14
	上升 0.15 m	0.99	1.00	1.64	1.31	1.76	1.57	1.13	1.13
	上升 0.30 m	0.99	0.99	1.62	1.31	1.76	1.56	1.13	1.12
	上升 0.50 m	0.98	0.99	1.60	1.31	1.75	1.55	1.12	1.11
	上升 0.90 m	0.97	0.97	1.50	1.36	1.80	1.66	1.14	1.18

表 7.2 海平面上升对 9711 号台风风暴潮最大增水的影响

	不同场景	秦皇岛	塘沽	黄骅	羊角沟	烟台	青岛	坎门	瑞安	温州	鳌江	乍浦	镇海	吴淞	连云港
最高水位（m）	原海平面	1.63	2.85	2.78	1.94	1.91	2.33	2.76	3.15	3.55	3.04	2.00	1.92	2.41	3.07
	上升 0.15 m	1.78	3.00	2.95	2.08	2.07	2.49	2.93	3.33	3.71	3.21	2.14	2.06	2.55	3.22
	上升 0.30 m	1.92	3.15	3.11	2.20	2.23	2.66	3.10	3.51	3.87	3.38	2.29	2.19	2.69	3.40
	上升 0.50 m	2.12	3.34	3.33	2.37	2.44	2.88	3.34	3.76	4.08	3.63	2.49	2.37	2.88	3.63
	上升 0.90 m	2.52	3.70	2.72	2.86	3.32	3.80	3.80	4.25	4.47	4.11	2.89	2.72	3.25	4.09
最大增水（m）	原海平面	1.61	1.80	1.91	1.67	0.96	1.31	0.97	1.10	1.15	1.16	1.47	1.52	1.05	1.47
	上升 0.15 m	1.61	1.79	1.91	1.67	0.97	1.31	0.97	1.12	1.10	1.15	1.48	1.50	1.05	1.46
	上升 0.30 m	1.61	1.79	1.90	1.66	0.98	1.30	0.97	1.15	1.10	1.15	1.48	1.49	1.05	1.46
	上升 0.50 m	1.61	1.81	1.89	1.65	0.98	1.30	0.97	1.18	1.11	1.14	1.48	1.48	1.05	1.46
	上升 0.90 m	1.59	1.78	1.87	1.65	0.98	1.29	0.96	1.20	1.15	1.13	1.46	1.45	1.03	1.45

第八章

海平面上升对典型地区感潮河段防洪的影响

我国东部沿海河口地区是经济社会发展的重点地区。沿海河口地区受多种动力作用,除径流洪水和天文潮外,还受台风风暴潮影响。当台风暴雨高潮位与上游洪水遭遇时,海平面上升会加大河口地区的洪水灾害风险,可能会造成严重的洪涝灾害。通过建立感潮河段数学模型,研究长江口、黄浦江和瓯江3个典型河口地区感潮河段潮汐、径流与风暴潮的相互作用,并分析海平面上升对其的影响,为典型河口地区防洪减灾提供技术支撑。

8.1　海平面上升对长江下游感潮河段防洪的影响

8.1.1　长江下游感潮河段径流-潮汐-风暴潮数学模型

长江口地处长江与东海的交汇处,岸线复杂。感潮河段为长江潮区界所界定的河段,按照以往资料确定其上起安徽大通站,下到长江入海口,河段全长近600 km。该河段的特点是受潮汐和径流的共同作用,大通站基本为潮汐影响的上界,受潮汐影响甚微,径流作用占主导地位。长江下游的潮流界在江阴至镇江一带,随不同季节及上游径流大小和外海的潮汐变动而上下移动,长江潮流界内的河段通常称近口段。

长江河口地区受多种动力作用,除受台风影响外,受长江径流、区间洪水和天文潮以及长江口近岸的浅海效应影响较大。建立长江感潮河段径流-潮汐-风暴潮数学模型,研究长江感潮河段潮汐与径流的相互作用,对长江下游防洪、航运和沿江资源开发利用,如调水引水、港口开发等具有重要意义,同时对长江三角洲地区的防灾减灾具有重要的借鉴价值。

在长江河口地区,江海岸线复杂,河口内河道狭长,口外海域开阔、地形起伏变化大,并且有径流作用,其浅海和非线性效应非常显著,因此不能将平面二维非线性运动方程线性化,即不能用线性模式研究河口的风暴潮运动。本节采用正交曲线坐标系下的水流运动方程建立长江下游感潮河段平面二维数学模型。

水流连续方程:

$$\frac{\partial \zeta}{\partial t} + \frac{1}{\sqrt{ar}}\left[\frac{\partial}{\partial \xi}(\sqrt{a}Du) + \frac{\partial}{\partial \eta}(\sqrt{r}Dv)\right] = 0 \tag{8.1}$$

$$\frac{\partial u}{\partial t} + \frac{u}{\sqrt{r}}\frac{\partial u}{\partial \xi} + \frac{v}{\sqrt{a}}\frac{\partial u}{\partial \eta} - \frac{v^2}{\sqrt{ar}}\frac{\partial \sqrt{a}}{\partial \xi} + \frac{uv}{\sqrt{ar}}\frac{\partial \sqrt{r}}{\partial \eta} = fv - \frac{g}{\sqrt{r}}\frac{\partial \zeta}{\partial \xi} + A_H\left(\frac{1}{r}\frac{\partial A}{\partial \xi}\right.$$

$$\left. - \frac{1}{\sqrt{a}}\frac{\partial B}{\partial \eta}\right) - \frac{g\sqrt{u^2+v^2}}{C^2 D}u - \frac{1}{\rho\sqrt{r}}\frac{\partial p_a}{\partial \xi} - \frac{1}{\rho D}\frac{1}{\sqrt{r}}\frac{\partial S_{\xi\xi}}{\partial \xi} - \frac{1}{\sqrt{a}}\frac{\partial S_{\xi\eta}}{\partial \eta}\right) + \frac{1}{\rho D}\tau_{s\xi} \tag{8.2}$$

η 方向动量方程:

$$\frac{\partial v}{\partial t} + \frac{u}{\sqrt{r}}\frac{\partial v}{\partial \xi} + \frac{v}{\sqrt{a}}\frac{\partial v}{\partial \eta} - \frac{u^2}{\sqrt{ar}}\frac{\partial \sqrt{r}}{\partial \eta} + \frac{uv}{\sqrt{ar}}\frac{\partial \sqrt{a}}{\partial \eta} = -fu - \frac{g}{\sqrt{a}}\frac{\partial \zeta}{\partial \eta} + A_H\left(\frac{1}{\sqrt{r}}\frac{\partial B}{\partial \xi}\right.$$

$$\left. - \frac{1}{\sqrt{a}}\frac{\partial A}{\partial \eta}\right) - \frac{g\sqrt{u^2+v^2}}{C^2 D}v - \frac{1}{\rho\sqrt{a}}\frac{\partial p_a}{\partial \eta} - \frac{1}{\rho D}\left(\frac{1}{\sqrt{a}}\frac{\partial S_{\eta\eta}}{\partial \eta} - \frac{1}{\sqrt{r}}\frac{\partial S_{\eta\xi}}{\partial \xi}\right) + \frac{1}{\rho D}\tau_{s\eta}$$

$$\tag{8.3}$$

其中, $\tau_{s\xi} = \rho_a c_D w_\xi \sqrt{w_\xi^2 + w_\eta^2}$, $\tau_{s\eta} = \rho_a c_D w_\eta \sqrt{w_\xi^2 + w_\eta^2}$, $A = \frac{1}{\sqrt{ar}}\left[\frac{\partial}{\partial \xi}(\sqrt{a}u) + \frac{\partial}{\partial \eta}(\sqrt{r}v)\right]$, $B = \frac{1}{\sqrt{ar}}\left[\frac{\partial}{\partial \xi}(\sqrt{a}v) - \frac{\partial}{\partial \eta}(\sqrt{r}u)\right]$, $a = x_\eta + y_\eta$, $r = x_\xi^2 + y_\xi^2$。

式中:u、v 分别为沿 ξ、η 方向的流速分量;D 为总水深,$D = h + \zeta$;f 为科氏力系数,$f = 2\omega\sin\varphi$(ω 为地球自转角速度);h 是基面以下水深;ζ 代表水位;A_H 为水平涡黏扩散系数;C 为谢才系数;g 为重力加速度。p_a 为气压;c_D 为阻力系数;ρ_a 为大气密度;$\tau_{s\xi}$、$\tau_{s\eta}$ 分别为风应力在 ξ、η 方向的分量。模型含有风应力、气压梯度力、底摩擦力和科氏力的潮汐动力模拟系统,该系统具有模拟研究区域的水流、潮汐、风暴潮运动以及波浪与水流的作用的能力。

长江下游感潮河段数学模型的计算范围:模型上边界取在大通,下边界取在123°E,北边界取在苏北辐射沙洲的南翼——启东吕四一线,南边界取在象山湾以南沿纬度向东。

初始条件和边界条件:模型外边界由东中国海模型提供,河口上游边界条件由上游大通站流量和水位共同确定。

长江下游感潮河段数学模型计算网格采用曲线拟合正交网格,空间步长500 m左右,最小网格在200 m以内,详见图8.1。

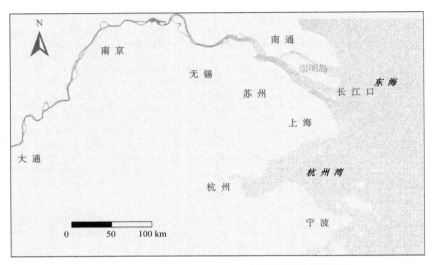

图8.1　长江下游感潮河段平面二维数学模型网格图

8.1.2　模型验证

模型范围包括上至江阴、下至东海开阔的水域,北起吕四小庙洪北部分沿海,南至象山湾以南海域。在动力条件上,模型实现了江阴的径流和东海潮汐的相互作用,该范围是入海河口与海洋动力相互作用以及两翼和外海的海洋动力作用的过渡段。从潮流运动形式上实现了从长江口外旋转流到河口内往复流的过渡。潮波进入河口后沿程发生变形,涨潮历时缩短,落潮历时延长;低潮位降低、高潮位抬高,潮差加大;并且随离河口距离的增加,海洋动力减弱,河流径流作用加强。

潮汐是表征河口动力变化的主要动力特征之一。模型验证和率定该海区的潮波演变和天文潮在河口的变化规律是保证河口海岸地区动力相似的重要条件。

(1)长江下游洪枯季水位的验证

长江下游河段受上游径流影响较大,洪枯季差异明显,以大通站为例,枯季仍受到潮汐的轻微影响,但洪季基本不受影响。为验证模型,分别选用2000年2月枯季和2000年7月洪季资料对模型进行率定。

枯季对大通、芜湖、马鞍山、南京、江阴、天生港、徐六泾、吴淞8个站的水位过程进行计算对比,图 8.2 给出了部分站的对比图。可以看出,模型计算的从口门到潮区界近 600 km 的河段内水位变化过程与天然潮位符合良好,较好地模拟了枯季潮波的演进。

洪季对大通、芜湖、马鞍山、南京、镇江、江阴、天生港、徐六泾、吴淞、中浚 10 个站的水位进行了验证,图 8.3 给出了其中 6 个站的对比图。可见,潮波与径流作用的计算结果与实测资料吻合,模型的一致性较好。同时,洪季从大通向下水位过程线的差异越来越明显,大通站不受潮汐影响,芜湖站受潮汐作用微弱,从马鞍山站开始潮差即大于 0.20 m,这正是洪季径流对下游作用的结果。

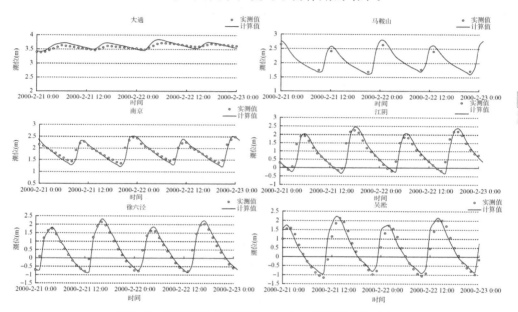

图 8.2　长江下游感潮河段 2000 年 2 月枯季水位验证

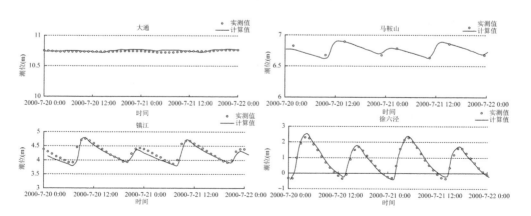

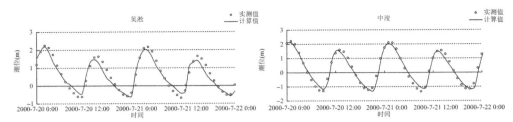

图 8.3　长江下游感潮河段 2000 年 7 月洪季水位验证

计算结果还显示,枯季、洪季各站的潮差、潮波相位符合良好,潮波相位误差在 15 min 以内,潮差误差小于 0.20 m,潮位平均误差小于 0.25 m,这表明模型能够较好地模拟长江下游不同季节的潮波演变及上游径流的作用,也充分说明模型相关参数率定的合理性。

(2) 长江口附近天文潮波的验证

上述资料范围未包含长江口外,因此有必要选择长江口附近的资料对模型进行验证。9711 号台风风暴潮发生时与天文大潮相遇,其调和分析预报的潮位资料在通常条件下有足够的精度。

潮位验证站点包括长江口内的天生港、白茆、石洞口、长兴、吴淞、横沙及口外中浚、九段沙东和杭州湾的芦潮港、滩浒、大戢山及陈山岛共 12 站,对以上站点约 100 h 的资料进行验证,图 8.4 为部分站的验证图。从验证结果看,实测值和计算值一致性较好,大范围内相位误差小于 10 min,潮差误差及潮位平均误差均小于 0.15 m,这说明模型在大范围潮汐计算中能较好地模拟计算区域从外海到感潮河段的潮波运动。

(3) 风暴潮增减水验证

目前风暴潮增减水计算方法通常是将实测潮位减去天文潮潮位作为增减水值,由于风暴潮与天文潮作用是非线性的,所以增水也是非线性的,因此该方法有其不合理性,但目前尚无更准确的方法。分别计算天文潮和风暴潮下的潮流、潮位,得出增水结果,在长江下游选取了从南通天生港到长江口附近和杭州湾等共 16 个测站的风暴潮增水资料进行验证。图 8.5 给出了部分测站 100 多小时的风暴潮增水过程比较。

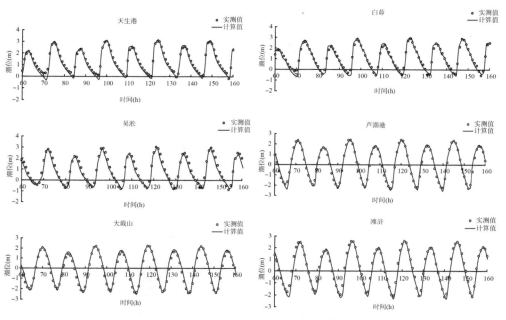

图 8.4　长江口附近天文潮潮波验证

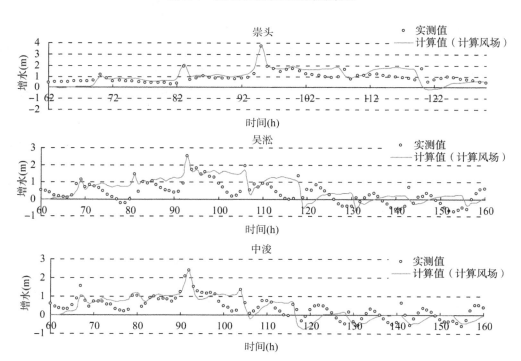

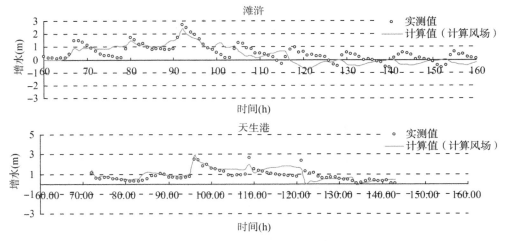

图 8.5　9711 号台风风暴潮增水验证

根据验证图可以看出,模型较好地模拟了长江口内外的风暴潮过程,体现在如下方面:最大增水误差较小,最大增水误差小于 0.20 m;最大增水发生时刻与预报时刻相差 0.5 h 以内,除吴淞站增水曲线差异较大(最大增水值相近)外,均达到了较高的精度。此外,从增水过程来看,此次利用中尺度气象模型模拟风场驱动下的风暴潮计算结果,较好地模拟了风暴潮的发生过程,对主要测站不仅较准确地模拟了风暴潮的主振,对初振和余振的模拟也较好。

从风暴潮模拟结果看,建立的感潮河段河口海岸风暴潮数学模型能够较好地模拟 9711 号台风风暴潮的发展过程,可用来预测预报长江口地区的风暴潮运动,为区域的风暴潮防灾减灾提供技术支持。

综上,根据长江下游洪枯季水位、长江口附近天文潮和风暴潮增减水对模型进行了验证,表明模型能够较好地模拟长江下游不同季节的潮波演变及上游径流的作用,也能在大范围的潮汐计算中较准确地模拟计算区域从外海到感潮河段的潮波运动规律,在长江口地区具有较好的适用性。

8.1.3　海平面上升对长江下游防洪水位的影响

长江河口是一个大型的感潮河口,受到径流、天文潮、风暴潮等多种动力影响。外海的海平面上升,不仅影响海平面、潮汐与径流的相互作用,还对长江下游河流堤防和防洪水位产生影响。

为分析潮汐、径流作用下海平面上升对长江下游感潮河段的影响,外海边界采用 1 个月的天文潮,上游径流分别采用枯水期平均流量 12 000 m^3/s、中水流量

45 000 m³/s 和高水流量 63 000 m³/s 三种动力条件。考虑到上游三峡建坝对洪水流量的调控,大通出现 98 大洪水期 82 000 m³/s 流量的概率相对较小,以 2010年 7 月为例,上游条件与 98 洪水相当,通过三峡调节大通流量仅为 63 000 m³/s,故也取此流量作为洪水流量。外海海平面考虑上升 15、30、50、75 和 90 cm 的情形,涵盖了未来 15、30、50、75 和 100 年海平面上升的情形。

图 8.6 为对应不同海平面上升结果和上游不同流量下的长江下游河口地区平均水位的沿程分布,表 8.1 为南京、江阴和徐六泾站不同流量和海平面上升条件下的平均水位比较。

从平均水位的分布来看,河口地区进口段的平均水位主要受外海天文潮和风暴潮、海平面上升等因素影响,进口段以上主要受径流的影响。在高水、中水和枯水三种流量条件下,大通的最高水位分别为 13.54、10.50 和 5.09 m,江阴为 4.16、3.43 和 2.45 m,徐六泾分别为 2.94、2.70 和 2.34 m,可见江阴以上因洪水引起的水位差别大,而江阴以下洪水影响逐渐减少,而潮汐的作用加大。

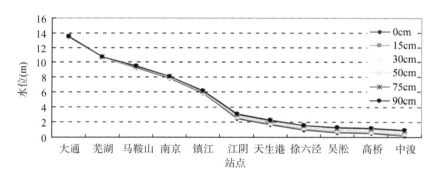

(a) 高水条件

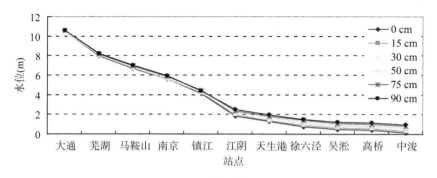

(b) 中水条件

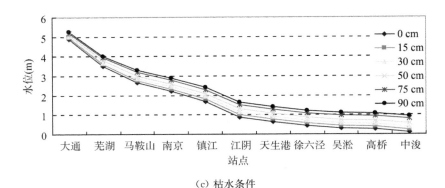

（c）枯水条件

图 8.6　不同流量和海平面上升条件对长江下游各站平均水位的影响

表 8.1　南京、江阴和徐六泾站在不同流量和海平面上升条件下的平均水位　　单位：m

海平面上升情况	高水流量下平均水位			中水流量下平均水位			枯水流量下平均水位		
	南京	江阴	徐六泾	南京	江阴	徐六泾	南京	江阴	徐六泾
现状	7.87	2.49	0.99	5.56	1.83	0.76	2.22	0.88	0.43
升高 15 cm	7.91	2.59	1.11	5.63	1.95	0.89	2.34	1.01	0.56
升高 30 cm	7.95	2.69	1.23	5.70	2.07	1.02	2.46	1.15	0.70
上升 50 cm	8.01	2.82	1.39	5.78	2.21	1.19	2.61	1.31	0.87
上升 75 cm	8.09	2.97	1.59	5.88	2.36	1.39	2.80	1.52	1.09
上升 90 cm	8.11	3.07	1.61	5.96	2.48	1.51	2.91	1.65	1.22

　　图 8.7 是长江感潮河段高水、中水和枯水条件下的最高水位分布。可以看出，长江感潮河段江阴以上径流作用明显，江阴以下至河口区径流作用较小且逐渐减弱。同时，海平面上升对上游的影响与上游的径流量密切相关，上游径流量大，影响小；反之则大。枯水流量下，外海海平面上升 30 cm 时，南京站平均水位上升 24 cm，大通站上升 13 cm；高水流量时，南京站平均水位上升只有 15 cm，而大通站只有 4 cm。可见径流对于减少海平面上升对上游的影响起到重要作用。

　　表 8.2 和图 8.8 分别是海平面上升不同量值和不同流量条件下长江下游沿程各站最高水位的变化以及对各站最高水位的影响。

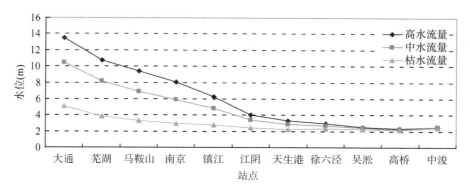

图 8.7 不同流量下长江下游沿程各站最高水位分布

表 8.2 不同径流和不同海平面上升条件下长江下游河口段最高水位分布 单位:m

流量条件	海平面上升情况	沿程站点最高水位(m)										
		大通	芜湖	马鞍山	南京	镇江	江阴	天生港	徐六泾	吴淞	高桥	中浚
高水流量	自然状况	13.54	10.69	9.41	8.08	6.26	4.00	3.30	2.94	2.49	2.34	2.48
	15 cm	13.56	10.72	9.45	8.14	6.35	4.16	3.45	3.11	2.64	2.48	2.63
	30 cm	13.58	10.75	9.50	8.20	6.45	4.31	3.62	3.29	2.80	2.61	2.77
	50 cm	13.60	10.79	9.55	8.27	6.55	4.50	3.82	3.47	3.00	2.79	2.96
	75 cm	13.63	10.84	9.61	8.36	6.68	4.74	4.07	3.70	3.25	3.02	3.20
	90 cm	13.64	10.87	9.65	8.41	6.75	4.88	4.22	3.83	3.40	3.15	3.34
中水流量	自然状况	10.50	8.10	6.89	5.92	4.80	3.43	2.90	2.70	2.38	2.27	2.46
	15 cm	10.53	8.14	6.96	6.01	4.92	3.59	3.06	2.86	2.53	2.41	2.60
	30 cm	10.56	8.19	7.03	6.10	5.04	3.75	3.24	3.05	2.70	2.54	2.75
	50 cm	10.60	8.26	7.12	6.24	5.20	3.92	3.42	3.25	2.91	2.72	2.94
	75 cm	10.65	8.35	7.23	6.42	5.40	4.13	3.65	3.50	3.17	2.95	3.18
	90 cm	10.68	8.4	7.3	6.52	5.52	4.26	3.78	3.65	3.33	3.08	3.32

流量条件	海平面上升情况	沿程站点最高水位（m）										
		大通	芜湖	马鞍山	南京	镇江	江阴	天生港	徐六泾	吴淞	高桥	中浚
枯水流量	自然状况	5.09	3.82	3.32	2.99	2.80	2.45	2.26	2.34	2.22	2.14	2.42
	15 cm	5.15	3.93	3.47	3.13	2.95	2.62	2.43	2.51	2.38	2.28	2.57
	30 cm	5.23	4.04	3.62	3.27	3.11	2.80	2.63	2.70	2.54	2.42	2.71
	50 cm	5.33	4.18	3.78	3.44	3.33	2.99	2.84	2.91	2.76	2.61	2.90
	75 cm	5.46	4.36	3.98	3.65	3.61	3.23	3.10	3.17	3.04	2.85	3.14
	90 cm	5.53	3.46	4.11	3.79	3.78	3.38	3.27	3.34	3.21	3.00	3.29

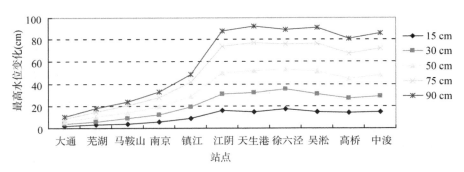

（a）高水条件

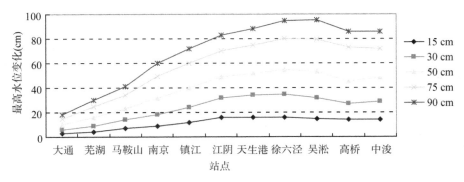

（b）中水条件

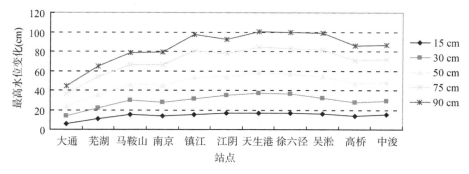

（c）枯水条件

图 8.8　不同流量和海平面上升条件对长江下游各站最高水位的影响

可以看出，海平面上升对上游最高水位的影响从河口外向河口内逐渐减弱，即从河口向上游的传播过程中上升的幅度呈减少趋势，这种趋势随径流的增加而减弱，随上游径流减少对上游的影响加大。以南京站为例，海平面上升 90 cm 时，南京站最高水位在三种流量下的上升幅度分别为 33、60 和 80 cm。从净增量看，由于近口段径流与海平面上升的非线性作用，徐六泾附近海平面上升超过了外海海平面上升值，尤其在径流量较小情况，最大增幅约 10 cm。

8.1.4　海平面上升对长江口地区风暴潮洪水位的影响

为分析海平面上升对风暴潮期间高水位即防洪水位的影响，计算了 9711 号台风风暴潮条件下，上游分别为中水和特大洪水条件下海平面上升对最高水位影响。

图 8.9 是两种不同流量条件下最高水位的沿程分布。可以看出，9711 号台风风暴潮条件下，海平面上升后最高水位的分布与洪水条件下基本类似，但最高水位均明显高于无风暴潮的情形；最高水位受径流、洪水和海平面上升的影响明显；海平面上升对上游的影响随着与河口距离的增加而减少、随着径流的增加而减小。

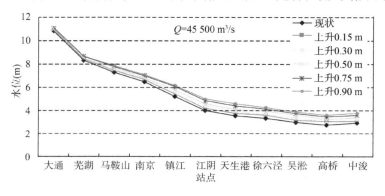

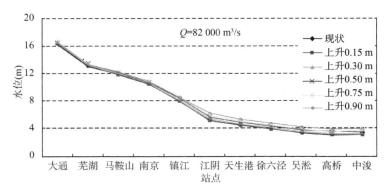

图 8.9　中水和高水条件下海平面上升引起的最高水位绝对分布

　　图 8.10 为 9711 号台风风暴潮发生时,两种流量条件下最高水位的相对变化。从两种流量条件下的结果看,尽管径流增加时最高水位明显增加,但风暴潮和海平面上升时,增水增加不明显。在存在非线性作用的徐六泾和江阴之间,最大增加值比单纯径流时明显,增幅超过 0.10 m,这说明在洪水、风暴潮和海平面上升等因素作用下,河口区水位存在非线性叠加效应。

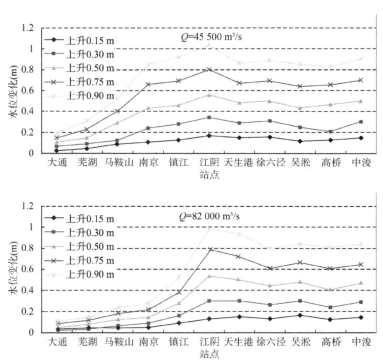

图 8.10　中水和高水条件下海平面上升引起的最高水位相对变化

8.2 海平面上升对上海黄浦江防洪的影响

上海市是我国超大城市之一,临江临海。黄浦江纵穿上海市内,不但是市内的景观河道,更是交通要道,将上海与长江和太湖流域联系起来。黄浦江连湖通江,海平面上升对黄浦江的影响,直接影响了上海市的防洪问题。因此,以黄浦江为例,分析海平面上升和风暴潮对沿江堤防水位的影响。

黄浦江的自然条件:黄浦江始自淀山湖出口至吴淞口注入长江,全长113.4 km。上游分为大泖港、红旗塘—园泄泾、斜塘三大支流,干流从松江区米市渡向东至闸港,再折向北至吴淞口,全长约84 km,干流河宽为300~500 m,河底高程为−15~−5 m。干流自米市渡至闸港长约30 km,为东西走向,河道顺直;自闸港至吴淞口长约54 km,为南北走向,河道弯曲。黄浦江属于平原感潮河流,是太湖流域重要的排涝主干河道,流域面积约2.4万 km²,承泄太湖流域70%~80%的水量,潮流界可上溯至浙江与上海的边界以上,而潮区界则远达苏嘉运河平湖一带。

黄浦江径流特征:黄浦江径流是淀山湖、浙北水网和浙皖天目山区来水,水量充沛,常年较为稳定,全年年内分配较为均匀,多年平均流量为316 m³/s。径流年内分配中以7月为最大,主要与太湖流域的降水有关。2002年太浦闸完全建成后,黄浦江径流受到人为调节。太浦闸设计流量为580 m³/s,约为黄浦江多年平均流量的1.8倍;2000—2006年太浦闸月均流量是57~135 m³/s,其中2002年5月的平均流量是236 m³/s,约占黄浦江多年平均流量的75%。

黄浦江潮汐特征:黄浦江是一条平原感潮河流,潮型属非正规半日浅海潮,天文潮涨落明显,一日两潮,每潮平均12.5 h,涨潮历时一般为4~5 h,落潮历时一般在7 h左右,涨潮历时小于落潮历时,河口平均潮差在2.3 m左右,最大潮差为4.48 m。黄浦公园站多年平均潮差1.83 m,最大潮差3.55 m。

黄浦江潮流特征:河口潮流呈非正规半日潮流性质,涨潮流速均大于落潮流速。吴淞口最大涨潮流量为12 100 m³/s,最大涨潮流速为1.8 m/s,最大落潮流量为6 000 m³/s,最大落潮流速为1.5 m/s。

黄浦江风暴潮概况:黄浦江属于长江口地区,受强热带风暴潮影响频繁,风暴潮主要集中发生在7—10月,风力一般为6~8级,最大风力可达12级以上。长江口地区高潮位一般出现在风暴潮、天文潮和洪水两者相遇或三者相遇的时候,近年对长江口有较大影响的有9608号、9711号、0008号、0012号和0216号等台风风暴潮。

8.2.1 黄浦江风暴潮数学模型

黄浦江河口海岸平面二维风暴潮模型结构与长江下游感潮河段数学模型相同。模型范围上游边界取在米市渡,黄浦江口在长江南支的上边界取在离吴淞口约 6 km 的位置,长江南支下边界取在离吴淞口约 15 km 的位置。

模型的网格数为 299×85,网格最大尺寸 450 m,最小尺寸 50 m,时间步长 30 s,曼宁系数取 0.018,地形采用海图资料,模型基准面采用吴淞基准面。模型上游边界采用米市渡站实测潮位资料,模型的外边界和风场由长江口感潮河段风暴潮模型提供。黄浦江各潮位站的位置见图 8.11。

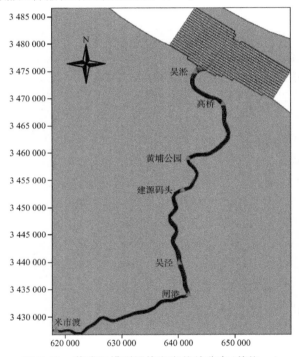

图 8.11　黄浦江模型网格和潮位站分布(单位:m)

8.2.2 模型验证

为检验模型的相似性,对天文潮进行了验证,对 9711 号、0012 号台风进行验证,9711 号和 0012 号台风分别是历史上影响长江口地区最强和次强的台风。

(1) 9711 号台风风暴潮验证

9711 号台风于 1997 年 8 月 10 日 8 时在西北太平洋关岛以东洋面生成,于 8

月 18 日 23 时在浙江温岭登陆。天文潮模型计算时间从 1997 年 8 月 17 日 12 时到 8 月 21 日 14 时,共持续 99 h;验证天文潮潮位采用 1997 年潮汐表资料。

图 8.12 是 9711 号台风风暴潮期间天文潮潮位验证图。可以看出,计算值与潮汐表预测值吻合较好。吴淞站潮差计算值略偏小,除了少数时刻外,潮位误差都在 0.10 m 以内;黄浦公园站潮差计算值略偏大,低潮位偏小,但误差在 0.2 m 以内,相位误差小于 15 min。从验证结果来看,模型的天文潮模拟满足要求。

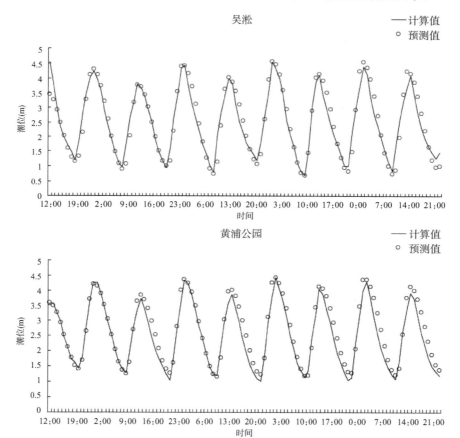

图 8.12　9711 号台风风暴潮期间天文潮潮位验证图

图 8.13 是 9711 号台风风暴潮潮位验证图。可以看出,计算值与实测值基本吻合。在吴淞站,相位误差在 15 min 以内,潮差较实测值偏小,但误差小于 0.50 m,高潮位偏低,低潮位偏高,但最高潮位吻合较好;在黄浦公园站,计算值比实测值大,除了开始一段时间外误差都小于 0.3 m,最高潮位误差小于 0.2 m,相位误差小于 15 min。从总体上看,模型对 9711 号台风风暴潮位的验证较理想,可用

于后续风暴潮潮位的研究。

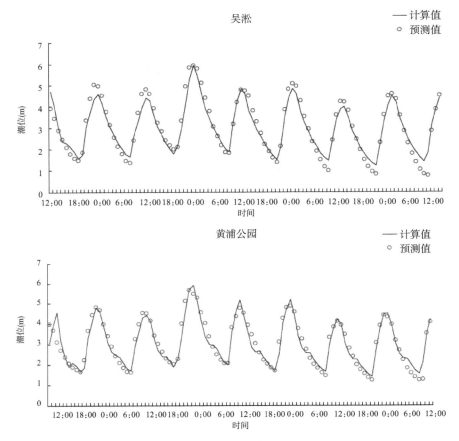

图 8.13　9711 号台风风暴潮潮位验证图

（2）0012 号台风风暴潮验证

0012 号台风于 2000 年 8 月 27 日在台湾岛以东洋面生成，8 月 30 日 2 时发展成台风，台风最强时中心气压 965 hPa，中心最大风力 12 级，8 月 31 日凌晨在上海以东约 120 km 的海面北上，穿过朝鲜于 9 月 2 日在日本海消失。

天文潮模型计算时间从 2000 年 8 月 28 日 0 时到 9 月 1 日 6 时，共 103 h；验证天文潮潮位采用 2000 年潮汐表资料。图 8.14 是 0012 号台风风暴潮期间天文潮潮位验证图。可以看出，计算值与预测值较一致。在吴淞站，潮差计算值与预测值误差小于 0.1 m，相位误差小于 15 min，高潮位只有 1 个时刻误差大于 0.1 m（但也小于 0.3 m）；在黄浦公园站，潮差计算值比预测值稍大，高潮位偏高，低潮位偏低，但误差都在 0.2 m 以内，相位误差小于 15 min。从验证结果来看，模型的天文潮验证满足要求。

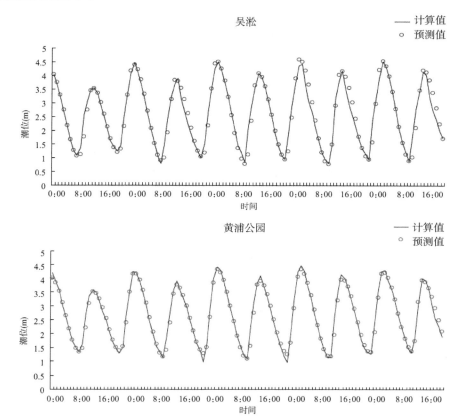

图 8.14　0012 号台风风暴潮期间天文潮潮位验证图

图 8.15 是 0012 号台风风暴潮潮位验证图。可以看出,计算值与实测值基本一致。吴淞站潮差计算值小于实测值,计算高潮位偏低,低潮位偏高,除了个别时刻外,误差都小于 0.2 m,最高潮位的计算值与实测值一致,相位误差小于 15 min;在黄浦公园站,计算高潮位偏高,计算低潮位偏低,潮差偏大,除了少数时刻外,误差都在 0.2 m 以内,相位误差小于 15 min。总体看来,模型对 0012 号台风风暴潮的潮位验证结果较好。

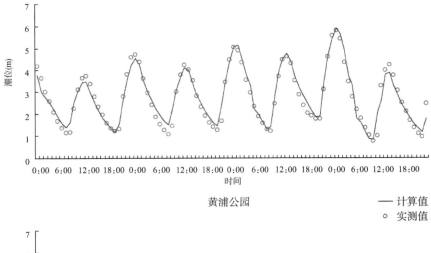

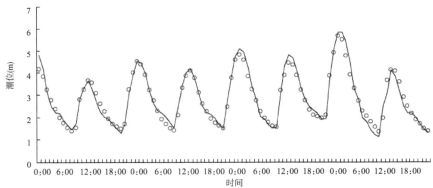

图8.15　0012号台风风暴潮潮位验证图

从对上述两个台风风暴潮潮位验证结果看,模型都较好模拟了两次风暴潮过程,验证精度较好,以此进行海平面上升对黄浦江防洪水位的影响分析,具有适用性。

8.2.3　海平面上升对黄浦江堤防水位的影响

黄浦江的防洪高水位主要取决于天文潮、风暴潮和海平面上升。表8.3是黄浦江沿程各站最高风暴潮潮位情况。从水位变化分布来看,从吴淞口到上游,最高潮位逐渐降低,最高潮位相差1.50 m以上,除了受河道阻力影响外,也受到分汊河道的影响。

表 8.3　黄浦江沿程最高风暴潮潮位表

台风	沿程站点最高风暴潮潮位(m)						
	米市渡	闸港	吴泾	建源码头	黄浦公园	高桥	吴淞
9711 号	4.37	4.84	4.88	5.41	5.79	5.82	5.95
0012 号	4.29	4.84	4.90	5.30	5.66	5.80	5.93

　　图 8.16、图 8.17 是两次风暴潮时不同海平面上升高度引起的最高潮位及其增量变化,表 8.4 展示了各站潮位变化值。可以看出,口门处风暴潮高水位的增加值大于海平面的上升值,这也是海平面上升、风暴潮和天文潮相互作用的结果,但黄浦江径流量较小,因此,这种作用小于长江河口。

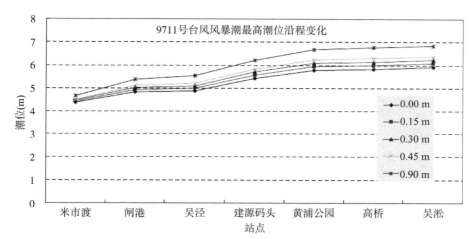

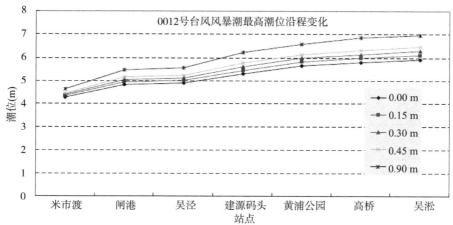

图 8.16　不同海平面上升条件下 9711 号和 0012 号台风风暴潮黄浦江最高潮位沿程变化

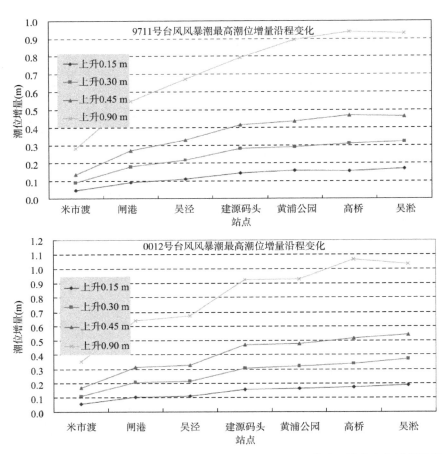

图 8.17　不同海平面上升高度下 9711 号和 0012 号台风风暴潮黄浦江最高潮位增量沿程变化

表 8.4　黄浦江沿程最高风暴潮潮位增量表

台风	海平面上升高度	各站最高风暴潮潮位增量（m）						
		米市渡	闸港	吴泾	建源码头	黄浦公园	高桥	吴淞
9711 号	上升 0.15 m	0.04	0.09	0.11	0.14	0.16	0.16	0.17
	上升 0.30 m	0.09	0.18	0.22	0.28	0.29	0.31	0.32
	上升 0.45 m	0.14	0.27	0.33	0.42	0.43	0.47	0.46
	上升 0.90 m	0.28	0.55	0.67	0.79	0.89	0.94	0.93

台风	海平面上升高度	各站最高风暴潮潮位增量(m)						
		米市渡	闸港	吴泾	建源码头	黄浦公园	高桥	吴淞
0012 号	上升 0.15 m	0.05	0.10	0.11	0.16	0.16	0.17	0.19
	上升 0.30 m	0.11	0.21	0.22	0.31	0.32	0.34	0.37
	上升 0.45 m	0.17	0.31	0.33	0.47	0.48	0.52	0.54
	上升 0.90 m	0.35	0.64	0.67	0.92	0.93	1.06	1.03

黄浦江堤防洪水位受天文潮、风暴潮和上游径流影响,其高水位从吴淞口往上游逐渐降低;海平面上升对黄浦江堤防洪水位的影响,往往与风暴潮、天文潮的影响产生联合作用,存在非线性关系,局部堤防水位的净增高值大于海平面上升值,在堤防设计中需要综合考虑这种非线性作用。

8.3 海平面上升对瓯江河口防洪的影响

我国海堤工程一般根据不同防护规模和重要性采用不同的防潮设计标准。根据《防洪标准》(GB 50201—2014)要求,对特别重要城市、工程设施如电厂、核电站等采用重现期 200 年一遇以上,重要城市为 100~200 年一遇,中等城市为 50~100 年一遇,一般城镇为 20~50 年一遇。我国大多数海堤采用 50 年一遇的设计标准。

瓯江为浙江省第二大河流,位于浙江省南部,发源于闽浙两省交界处海拔高度为 1 921 m 的仙霞岭,经丽水、青田、温州入东海,干流全长 388 km,流域面积约 1.8 万 km²。干流上游段从源头至丽水市大港头称龙泉溪,长约 198 km;中游段从大港头至湖边村称大溪,长约 97 km;下游段从大溪和小溪汇合的湖边村至入海口称瓯江,长约 96 km,河宽 400~800 m,其中龙湾段河宽达 2 400 m,自圩仁以下为感潮河段,长 85 km。

瓯江口区域,包括灵昆岛—浅滩围涂工程—温州南口工程—洞头列岛及相应的海域,据初步统计,陆域总面积(含海涂围垦)达 323 km²(相当于 2 个温州中心城区建成区的面积),海域面积约 800 km²。

瓯江径流特征:瓯江属于山溪性河流,上游洪峰涨落快、历时短、峰量大。根据圩仁站多年实测资料,最大洪峰流量为 22 800 m³/s,最小流量为 10.6 m³/s,比值达 2 000 多,多年平均流量 470 m³/s。瓯江径流量丰沛,但年内变化较大。根据圩仁站 1991—2004 年径流实测资料,3—8 月下泄水量占全年总下泄量的 76%,最大流量出现在 6 月,最小流量出现在 10 月至翌年 2 月的枯水期。径流下泄时河口潮流涨入有阻碍作用,上游径流超过 5 000 m³/s 时,温州已无涨潮流;径流超过 12 000 m³/s 时,龙湾已无涨潮流。

瓯江潮汐特征:瓯江口海区潮汐属于正规半日潮,一昼夜两涨两落,潮高不等现象明显。落潮历时大于涨潮历时,平均涨潮历时 5 h 24 min,平均落潮历时 7 h 1 min。该海区是典型的强潮海区,平均潮差大于 4 m,最大潮差发生在龙湾附近,可达 7.2 m,河口潮差由温州湾经口门向内逐渐增大,至龙湾附近达最大,然后向上游递减,在温州湾一带潮差变化较小。

瓯江口潮流特征:瓯江口海区是强潮流区,潮流属于正规浅海半日潮流类型,涨落潮受地形限制,基本呈现往复流动,最大流速可达 2 m/s 以上。瓯江口内落潮流速一般大于涨潮流速,最大涨潮流速和落潮流速都出现在中潮位附近。憩流时间一般发生高平潮和低停潮后半小时左右。

瓯江风暴潮概况:瓯江口地区是浙江受风暴潮影响最频繁和最严重的地区之一,温州沿海每年 4—11 月都会受到风暴潮影响,其中又以 7—9 月受风暴潮侵袭最频繁,约占全年总数的 84%。据 1952—1994 年风暴潮统计资料,影响本海域的风暴潮共出现 233 次,平均每年 5.4 次,1961 年最多,达 10 次。风暴潮对瓯江口海域的影响一般持续 2 天,登陆时最大风速可超 40 m/s,并常伴随暴雨,使得瓯江口水位上涨,巨浪滔天,给当地带来极大损失。根据统计资料,风暴潮引起最大增水超过 1 m 的占 50%,超过 2 m 的占 9%,超过 3 m 的占 2.6%。影响较大的台风主要有 9417 号、9608 号、9711 号、0216 号和 0505 号等。

8.3.1　瓯江口风暴潮数学模型

瓯江口感潮河段与海岸交汇,岸线极不规则,正交曲线方法能够较好地模拟不规则边界的水域,所以采用正交曲线坐标系下的水流运动方程来建立感潮河段平面二维潮流-风暴潮数学模型。模型方程和结构与长江下游感潮河段潮汐与河口相互作用数学模型相同。

模型范围上边界在大溪和小溪汇合的湖边村,位于瓯江的潮区界垟仁站上游约 12 km;外海边界北到温岭市的江湾乡,南到福建省福鼎市的东瓜屿,外海东边界与岸线平行距岸线约 50 km,见图 8.18。

模型网格数 598×362,网格尺寸最大 1 200 m(外海),最小 6 m(河道)。时间步长 6 s,曼宁系数在口门和外海取 0.015～0.020,口门以上河段取 0.020～0.040。模型地形在口门和外海采用海图地形资料,口门以上河段采用实测地形资料插值。模型采用平均海平面作为基准面。瓯江上游流量采用圩仁站实测流量适当调整。瓯江模型外边界条件由西太平洋模型提供,将采用外海模型计算所得的天文潮、风暴潮和海平面不同上升情况下的潮位作为瓯江外海边界条件。

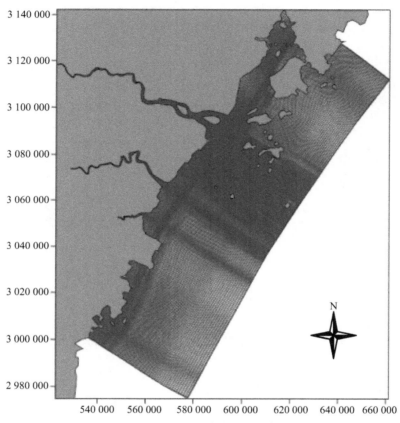

图 8.18　瓯江口风暴潮模型计算网格(单位:m)

8.3.2　模型验证

(1) 天文潮验证

模型潮位潮流验证资料采用 2002 年 7 月实测的大潮、中潮和小潮的潮位潮流资料,计算时间为 56 h,舍去前 8 个小时的计算值,只取稳定后的值验证。

图 8.19 为大潮潮位验证图。可以看出,对于大潮的潮位验证,在 12 个潮位站中,除个别站及少数时刻外,高潮位和低潮位误差较小,在 0.1 m 以内,相位误差在 15 min 以内。中潮、小潮的验证精度基本类似。对大潮的流速流向的验证结果表

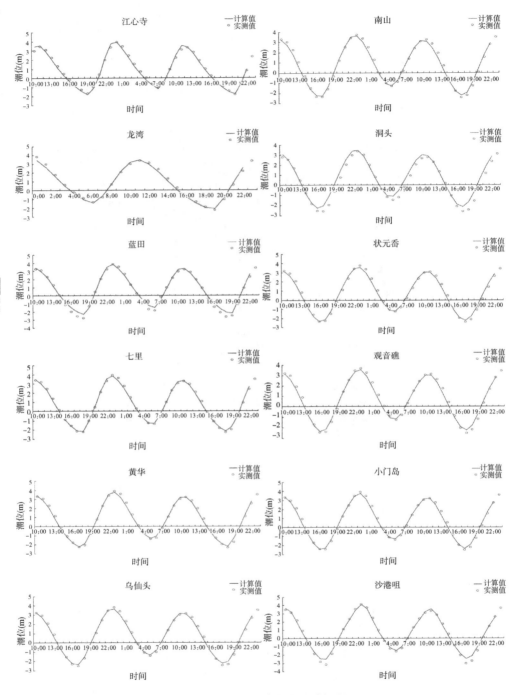

图 8.19　瓯江口大潮潮位验证图

明,瓯江口海域呈明显的往复流运动,与实际情况相符;15 个验证点中有 11 个验证点计算流速与实测流速的误差在 20％以内,流向误差在 15°以内,另外 4 个验证点计算流速与实测流速的误差大于 20％但小于 30％,流向误差一般也在 15°以内。总体来看,瓯江口感潮河段潮流模型可以较好模拟瓯江口地区的潮流和潮波运动,在瓯江口潮位和防洪的计算具有适用性。

（2）风暴潮验证

统计显示,9216 号、9711 号和 0216 号台风风暴潮,是对瓯江口地区影响最大的 3 次风暴潮。为分析风暴潮、潮汐、径流对海平面上升的响应,选择这 3 次风暴潮研究海平面上升对风暴潮防洪水位的影响。

①对 9216 号台风风暴潮验证

模型计算时间从 1992 年 8 月 28 日 0 时到 9 月 2 日 23 时,共持续 144 h,天文潮潮位采用 1992 年潮汐表资料。图 8.20 是 9216 号台风风暴潮期间天文潮潮位验证图,可以看出,计算值与潮汐表预测值基本吻合。位于外海的坎门站和黄大岙站潮差计算值偏小,除了极少数时间段外,潮位误差都在 0.20 m 以内,相位误差在 15 min 以内;位于瓯江的温州站和位于飞云江的瑞安站计算值偏大,除极少数时间段外,潮位误差都小于 0.20 m,相位误差小于 15 min。总体而言,模型验证结果较好。

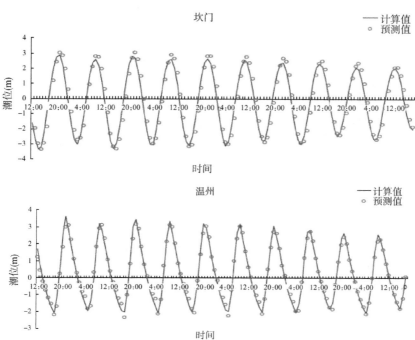

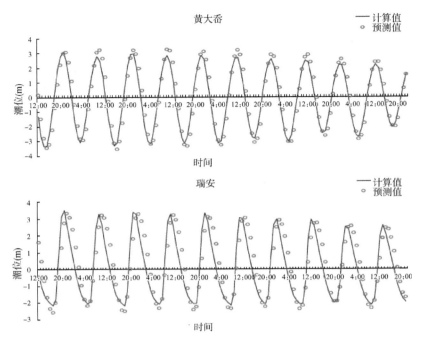

图 8.20　瓯江口 9216 号台风风暴潮期间天文潮潮位验证图

图 8.21 是 9216 号台风风暴潮潮位验证图。可以看出,计算值与实测值基本吻合,位于外海的坎门站和洞头站计算潮差偏小,除了个别时刻外潮位误差都小于 0.30 m;位于瓯江口门内的温州站和龙湾站计算潮差偏大,除极少数时刻外,潮位误差都小于 0.40 m 。这是因为温州站潮位受瓯江径流影响较大,位于温州站下游的龙湾站受径流影响则较小。由于风暴潮带来大量的降水,瓯江径流激增,1992年 8 月 31 日温州站的最低潮位发生大幅度增加。总体而言,模型对风暴潮潮位的验证较好,可用于后续风暴潮潮位的分析研究。

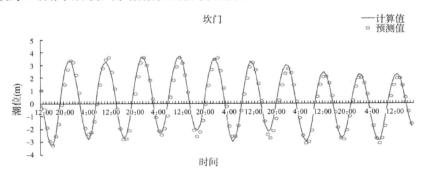

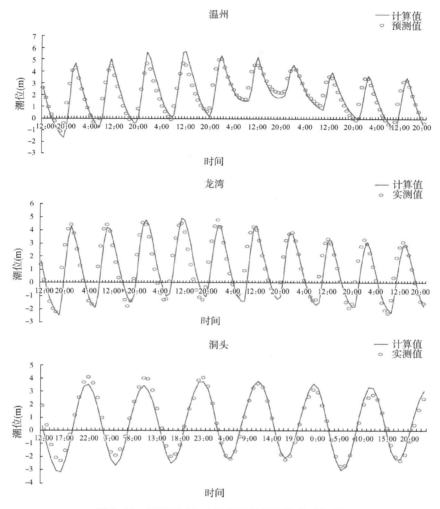

图 8.21　瓯江口 9216 号台风风暴潮潮位验证图

②对 9711 号台风风暴潮验证

模型计算时间从 1997 年 8 月 17 日 0 时到 8 月 22 日 8 时,共持续 129 h,验证天文潮潮位采用 1997 年潮汐表资料。图 8.22 是 9711 号风暴潮期间天文潮潮位验证图。可以看出,计算值与潮汐表预测值吻合较好;位于外海的坎门站和黄大岙站潮差计算值偏小,除了少数时刻外,潮位误差都在 0.30 m 以内,相位误差在 15 min 以内;位于瓯江的温州站潮差计算值偏大,位于飞云江的瑞安站高潮位和低潮位计算值都偏大,但除极少数时间段外,潮位误差都小于 0.30 m,相位误差也小于 15 min。从验证结果来看,模型可用于潮位的计算研究。

图 8.23 是 9711 号台风风暴潮潮位验证图。可以看出,计算值与实测值在位于外海的坎门站吻合得较好,潮位误差小于 0.30 m,相位误差小于 15 min;位于瓯江的温州站和位于飞云江的瑞安站计算值比实测值大,除少数时刻外,误差都小于0.40 m,最高潮位拟合得比较好,相位误差小于 30 min。总体而言,模型对 9711号台风风暴潮潮位的验证比较准确,可用于后续风暴潮潮位的研究。

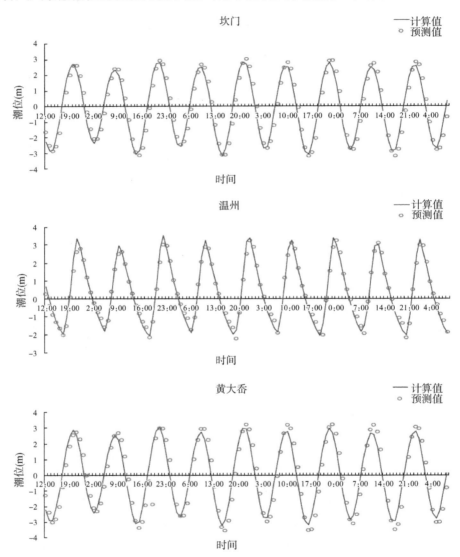

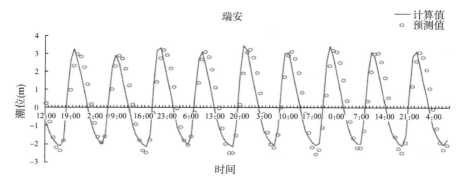

图 8.22　瓯江口 9711 号台风风暴潮期间天文潮潮位验证图

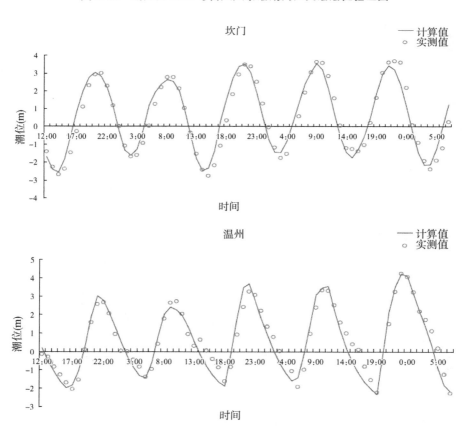

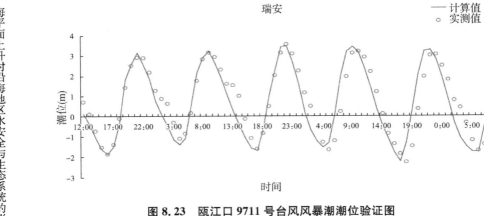

图 8.23 瓯江口 9711 号台风风暴潮潮位验证图

③对 0216 号台风风暴潮验证

模型计算时间从 2002 年 9 月 3 日 16 时到 9 月 8 日 14 时,共持续 119 h,验证的天文潮潮位采用 2002 年潮汐表资料。图 8.24 是 0216 号风暴潮期间天文潮潮位验证图,可以看出,计算值与预测值拟合得较好,除少数时刻外,各潮位站的误差都在 0.1 m 以内,相位误差都在 15 min 以内。从验证结果来看,模型对 0216 号风暴潮期间天文潮的验证较好。

图 8.25 是 0216 号台风风暴潮潮位验证图。可以看出,在温州站和龙湾站计算高潮位大多数小于实测值,计算低潮位多大于实测低潮位,误差基本小于 0.4 m,相位误差小于 15 min,最高潮位误差小于 0.2 m;在瑞安站计算高低潮位多小于实测值,误差小于 0.5 m,相位误差小于 15 min。总体而言,模型对风暴潮潮位的验证较好,可用于进一步的风暴潮潮位的计算研究。

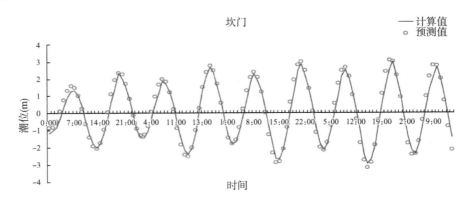

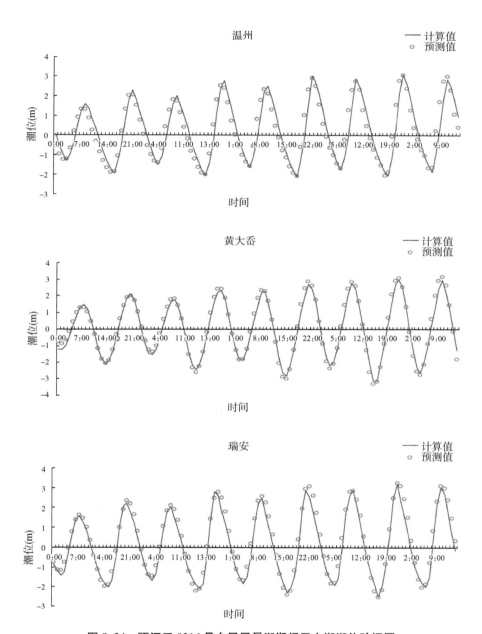

图 8.24　瓯江口 0216 号台风风暴潮期间天文潮潮位验证图

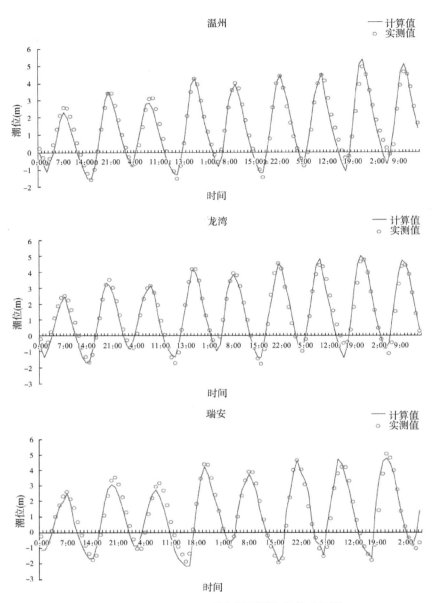

图 8.25 瓯江口 0216 号台风风暴潮潮位验证图

8.3.3 海平面上升对瓯江口大潮水位的影响

浙江温州市位于瓯江口,是浙江省在河口建设的最重要的城市之一,城市防洪是温州市的重要防灾减灾工程。近年来,温州浅滩进行了大量的围垦,同时由于瓯江航道整治和瓯江口围垦等工程,瓯江口的自然状态发生了较大改变。根据瓯江感潮河段二维潮流-风暴潮数学模型研究,预测海平面上升并耦合风暴潮增水对瓯江感潮河段沿程水位的影响。

瓯江属于山溪性河流,上游洪峰涨落快、流量大。瓯江潮位站位置见图8.26。根据圩仁站实测资料,最大洪峰流量为 22 800 m³/s,多年平均流量 470 m³/s。因此,本节计算分析在平均流量 470 m³/s、洪水流量 5 000 m³/s 和 10 000 m³/s 3 种径流情况下,瓯江感潮河段在大潮期的沿程水位对未来海平面上升各预测量的响应。

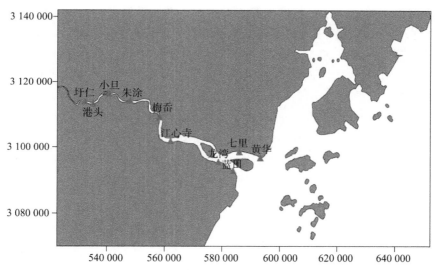

图 8.26 瓯江潮位站位置分布(单位:m)

(1) 对平均潮位的影响

表 8.5 是瓯江在不同径流情况下的沿程平均潮位表。可以看出,径流量对瓯江沿程水位影响从上游到下游逐渐减弱,对江心寺以下水位影响相对较小;在平均流量 470 m³/s 时,圩仁站潮位是 6.06 m,当平均流量 10 000 m³/s 时,圩仁站潮位是 13.54 m,增加了 7.48 m,江心寺潮位仅增加了 1.28 m,龙湾潮位只增加了 0.26 m,而位于口门的黄华潮位只增加了 0.08 m,这反映了河口动力与外海潮汐的共同作用。

表 8.5 瓯江沿程平均潮位表

平均流量 (m³/s)	沿程各站平均潮位（m）									
	圩仁	港头	小旦	朱涂	梅岙	江心寺	龙湾	蓝田	七里	黄华
470	6.06	3.46	1.55	0.98	0.96	0.93	0.84	0.79	0.80	0.76
5 000	10.61	7.96	5.60	2.64	2.07	1.57	0.96	0.85	0.87	0.79
10 000	13.54	11.28	8.86	4.42	3.16	2.21	1.10	0.93	0.96	0.84

图 8.27 是瓯江在不同径流情况下海平面上升后平均潮位沿程变化图，表 8.6 是瓯江在不同径流情况下沿程平均潮位增量表。龙湾上游平均潮位增量随着径流量的增大而显著减小，而龙湾至口门的平均潮位增量受径流变化的影响则不明显。当径流为平均流量 470 m³/s、外海海平面升高 0.90 m 时，龙湾平均潮位增量只比黄华平均潮位增量小 0.02 m；而当径流增加到 10 000 m³/s、海平面上升 0.90 m 时，龙湾的平均潮位增量也只比黄华的平均潮位增量小 0.06 m。这说明龙湾至口门段平均潮位受上游径流影响较弱，受外海潮位影响较强。同时，龙湾至口门段平均潮位的增量比外海平面上升量最大仅少几厘米，所以对于工程应用而言，可以认为此段平均潮位的变化同外海海平面的变化一致。各种径流情况下平均潮位增量与海平面的上升量无明显线性关系。

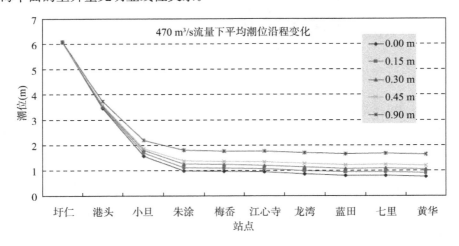

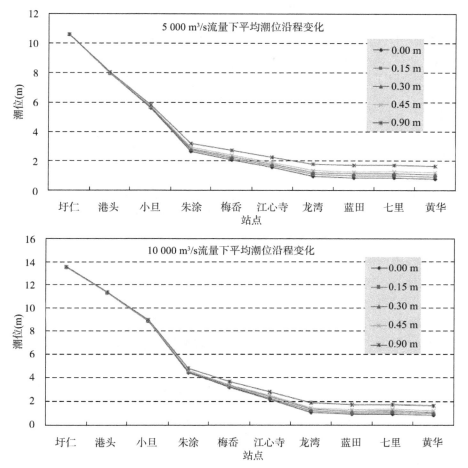

图 8.27 瓯江口各站平均潮位沿程变化图

表 8.6 瓯江沿程平均潮位增量表

平均流量 (m³/s)	海平面上升(m)	沿程各站平均潮位增量(m)				
		圩仁	小旦	朱涂	龙湾	黄华
470	0.15	0.00	0.13	0.13	0.14	0.14
	0.30	0.00	0.23	0.26	0.28	0.28
	0.45	0.01	0.31	0.39	0.42	0.43
	0.90	0.02	0.64	0.80	0.84	0.86

平均流量 (m³/s)	海平面 上升(m)	沿程各站平均潮位增量(m)				
		圩仁	小旦	朱涂	龙湾	黄华
5 000	0.15	0.00	0.03	0.09	0.13	0.14
	0.30	0.01	0.07	0.18	0.27	0.28
	0.45	0.01	0.10	0.27	0.40	0.42
	0.90	0.02	0.22	0.55	0.81	0.85
10 000	0.15	0.00	0.01	0.06	0.13	0.14
	0.30	0.00	0.03	0.11	0.25	0.27
	0.45	0.01	0.05	0.17	0.38	0.41
	0.90	0.02	0.36	0.78	0.84	

（2）对最高潮位的影响

表 8.7 是瓯江在各种流量下的沿程最高潮位表。与平均潮位一样，径流对最高潮位的影响也是自上而下逐渐减弱，龙湾以下的潮位受径流影响较小。对比表 8.5 和表 8.7 可以发现，瓯江径流变化对平均潮位的影响要大于对最高潮位的影响。

表 8.7　瓯江沿程最高潮位表

平均流量 (m³/s)	沿程站点最高潮位(m)									
	圩仁	港头	小旦	朱涂	梅㟂	江心寺	龙湾	蓝田	七里	黄华
470	6.08	4.81	4.33	4.41	4.21	3.93	3.97	3.85	3.88	3.76
5 000	10.67	8.26	6.58	5.12	4.83	4.64	4.13	3.93	3.96	3.79
10 000	13.60	11.43	9.20	5.82	5.03	4.70	4.17	3.95	3.98	3.81

图 8.28 是瓯江在不同径流情况下海平面上升后最高潮位沿程变化图，表 8.8 是瓯江沿程最高潮位增量表。可以看出，瓯江径流增大会减小最高潮位的增量，同时，河口处最高潮位增量与平均潮位增量的最大值不同，径流和潮流作用还会在感潮河段的某个位置产生共振现象，而使该处的最大潮位增量最大。共振点位置只和径流有关，与海平面上升值无关；径流量越大，共振点离河口就越近，但当径流量大到一定程度后，共振点位置则不再变化。当径流较小时，共振点下游的最高潮位增量基本一致；当径流较大时，从共振点到河口位置的最高潮位增量会先减小再增

大。从表 8.8 可以看出,当流量为 10 000 m³/s、海平面上升 0.45 m 时,朱涂、龙湾和黄华的最高潮位增量分别为 0.41、0.36 和 0.40 m。

表 8.8　瓯江沿程最高潮位增量表

平均流量（m³/s）	海平面上升（m）	沿程站点最高潮位增量（m）				
		圩仁	小旦	朱涂	龙湾	黄华
470	0.15	0.02	0.13	0.14	0.14	0.13
	0.30	0.05	0.36	0.27	0.27	0.27
	0.45	0.08	0.59	0.40	0.40	0.41
	0.90	0.19	1.17	0.80	0.80	0.84
5 000	0.15	0.01	0.08	0.19	0.14	0.13
	0.30	0.01	0.16	0.35	0.27	0.27
	0.45	0.02	0.24	0.51	0.40	0.41
	0.90	0.04	0.44	0.92	0.80	0.85
10 000	0.15	0.01	0.04	0.15	0.12	0.13
	0.30	0.01	0.08	0.28	0.25	0.26
	0.45	0.02	0.12	0.41	0.36	0.40
	0.90	0.03	0.23	0.76	0.72	0.83

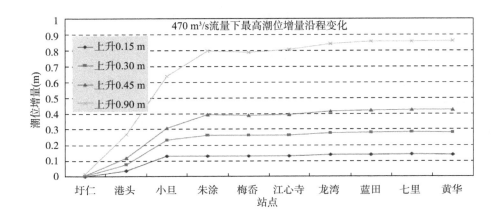

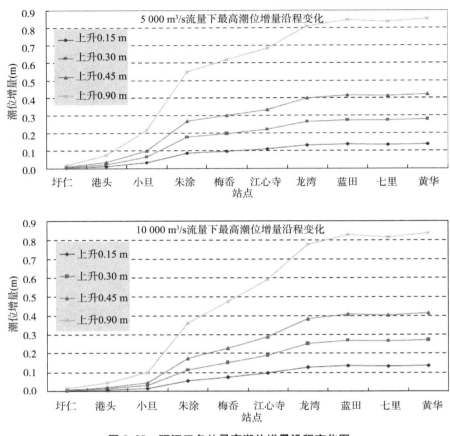

图 8.28 瓯江口各站最高潮位增量沿程变化图

8.3.4 海平面上升对瓯江口风暴潮水位的影响

图 8.29 是瓯江在各风暴潮期最高潮位沿程变化图,图 8.30 是瓯江在各风暴潮期最高潮位增量沿程变化图,表 8.9 是瓯江各风暴潮沿程最高潮位表,表 8.10 是瓯江各风暴潮沿程最高潮位增量表。

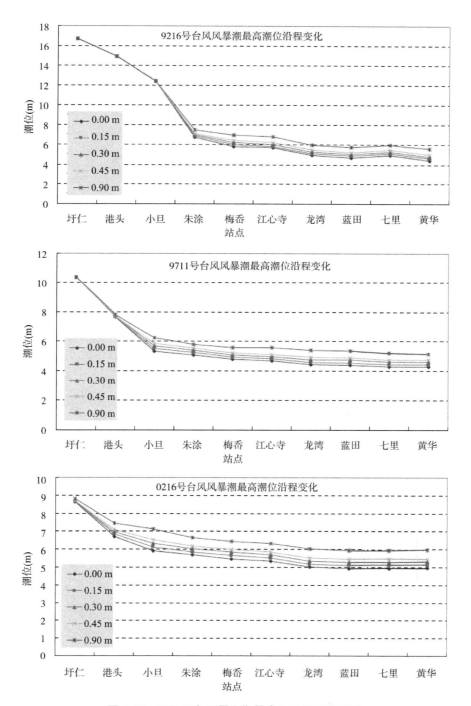

图 8.29 瓯江口各风暴潮期最高潮位沿程变化图

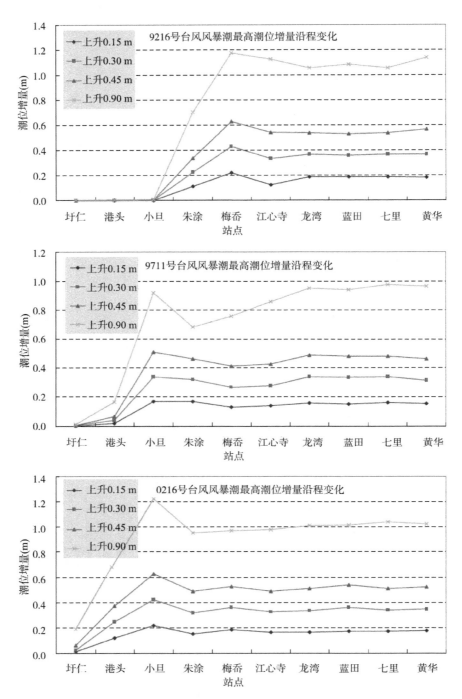

图 8.30 瓯江口各风暴潮期最高潮位增量沿程变化图

表8.9 瓯江各风暴潮沿程最高潮位表

风暴潮场次	沿程站点最高潮位(m)									
	圩仁	港头	小旦	朱涂	梅岙	江心寺	龙湾	蓝田	七里	黄华
9216号	16.72	14.92	12.41	6.79	5.82	5.67	4.93	4.69	4.93	4.44
9711号	10.36	7.65	5.34	5.09	4.80	4.70	4.43	4.41	4.28	4.29
0216号	8.64	6.73	5.91	5.70	5.49	5.37	5.03	4.94	4.97	4.96

表8.10 瓯江各风暴潮沿程最高潮位增量表

风暴潮场次	海平面上升高度(m)	沿程站点最高潮位增量(m)				
		圩仁	小旦	朱涂	龙湾	黄华
9216号	0.15	0.00	0.00	0.11	0.19	0.18
	0.30	0.00	0.22	0.37	0.37	
	0.45	0.00	0.01	0.34	0.53	0.56
	0.90	0.00	0.01	0.70	1.05	1.14
9711号	0.15	0.00	0.17	0.17	0.16	0.15
	0.30	0.00	0.34	0.32	0.34	0.31
	0.45	0.00	0.51	0.46	0.49	0.46
	0.90	0.01	0.92	0.69	0.95	0.97
0216号	0.15	0.01	0.22	0.16	0.17	0.18
	0.30	0.03	0.43	0.32	0.34	0.35
	0.45	0.06	0.63	0.49	0.51	0.52
	0.90	0.19	1.22	0.95	1.01	1.02

可以看出,瓯江的最高潮位受上游径流和河口风暴潮共同影响,但龙湾以上河段潮位受径流影响较大,龙湾至口门段受径流影响较小。与大潮期间最高潮位类似,风暴潮期间的最高潮位受河口风暴潮与径流的非线性作用会引起水位共振和超高现象发生。9216号台风风暴潮期间,瓯江上游正值洪水,小旦以上河段受海平面上升的影响很小,共振现象发生在梅岙。由于径流量从 1 000 m³/s 增加到 10 000 m³/s 以上,圩仁站的最高水位比平均水位高出近 5 m。海平面上升 0.90 m 后,梅岙最高潮位增量是 1.17 m,超高 0.27 m,口门处的黄华最高潮位的增量是 1.14 m。9711号台风风暴潮时上游径流量小,共振现象发生在小旦,但共振效应并不明显。从表8.10可以看出,当海平面上升0.90 m后,小旦的最高潮

增量是 0.92 m,超高 0.02 m,位于口门的黄华最高潮位增量是 0.97 m,超高 0.07 m。0216 号台风风暴潮时,径流最小,共振现象发生在小旦,离口门最远,当海平面上升 0.90 m 后,小旦最大潮位的增量是 1.22 m,超高 0.32 m。海平面上升后,河口普遍超高 0.10~0.25 m,且随着海平面上升量的增加而增加。

在城市防洪设计中,风暴潮与径流的非线性作用产生的水位共振现象和超高水位,需要认真考虑。

第九章

海平面上升对典型沿海地区海堤
防御能力的影响

　　全球大部分沉积型海岸都易受到海平面上升的侵蚀,对于地势较低的砂质或泥质质海岸,海平面的升高幅度很小都有可能淹没大片区域及加重海岸侵蚀。我国拥有长约 1.8 万 km 的大陆海岸线,涉及辽宁、河北、天津、山东、江苏、上海、浙江、福建、广东、广西、海南共 11 个省级行政区,以及约 1.4 万 km 的岛屿岸线,集中了全国约 70% 以上的大城市和 50% 以上人口的东部沿海地区,尤其作为全国经济发展龙头的长江三角洲地区、珠江三角洲和环渤海地区,是受海平面上升影响最严重的脆弱地区。

　　台风风暴潮和浪是来自海上的一种巨大的自然灾害现象,系指热带气旋所伴随的强风和气压骤变所致的海面异常升降及狂浪的现象,若和通常的天文潮,特别是天文大潮的高潮阶段叠加,往往会使其所影响的海域水位暴涨,浪毁海堤,乃至海水浸溢内陆,酿成巨灾。中外历史上的严重风暴潮灾害事例不胜枚举。1959年,日本伊势湾名古屋一带沿海地区发生台风风暴潮,潮高 3.45 m,超过 38 900 人受伤,直接经济损失有 5 000 亿~6 000 亿日元。1991 年,孟加拉湾出现风暴潮,6 m 多高的巨浪使整个吉大港受淹达 2 m,受灾人口达 1 000 万人,经济损失约 30亿美元。

　　海平面上升在我国沿海地区已引起一系列环境效应和灾害,加剧了这些地区的风暴潮灾、海岸侵蚀、盐水入侵和滩涂损失,降低了防洪设施的防御能力,影响了城市排水和供水系统,对区域防洪能力产生了一定的影响。结合海平面上升对中国东部沿海地区风暴潮水位影响的研究,以上海、江苏为典型地区,在调研海堤现状的基础上分析其防御能力和存在的问题。

9.1　上海沿海地区海堤现状及防御能力

上海市位于我国东部沿海,地处长江三角洲,北枕长江口,南倚杭州湾,面临东海,属典型的平原感潮河网地区,易受台风、暴雨、高潮、洪涝袭击。特殊的地理位置,使得上海成为我国沿海遭受风暴潮灾害较为严重的地区之一。上海抵御外围台风高潮侵袭主要依靠长江口杭州湾海塘防线和黄浦江防汛墙防线,但随着全球气候变化和海平面上升,沿海地区遭受风暴潮灾害的风险正在加大、受灾程度也在增加,严重威胁着区域的可持续发展。

（1）海堤状况

1949 年至 20 世纪 90 年代初期,根据市政府要求,上海市海堤工程统一按"八五标准"实施建设,即堤顶高程 8 m(吴淞零点),顶宽 5 m。截至 2013 年底,上海市一线海塘总长约 523.0 km(其中大陆 210.7 km,占 40.3%,三岛 312.3 km,占 59.7%;公用段 206.2 km,占 39.4%,专用段 316.8 km,占 60.6%);主海塘总长约 495.4 km(其中大陆 211.4 km,占 42.7%;三岛 284.0 km,占 57.3%)。一线海塘中按 200 年一遇潮位加 12 级风(32.7 m/s)标准设防的海塘 123.1 km,占 23.5%;按 100 年一遇潮位加 12 级风或 11 级风标准设防的海塘 282.7 km,占 54.1%;不足 100 年一遇加 11 级风标准设防的海塘 117.2 km,占 22.4%。

作为海塘的重要组成部分,主要建(构)筑物还包括保滩工程和穿堤建筑物。保滩工程主要包括丁坝和顺坝,其中丁坝共计 326 道,总长 38.8 km;顺坝共计 151 条,总长 192.8 km。海塘穿堤建筑物共计 328 座,主要包括水(泵)闸、涵闸涵洞、排水管排污管和其他(海堤光缆电缆等)四大类。上海大陆片及三岛片主海塘分布见图 9.1。

海堤设计依据及建设标准:上海市海塘达标建设已开展了两轮。第一轮始于 1997 年,根据《上海市海塘规划(1996—2010 年)》,海堤设计标准分为两类,一是位于城市化区域或大型企业占用岸线的海堤标准采用防洪标准为 100 年一遇高潮位叠加 11 级或 12 级风正面袭击风浪,中远期(2010 年)采用 200 年或 100 年一遇高潮位叠加 12 级风(下限,风速为 32.7 m/s)正面袭击风浪,海塘工程级别为 1 级,保滩建筑级别为 3 级;二是海堤保护范围为农村及城乡接合部地区,规划标准为 100 年一遇潮位叠加 11 级风(平均风速为 30 m/s),具体实施时划分为长江口、杭州湾海塘标准和长江口三岛标准(崇明岛、长兴岛、横沙岛)。第二轮为根据 2013 年上海市政府批复的《上海市海塘规划(2011—2020 年)》,进一步明确了全市海塘新的设防标准,即大陆及长兴岛主海塘防御能力达到 200 年一遇高潮位叠加 12 级风,

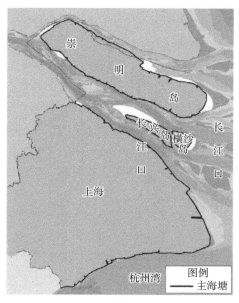

图 9.1　上海市主海塘分布

崇明岛及横沙岛主海塘防御能力达到 100 年一遇高潮位叠加 11 级风。上海海塘总体防汛能力较强，大部分已达到新海塘标准。

海堤主要结构与断面形式：上海市海堤主要结构形式有斜坡式土石坝复式围堤、斜坡式土石坝围堤；堤身采用内外充泥管袋棱体，堤芯为吹填土的构筑形式；海堤外坡护面结构以栅栏板或人工块体（主要为扭王字块体和扭工字块体）为主，堤顶为直立式或反弧式钢筋混凝土防浪墙。

海堤消浪措施：上海市海堤建设标准普遍较高，堤身主要采用人工块体护面（扭王字块体、扭工字块体、栅栏板、四角空心块体等），一方面提高了堤身的整体稳定性和防浪冲击能力，另一方面大幅度提高了消浪效果，属于工程性消浪措施。其次，上海市的海堤工程普遍重视堤前保滩建设，一般在堤前有一段 20～30 m 的保滩段，保滩段的前沿一般规则安放一排扭王字块体，对于滩段和堤身的保护起到了很好的作用。上海市在有条件的海堤滩地上一般种植了芦苇，既美化环境又起到了很好的消浪效果，属于非工程消浪措施。但近年来，芦苇的种植难度增大，原因是部分围海工程向海洋深延，或者难有较宽的滩地，或者滩地上海水深度增加，不适合芦苇生长。

海堤堤基处理方式：上海市海堤堤基属于软土地基，淤积较厚，常用的堤基处理方式有 3 种，即塑料排水板排水固结法、水平加筋法和堆载镇压法。

海堤堤身填筑材料：20世纪90年代以前建成的海堤多以碾压土坝为主，堤身多以黏土或亚黏土为主，采用人工挑土与机械碾压为主的方式筑堤，多为中高滩堤防；90年代以后新建的海堤多以粉砂类土为主，采用水力吹填内外充泥管袋双棱体断面，棱体间吹沙形成围堤下部堤身，平台以上土方采用吹泥管袋小棱体并吹填沙土逐步抬高。

（2）存在的主要问题

部分海塘标准偏低：根据2013年上海市政府批复的海塘规划中的新设防标准，针对典型断面的设防高程和堤身外坡的护面结构稳定性，上海市495.4 km主海塘仍有约31％即153.1 km（其中公用段48.2 km，专用段104.9 km）未达到新标准。

部分海塘结构单薄：老海塘堤顶宽度按上海《滩涂促淤圈围造地工程设计规范》（DG/TJ 08-2111—2012）Ⅰ级堤顶宽度大于等于8 m、Ⅱ级建筑物堤顶宽度大于等于6 m要求，上海大陆片和长兴岛的海塘满足顶宽要求的占53.42％，崇明岛和横沙岛海塘满足顶宽要求的占82.48％。总体来看，现状海塘的堤顶宽度离新规范的要求还有较大的差距，在防越浪水流方面还存在一定风险。现有堤防外坡护面、堤顶及内坡结构抗超设计标准台风的越浪水流冲击破坏不足等问题更为突出，堤身受损、甚至决堤的风险很高。新建海塘采用砂性土筑堤，堤身结构以吹泥（砂）管袋为内外棱体、中间吹填堤芯砂，外坡以灌砌块石、异形块体、栅栏板等形式消浪护面，堤顶设防浪墙，内坡通常以草皮护坡。这类海塘若外坡受损、内坡受冲或反滤层破裂、管袋破损，在超标准风暴潮中溃堤的可能性比以往以黏土为主的老式海塘更大，风险更高。此外，由于护面下的反滤缺陷和堤身沉降发展，堤身土方易流失形成内部空洞。

部分海塘存在安全隐患：部分穿（跨）堤构筑物和水闸等局部工程，建设年代久远，结构存在薄弱环节，易形成安全隐患。统计表明，现有的约328座穿堤建筑物中，约27％（89座）建于1990年之后，运用指标基本或能全部达到设计标准；约22％（72座）建于1990年以前，堤基可能存在洞穴、植物腐蚀空隙及暗沟、暗管（线）等安全隐患，对一线防汛不利。

管理尚有缺失：部分岸段被鱼塘占用、违章搭建、乱占土地，对大堤整体稳定与安全构成威胁。部分公用岸段的主塘和备塘兼作区内交通要道，违规占用防汛通道，民宅依路而建防护设施较少，汛期和大风天气存在安全隐患。出海闸外侧多砂石料场、临时码头并停泊较多船只，对闸本身及相连堤段的安全有潜在威胁。

（3）防御能力分析

上海市海堤设计标准及达标情况整体较高，但全球海平面上升已是不争的事实,根据全国海平面公报和前文对海平面上升的预测结果,上海是我国受海平面上升影响最为突出的区域之一。海平面的持续上升,很大程度上增加了台风风暴潮的发生频率和强度,同时灾害链式效应凸显,放大了灾害影响范围和程度。根据沿海各潮位站点不同频率高潮位值(见表9.1),结合对上海海平面上升情况的经验预估,至2050年和2100年,海平面相对于2001—2010年平均海平面分别上升18 cm和36 cm,使得在2050年情景下,现状200年一遇的高潮位下降到100~130年一遇,100年一遇的高潮位下降到50~70年一遇;在2100年情景下,现状200年一遇的高潮位下降到50~80年一遇,100年一遇的高潮位下降到不足50年一遇;考虑到风暴潮水位的非线性叠加影响以及波浪的变化,其重现期还将进一步降低。因此,在海堤建设和防护中,要充分考虑海平面上升的影响。

表9.1 上海沿海各潮位站高潮位-频率分布表

潮位站	不同重现期下的高潮位(m)					
	20年	50年	100年	200年	500年	1 000年
外高桥	5.69	5.98	6.21	6.43	6.73	6.95
芦潮港	5.37	5.62	5.80	5.99	6.23	6.42
金山咀	6.07	6.37	6.60	6.83	7.13	7.35
三甲港	5.54	5.83	6.07	6.30	6.60	6.82
马家港	5.67	5.94	6.15	6.36	6.63	6.84
堡镇	5.70	5.97	6.18	6.39	6.66	6.86

9.2 江苏沿海地区海堤现状及防御能力

江苏省海岸带北起苏鲁交界的绣针河口,南抵长江北口江海交界的东南圆陀,与上海市隔江相望,标准海岸线全长954 km,其中侵蚀性海岸329 km。海岸保护区内有连云港、盐城、南通3个沿海开放城市、15个县(市、区)和一些重要的临海工业区等,保护面积2.4万 km²,保护人口1 400万。江苏沿海地区地势低平,相当部分土地处于平均高潮位以下,完全靠海堤防护,加之位于地质构造沉降和地面下沉区,相对海平面上升幅度将远超过同期全球平均上升值,成为全国受海平面上升危害最严重的地区之一。

(1)海堤现状

江苏海堤的大规模建设始于中华人民共和国成立后。1949—1956年,完成了北起绣针河、南至长江口的初步沿海挡潮工程体系。20 世纪 60、70 年代,骨干入海河道河口挡潮建筑物也相继建成;80 年代末,共建成一线海堤 688 km,挡潮闸 118 座、涵洞 27 座、抽水泵站 14 座;而后分别在 1998 年和 2006 年实施了两轮海堤达标工程建设。目前,已建成海堤总长 959 km,其中达标长度 832 km,穿堤管涵 54 个,穿堤泵站 17 处。

①1998 年海堤达标工程建设

1997 年,受 11 号台风和天文大潮共同影响,江苏共约 110 km 海堤遭严重破坏,为保证海堤安全,同年,江苏省政府下发《关于加强江海堤防达标建设工作的通知》,明确用 3～5 年的时间基本完成海堤重点堤段达标工程建设。以 1984 年主海堤为基础,确定主海堤堤线总长 774.5 km(其中连云港市境内海堤长 141.6 km、盐城市境内海堤长 420.1 km、南通市境内海堤长 212.8 km)。工程建设总体原则是堤身断面达标与堤防除险加固相结合,堤防达标与沿线涵闸除险加固统筹考虑,土方达标与护坡、护岸工程达标统筹考虑,海堤达标建设与加强工程管理相结合。规划设计堤顶高程以抗御 50 年一遇高潮加 10 级风浪爬高的达标建设标准;大中型水闸按 100 年一遇高潮位设计,200～300 年一遇高潮位校核;小型涵闸按 50 年一遇高潮位设计,100 年一遇高潮位校核。第一轮海堤达标建设共完成海堤堤防土方加固 400 km、重点堤岸防护工程 163 km、大中型涵闸加固改造 37 座、小型涵闸加固或拆建 68 座。

②2006 年海堤达标工程建设

由于受当时前期工作深度和总投资控制等因素影响,第一轮海堤达标建设未能囊括全省海堤,加之海潮冲刷和强台风袭击,部分堤段侵蚀加剧,海堤受台风与海潮夹击威胁,安全隐患仍然突出。为此,江苏省政府部署编制海堤重点堤段达标建设实施方案,计划从 2006 年起,用 3 年时间全面完成重点堤段达标建设任务。安排的原则是对 1998 年可研报告批复的建设内容未实施部分继续安排,对未列入 1998 年可研报告批复内容,因台风、海潮冲刷形成的新的病险堤段给予重点安排。第二轮海堤达标设计标准与 1998 年海堤达标设计标准一致,设计堤顶高程仍采用抗御 50 年一遇高潮加 10 级风浪爬高的达标建设标准;大中型水闸按 100 年一遇的高潮位设计,200～300 年一遇高潮位校核;小型涵闸按 50 年一遇高潮位设计,100 年一遇高潮位校核。堤身防护工程的结构形式主要参照滨海县翻身河以北海堤防护模型试验成果,并结合已建工程经验,采用两级斜坡之间加消浪平台,堤顶设反弧挡浪墙,堤脚设置深齿坎或布设钢筋混凝土板桩,堤脚外设抛石护脚;在侵蚀严重段(主要集中在滨海、响水两县境内),在距堤脚 70 m 处施打预应力管桩顺坝,排桩前后分别抛石防护。第二轮海堤达标建设完成海堤防护工程 91.45 km、保滩工程 38.16 km、大中型涵闸 26 座、小型涵闸 84 座。

③海堤近期工程

2010 年至今又实施了一批海堤工程，除涵闸、道路外，主要为水毁修复工程。主要内容有海堤防护工程 29.5 km，保滩工程 13.0 km，大中型涵闸 1 座、小型涵闸 2 座，防汛道路 41.9 km，挡浪墙 5.2 km，丁坝 3 座，顺坝 80 m。

（2）存在的主要问题

两轮海堤达标和近期年度工程经受了多次强台风和天文大潮袭击，有效提高了海堤防潮抗台能力，为保障江苏沿海地区安全和稳定、促进沿海地区经济社会发展发挥了显著的防灾减灾效益。但由于海堤建设战线长、工程复杂、投资有限等问题，加之近几年海潮冲刷和强台风袭击，部分堤段侵蚀加剧，海堤受台风与海潮夹击的威胁仍然存在，安全隐患仍然突出。

①防护、保滩工程水毁、漏缺影响海堤安全

由于已实施的海堤防护、保滩工程标准不高等，部分已建的海堤防护和保滩工程出现水毁损坏需修复、加强，尤其是侵蚀较为严重的地段，海堤高度能够满足要求，但海堤防护和保滩工程的强度普遍不足。典型的如滨海县的陶湾段，保滩的抛石丁坝、顺坝或打管桩两侧抛石压脚结构厚度不足、粒径偏小，海堤防护强度不够，台风、暴雨过后结构损毁，失去了防护、保滩功能。另外，部分海堤随着侵蚀段的加速侵蚀，滩面蚀降、宽度锐减，也直接影响了已建海堤防护工程安全。

②建筑物工程存在较多安全隐患

1956 年以来，尤其在 20 世纪 60、70 年代及以后，江苏沿海陆续兴建了大量的河口挡潮建筑物。由于历史原因，大部分建筑物存在先天不足和后天老化的问题。先天不足主要是设计标准低、结构单薄，而随着使用年限的增加，后天老化的问题愈趋严重。因建筑物地处淤涨段海岸，随着下游的淤积和围垦，已失去原设计的排涝、挡潮功能，成了海堤封闭圈上的安全隐患。

③工程管理亟须加强

由于投资方面的原因，加之"重建轻管"的影响，防汛设施普遍匮乏，通信设施陈旧落后，管理设施配套不齐全，防汛道路断、缺、损等问题突出，严重影响防汛抢险和正常管养护理工作的开展。同时由于缺乏海堤专项监测设施，对进一步优化海堤工程设计和推进科研进展难以提供足够的实际数据支撑。

（3）防御能力分析

据《中国海平面公报》，江苏沿岸近几十年相对海平面平均上升速率为 2.2 mm/a，超过同期全球平均上升速率，列全国各省（市、区）之首（如辽宁沿岸为 0.4 mm/a、福建沿岸为 1.6 mm/a、广东与广西沿岸为 1.5 mm/a，海南沿岸为

1.4 mm/a),是全国相对海平面上升最明显的地区之一。

海平面上升,平均海面抬高,导致出现同样高度风暴潮位所需的增水值大大减少,从而使风暴极值高潮位的重现期明显缩短,造成风暴潮水冲刷和漫溢海堤的概率大大增加,相应海堤防御能力也明显降低。因此,就堤顶高程而言,江苏现有一线海堤一般均能满足抗御现状50~100年一遇高潮位的袭击,而不会被漫溢。但当海平面上升50 cm时,现状100年一遇和50年一遇的高潮位将分别变为50年一遇和20年一遇左右,加之波浪爬高变化,现有海堤防御能力也相应降低,统计数据见表9.2。通过分岸段统计,遇50年一遇的高潮位,海堤受潮水漫溢的长度将达254 km左右,约占海堤总长的26.5%,比现状净增173 km左右,其中连云港以北的赣榆全县海堤遇50年一遇的高潮位均将受淹,最大漫溢高度可达1.21 m。因此,即使现有部分海堤堤顶高程未达到抗御100年一遇的高潮位的岸段全部加高加固达标,也将不能满足未来海平面上升50 cm时防御50年一遇高潮位的要求。

与此同时,海平面上升导致波浪与潮流等海洋水文要素加强,以及引起岸滩侵蚀加剧等,还将导致海堤堤基受潮水冲刷和淘蚀的概率与强度增加,直接威胁海堤自身安全。

表9.2 海平面上升50 cm对江苏沿海各段一线海堤的可能漫溢影响(吴淞零点)

岸段	现状				海平面上升50 cm		
	堤长(km)	堤顶高程(m)	50年一遇潮位(m)	波浪爬高(m)	50年一遇潮位(m)	超过堤顶	
						高度(m)	长度(km)
绣针河口—连云港	53.7	6.5~7.5	5.31[a]	1.97	5.74	+1.21~+0.21	53.7
连云港—燕尾闸	67.3	8.0~8.5	5.31	1.90	5.74	−0.36~−0.86	0
燕尾闸—中路港	196.0	7.0~8.5	5.16[b]	1.50	5.56	+0.06~−1.44	54.9
中路港—海垱点	107.4	8.5~9.5	5.16	1.50	5.56	−1.44~−2.44	0
海垱点—东安闸	144.0	8.8~11.1	8.27[c]	1.50	8.68	+1.38~−0.92	105.8
东安闸—大洋港闸	35.5	8.3~9.0	6.67[d]	1.50	7.11	+0.31~−0.39	29.4
大洋港闸—七门闸	30.3	8.7~9.7	6.67	2.00	7.11	+0.41~−0.59	5.6

岸段	现状				海平面上升 50 cm		
	堤长 (km)	堤顶 高程(m)	50 年一遇 潮位(m)	波浪爬 高(m)	50 年一遇 潮位(m)	超过堤顶	
						高度(m)	长度(km)
七门闸 以南	61.7	6.8~8.2	4.96^e	1.50	5.40	+0.10~-1.30	4.8
合计	695.9						254.2

注:50 年一遇参考站点为:a 燕尾港;b 新洋港;c 小洋口;d 大洋港;e 吕四。

　　江苏海堤多为土堤,且大多缺乏工程护坡措施,因而极易被波浪淘蚀损坏,甚至溃决,加之全省大部分岸段岸线走向正对强风向,堤外滩面较低岸段的堤坡终年受风浪冲刷,堤基淘蚀,致使堤坡陡立,坍塌不断。虽然近年来坍塌严重岸段修筑了一些块石干砌或浆砌等护坡工程,但由于护坡工程顶高普遍偏低,遇风暴袭击,波浪常顺坡而上,越过坡顶漫入护坡内侧,淘蚀基土,导致护坡坍塌,例如,如东县东凌垦区 1992 年围垦新建 12.4 km 海堤,采用竹筋混凝土墙护坡,由于护坡顶高不足,仅 5.6 m 左右(当地 7—9 月平均天文高潮位约为 5.5 m),加之低滩围垦,堤外滩面低、无植被消浪,受 1994 年 14 号台风影响,该段新堤护墙大面积坍塌,加上附近北坎垦区水泥土护墙坍塌,直接经济损失达 300 多万元。未来海平面上升,堤前滩面水深加大,波浪作用增强,波浪冲刷强度和越过护坡顶部的概率无疑将大大增加,此类问题将更加严重,尤其是新围垦建筑的海堤,堤身土质疏松,遇风暴袭击,极易受淘蚀损毁。

　　近年来,江苏沿海虽未遭受过特大风暴潮的袭击,但历史上曾出现过多次风暴潮损毁海堤、导致大量人员伤亡的惨痛教训。如 1939 年的一次特大台风风暴潮袭击江苏省中北部沿海地区,造成海堤大量冲毁,潮水漫溢,仅滨海和射阳两县溺死人数就超过 13 000 人,受潮水浸淹的棉田面积超过 1.4 万 hm²。1981 年 14 号台风影响江苏沿海,多处海堤遭受严重破坏,南部吕四附近,海堤原有干砌块石护坡被暴风浪成片掀起,倒入海中,堤身大面积损毁,有的堤段只剩下 1~2 m 的残留土墩;中部附近海堤被冲毁后,海水沿三汊河倒灌达十几千米;北部废黄河三角洲及附近海岸,已修的块石护坡工程有 45% 被毁,直立的防浪墙则全部被冲坏,损失达数千万元。随着未来海平面上升,海堤受损毁的概率将会大大增加,相关部门对此应高度重视。

第十章

海平面上升对海堤设计标准的影响

　　我国海岸平原由于地势普遍低平,基本均建有海堤等海岸防护工程,据全国海堤普查数据,全国已建海堤 1.01 万 km,其中达标海堤 0.7 万 km。海堤在抵御海潮入侵和减轻海岸灾害等方面发挥了重要作用。但与一些沿海发达国家相比,我国海岸防护工程的防御标准普遍偏低,除少数城市和工业区(上海外滩防汛墙、秦山核电站和金山石化总厂护堤等)局部海堤达到抗御百年一遇、甚至千年一遇风暴潮标准外,其余大部分海堤仅达到 20～50 年一遇。

　　未来海岸环境变化将会对其产生多方面的影响:①由于我国绝大部分岸段的海堤多为土堤,且大多缺乏必要的工程护坡措施,因此,未来海平面上升将引起近岸水深加大以及热带气旋与风暴潮灾加剧,导致波浪与潮流等海洋动力作用增强,将使海堤堤基受潮水和风浪冲刷的概率和强度增加,极易引起堤基受损,从而危及整个堤身的安全。②海平面上升和热带气旋与风暴潮加剧,不仅会加剧岸线侵蚀后退和滩面的下蚀,进一步加大波浪和潮流等对海堤淘蚀的概率和强度,而且还可能引起岸滩冲淤变动,造成堤外港槽摆动,而港槽一旦摆动贴岸,将对海堤的安全构成严重威胁。③海平面上升及风暴潮加剧,使极值高潮位的重现期大大缩短,无疑又将导致海水漫溢、浸泡海堤的机会增多,使海堤防御能力大大降低,甚至遭受破坏。

　　气候变暖导致海平面上升,使沿海的海洋环境状况发生改变,不仅使水深增加,海水入侵,而且将加剧巨浪、风暴潮等自然灾害,从而影响工程设计所需的水位、波浪等水文要素的分析计算结果。为了最大限度地确保安全,在海堤高程设计时要综合考虑海平面上升的影响,加高、加固海堤,提高海堤标准势在必行。

　　目前,涉及海堤高程计算的国家标准规范主要包括《港口与航道水文规范》(JTS 145—2015)、《堤防工程设计规范》(GB 50286—2013)、《海堤工程设计规范》

（GB/T 51015—2014）。上述规范中对堤顶高程计算中的设计潮位和波浪爬高均有详细描述。本节以《海堤工程设计规范》（GB/T 51015—2014）为主，探讨海平面上升背景下对海堤设计标准修订的建议。

根据《海堤工程设计规范》，堤顶高程应根据设计高潮（水）位、波浪爬高及安全加高值计算：

$$Z_P = h_P + R_F + A \tag{10.1}$$

式中：Z_P 为设计频率的堤顶高程；h_P 为设计频率的高潮（水）位；R_F 为按设计波浪计算的累积频率为 F 的波浪爬高值（海堤按不允许越浪设计时取 $F = 2\%$，按允许部分越浪设计时取 $F = 13\%$）；A 为安全加高值。

未来海平面上升后的堤顶高程仍可按式（10.1）设计，其中安全加高值 A 沿用目前标准，而潮位 h_P 和波浪爬高 R_F 的计算中要考虑海平面上升的影响。

10.1　海平面上升对设计潮位的影响

海平面上升后，海水水位和水深增加，海区的潮汐特征值如最高高潮位、最低低潮位、平均大潮高潮位、平均小潮低潮位和平均大潮低潮位等均随之发生变化。

相关海堤工程设计规范在堤顶高程设计时所推算的设计潮位，均未考虑到海平面上升的影响。因而，在海平面上升后，原来推算的设计潮位将缩短，而在原设计的重现期内的设计潮位将较原推算值上升。由于在推算时未考虑到海平面上升，因此，我国在 20 世纪 50、60 年代建设的海洋工程或海岸工程的设计潮位，已有相当多被实测潮位所超过，例如塘沽新港码头在近年数度被淹，甚至有些 70、80 年代的建设项目也有此现象，其中大部分可能是由于未考虑海平面上升而造成的后果。

海平面上升对各潮汐特征值的影响不同。由于海平面上升后，在港湾或江河口入海处的涨潮量和落潮量都相应增大，加上江水顶托和海水汇聚作用加强，使高潮位的上升值大于海平面上升值，这种现象在接近港湾的顶端或河流的上游愈加明显，其结果是使这些地区潮差增大。海平面上升对不同地点潮汐特征影响较大的值即为设计高潮位。

根据规范中设计潮位的统计计算方法，潮位资料系列不宜少于 20 年，并应调查历史最高、最低潮位值。设计潮位应采用频率分析的方法确定。频率分析的线型，在受径流影响的潮汐河口地区宜采用皮尔逊-Ⅲ型分布曲线，在海岸地区可采用极值Ⅰ型或皮尔逊-Ⅲ型分布曲线。皮尔逊-Ⅲ型和极值Ⅰ型频率分析计算方法如下。

（1）按皮尔逊-Ⅲ型分布进行频率分析

对 n 年连续的年最高或最低潮位序列 h_i，其统计参数及年频率为 p 的潮位计算公式为

$$\overline{h} = \frac{1}{n}\sum_{i=1}^{n} h_i \tag{10.2}$$

$$C_v = \sqrt{\frac{1}{n-1}\sum_{i=1}^{n}\left(\frac{h_i}{\overline{h}}-1\right)^2} \tag{10.3}$$

$$h_p = \overline{h}k_p \tag{10.4}$$

式中：$\overline{h}$ 为潮（水）位序列的均值；h_i 为第 i 年的年最高或最低潮位值；C_v 为潮位序列的变差系数；h_p 为年频率为 p 的年最高或最低潮位值；k_p 为皮尔逊-Ⅲ型频率曲线的模比系数。

在 n 年连续的年最高或最低潮位序列 h_i 外，根据调查，在考证期 N 年中有 a 个特高或特低潮位值 h_j，其年最高或最低潮位均值 $\overline{h}$ 及变差系数 C_v 计算公式为

$$\overline{h} = \frac{1}{n}\left(\sum_{j=1}^{a} h_j + \frac{N-a}{n}\sum_{i=1}^{n} h_i\right) \tag{10.5}$$

$$C_v = \sqrt{\frac{1}{N-1}\left[\sum_{j=1}^{a}\left(\frac{h_j}{\overline{h}}-1\right)^2 + \frac{N-a}{n}\sum_{i=1}^{n}\left(\frac{h_i}{\overline{h}}-1\right)^2\right]} \tag{10.6}$$

（2）按极值Ⅰ型分布进行频率分析

对 n 年连续的年最高或最低潮位序列 h_i，其均值 $\overline{h}$ 按式（10.5）计算，均方差 S、年频率为 p 的年最高或最低潮位，可按下列公式计算确定：

$$S = \sqrt{\frac{1}{n}\sum_{i=1}^{n} h_i^2 - \overline{h}^2} \tag{10.7}$$

$$h_p = \overline{h} \pm \lambda_{pn}S \tag{10.8}$$

式中：λ_{pn} 是与频率 p 及资料年数 n 有关的系数，查表采用。

在 n 年连续的年最高或最低潮位序列 h_i 外，根据调查，在考证期 N 年中有 a 个特高或特低潮位值 h_j，其均值 $\overline{h}$ 按式（10.5）计算，均方差 S 及年频率为 p 的年最高或最低潮位可按下列公式计算确定：

$$S = \sqrt{\frac{1}{n}\left(\sum_{j=1}^{a} h_j^2 + \frac{N-a}{n}\sum_{i=1}^{n} h_i^2\right) - \overline{h}^2} \tag{10.9}$$

$$h_p = \overline{h} \pm \lambda_{pN} S \tag{10.10}$$

当缺乏长期连续潮位资料，但有不少于连续 5 年的年最高潮位资料时，设计高潮位可采用极值同步差比法与附近有不少于连续 20 年资料的长期潮位站资料进行同步相关分析，所需的设计高潮位计算公式如下：

$$h_{pY} = A_{NY} + \frac{R_Y}{R_X}(h_{pX} - A_{NX}) \tag{10.11}$$

式中：h_{pY}，h_{pX} 分别为待求站与长期站的设计高潮位；A_{NY}，A_{NX} 分别为待求站与长期站的平均海平面高程；R_Y，R_X 分别为待求站与长期站的同期各年年最高潮位的平均值与平均海平面的差值。

从上述不同计算设计高潮位的方法来看，设计高潮位的计算均与历史高潮位有关，与海平面上升呈正相关，但计算时均未考虑海平面变化的影响。表 10.1 是我国沿海的一些港口在 20 世纪 70 年代末或 80 年代初期推算的百年一遇设计潮位和已出现的实测最高潮位，可以看出近代海平面上升对设计高潮位具有一定影响。在 20 世纪 80 年代末和 90 年代初，已有一些站的重现期缩短和设计高潮位被实测潮位所超过，这可能是由于推算时所用的资料是 20 世纪 70 年代以前全球气候变暖和海平面上升不太显著时期的，未考虑 20 世纪 80 年代气候快速变暖对海平面上升的影响。

表 10.1 中国一些海港设计潮位及其重现期的变化

地点	设计高潮位（m）	重现期（a）	实测高潮位（m）
塘沽	5.80	100	5.93
连云港	6.42	100	6.39
石臼所	5.85	100	5.70
厦门	7.54	100	7.39
赤湾	2.06	100	2.09

根据经验统计保守预测，至 2050 年我国海平面相对于 2001—2010 年平均海平面将上升 14～20 cm，2100 年将上升 28～39 cm，而根据 IPCC 系列报告，2050 年和 2100 年我国近海海域海平面上升幅度可能超过 40 cm 和 70 cm。根据前文数值模拟分析，海平面上升后，在风暴潮与水深非线性作用下，风暴潮的高水位上升

也具有非线性,风暴潮高水位抬升结果往往超过海平面上升结果。对多数堤段而言,在海平面上升 50 cm 的情形下,原按百年一遇设计高潮位已不足 50 年一遇,届时已建海堤将无法发挥其重要的防洪作用,严重影响区域防洪安全。因此,在推算设计高潮位时,必须考虑在该重现期内的海平面上升值及对潮汐特征值的影响。建议在新建海堤中至少考虑到 2050 年海平面可能的上升值;对于历史资料系列长于 20 年的站点,可应用经验统计分析方法计算 2050 年海平面可能上升值;对于其他系列较短站点,可参考附近有长系列观测资料的站点的海平面上升计算值。

10.2　海平面上升对设计波浪爬高的影响

根据《海堤工程设计规范》(GB/T 51015—2014),在满足波浪正向作用、斜坡坡度 1:m(m 为 1~5)、堤脚前水深 $d=(1.5~5.0)H$、堤前底坡 i 小于或等于 1/500 的条件下,正向规则波在斜坡式海堤上的波浪爬高(图 10.1),可按下列公式计算:

$$R = K_\triangle R_1 H \tag{10.12}$$

$$R_1 = 1.24\text{th}(0.423M) + [(R_1)_m - 1.029]R(M) \tag{10.13}$$

$$M = \frac{1}{m}\left(\frac{L}{H}\right)^{1/2}\left[\text{th}\left(\frac{2\pi d}{L}\right)\right]^{-1/2} \tag{10.14}$$

$$(R_1)_m = 2.49\text{th}\left(\frac{2\pi d}{L}\right)\left[1 + \frac{\frac{4\pi d}{L}}{\text{sh}\left(\frac{4\pi d}{L}\right)}\right] \tag{10.15}$$

$$R(M) = 1.09M^{3.32}\exp(-1.25M) \tag{10.16}$$

式中:R 为波浪爬高;H 为波高;L 为波长;R_1 为 $K_\triangle = 1$,$H = 1$ m 时的波浪爬高;$(R_1)_m$ 为相对于某一 d/L 时的爬高最大值;M 为与斜坡的 m 值有关的函数;$R(M)$ 为爬高函数;$K_\triangle$ 为斜坡护面结构形式有关的糙渗系数。

在风直接作用下,单一坡度的斜坡式海堤正向不规则波的爬高在满足与规则爬高相同条件下,正向不规则波的爬高可按下式计算:

$$R_{1\%} = K_\triangle K_V R_1 H_{1\%} \tag{10.17}$$

式中:$R_{1\%}$ 为累积频率为 1% 的爬高;K_V 为与风速 V 有关的系数;R_1 为 $K_\triangle = 1$,$H = 1$ m 时的爬高,计算时波坦取为 $L/H_{1\%}$,L 为平均波周期对应的波长。

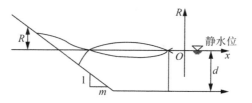

图 10.1 斜坡上波浪爬高示意图

对于其他累积频率的爬高 R_F，可用累积频率为 1% 的爬高 R_F 乘以换算系数 K_F 来确定。

从上述计算波浪爬高公式来看，设计波浪爬高与波高、波长、风速、堤前水深、断面结构和糙渗系数等有关。另外，其他海堤结构断面的设计波浪爬高计算公式，也与上述要素有关。海平面上升对上述系数的直接影响是增加堤前水深，但从上述公式看，堤前水深与设计波浪爬高似无明确的正负相关关系，但海平面上升同时会影响波高。试验研究表明，堤前水深增加，波高也会有不同程度的增加，水深较浅时增幅更大。

为分析水深变化对设计波浪爬高的影响，从海平面上升对浅海风浪和近海波浪影响的能量平衡角度，进一步探讨海平面上升对设计波浪爬高的影响。

在浅海中产生、发展、传播的波浪都受到水深的影响。因此，以下分别讨论在浅海中产生、发展的风浪和在岸边附近的拍岸浪受海平面上升的影响。

（1）对在浅海中产生、发展的风浪的影响

在浅海中产生、发展的风浪，其能量平衡方程可写为

$$\frac{\partial E}{\partial t} = R_N + R_T - R_M - R_F \tag{10.18}$$

式中：R_N、R_T 分别为风浪从风的正压力和切应力获得的能量；R_M 和 R_F 分别为涡动黏性和海底摩擦所消耗的能量。其表达式分别为

$$R_N = 4s\rho_a g \Gamma\left(\frac{5}{4}\right)\Gamma\left(\frac{3}{4}\right)(U - \bar{C})^2 \frac{\bar{A}}{\bar{L}\,\bar{C}} \mathrm{th}\left(\frac{2\pi d}{\bar{L}}\right) \tag{10.19}$$

$$R_T = 8C_D \rho_a g \Gamma\left(\frac{5}{4}\right)\Gamma\left(\frac{3}{4}\right)U^2 \frac{\bar{a}}{\bar{L}\,\bar{C}} \mathrm{th}\left(\frac{2\pi d}{\bar{L}}\right) \tag{10.20}$$

$$R_M = \frac{32}{\pi^{\frac{1}{2}}} b g \Gamma\left(\frac{5}{2}\right)\Gamma\left(\frac{5}{4}\right)\Gamma\left(\frac{3}{4}\right) \frac{\bar{a}^3}{\bar{L}\,\bar{C}} \mathrm{th}\left(\frac{2\pi d}{\bar{L}}\right) \tag{10.21}$$

$$R_F = \frac{64f\rho_\omega g^2}{3\pi^{\frac{3}{2}}} bg\Gamma\left(\frac{5}{2}\right)\Gamma\left(\frac{5}{4}\right)\Gamma\left(\frac{3}{4}\right)\frac{\bar{a}^3}{\bar{L}\,\bar{C}}\,\text{th}\frac{1}{\text{ch}^2\left(\frac{2\pi d}{\bar{L}}\right)\text{sh}\left(\frac{2\pi d}{\bar{L}}\right)} \quad (10.22)$$

式中：d 为水深；$\bar{L}$、$\bar{C}$、$\bar{A}$ 分别为风浪的平均波长、平均波速和平均振幅；U 为海面风速。

在浅海区，当水深较浅，$\frac{d}{\bar{L}} \leqslant \frac{1}{20}$ 时，$\text{th}\left(\frac{2\pi d}{\bar{L}}\right) = \frac{2\pi d}{\bar{L}}$，$\text{ch}\left(\frac{2\pi d}{\bar{L}}\right) = 1$，$\text{sh}\left(\frac{2\pi d}{\bar{L}}\right) = \frac{2\pi d}{\bar{L}}$，可见 R_N、R_T、R_M 随水深增加而变大，但 R_F 随水深增大而变小。将能量损耗项 R_M 与 R_F 比较，R_F 为 R_M 的 $31\ 336\left(\frac{\bar{L}}{d}\right)^2$ 倍，由此可见，随着水深的增加，能量损耗减小；而波浪由风获得的能量 R_N、R_T 都随水深增加而增大。因此，在海平面上升后，水深的增加将会直接导致在该处产生、发展的风浪的波高增大。水深对充分成长风浪波高的影响见图 10.2。

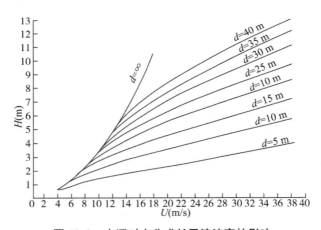

图 10.2　水深对充分成长风浪波高的影响

图 10.2 为根据能量平衡方程计算出的充分发展的风浪波高受水深影响的情况，$d = \infty$ 表示深海。可见，当水深增加后，风浪波高将随之发展增大。但当水深变化为 40～60 cm 时，波高变化仅有 10～25 cm，而当水深变化为 70～100 cm 时，波高变化可达 25～40 cm。在浅海，海平面上升可以造成海区风浪普遍增大的结果，但其绝对增加值不太大，这种影响主要存在于离海岸较远的浅海区。

（2）对近岸波浪的影响

波浪受水深和地形影响最大的地区在海岸附近，所以海平面上升对波浪影响最大的也是在这一地区。当波浪到达海岸附近的破碎带以后，波峰变陡，波谷变平，波形与孤立波类似，最后成为拍岸浪而破碎。此时的波浪要素只与水深 d 和波高 H 有关。

$$C = \left[gd \left(1 + \frac{H}{d} \right) \right]^{\frac{1}{2}} \tag{10.23}$$

而当波浪破碎时，破碎水深 d_b 与碎浪波高 H_b 有以下关系：

$$d_b = 1.28 H_b \quad \text{或} \quad H_b = 0.78 d_b \tag{10.24}$$

影响海堤安全的最大波高往往是拍岸浪的波高，而拍岸浪的波高随破碎点水深而变化。因此，当岸边水深由于海平面上升而增加后，该处的拍岸浪波高也随之增大。

（3）海平面上升对设计波高推算的影响

在短期（如 1 年左右）海平面变化所引起的水深变化以及由此而影响的波高变化，还不十分显著；但当时间较长（如数十年）后，海平面变化引起的水深和波高变化则相当显著。如上所述，2050 年和 2100 年我国近海海域海平面将分别上升38 cm 和 77 cm，这种变化将会对中国沿海的海岸工程设计波高的计算产生较大的影响。表 10.2 为中国近海部分港口推算点波浪破碎时的设计波高受海平面上升影响前后的计算结果。

表 10.2　中国沿海部分港口设计波高与海平面上升的关系

地点	推算点现有水深(m)	原设计重现期(a)	原重现期的设计波高(m)	设计期内海平面上升值(m)	海平面上升后，原重现期的设计波高(m)	海平面上升后，原设计波高的重现期降低(a)
汕头	6.5	100	5.1	0.5	5.5	58
连云港	5.6	100	4.4	0.6	4.8	62
石臼所	9.7	100	7.6	0.6	8.0	70
鲅鱼圈	4.7	50	3.7	0.4	4.0	38
北仑	4.5	50	3.5	0.3	3.8	40
北海	6.8	100	5.5	0.5	5.7	75

由上表可见，在 50 年或 100 年后，由于海平面上升，这些处于碎浪带附近海堤

的设计波高也随之增大,而按原来水深推算的设计波高的重现期将缩短数十年,这一波浪设计值或重现期的改变,将会对海堤工程的安全或寿命产生较严重的影响。

因此,在推算设计波浪爬高时,也要考虑海平面上升引起的堤前水深的增加对波高以及波浪爬高的影响。建议在新建海堤中至少考虑 2050 年海平面可能上升的低值,以此推算波浪爬高,用于海堤高程设计。

10.3 海平面上升对我国海堤设计标准的影响

我国目前的海堤工程一般根据不同防护规模和重要性采用不同的防潮设计标准。根据《防洪标准》(GB 50201—2014)要求,对特别重要城市、工程设施如电厂、核电等采用重现期 200 年一遇以上,重要城市为 100~200 年一遇,中等城市为 50~100 年一遇,一般城镇为 20~50 年一遇。我国大多数海堤采用 50 年一遇的设计标准设计。新的海堤工程设计规范自 2015 年 5 月 1 日开始实施。

未来中国海平面将继续上升,到 2030 年,全海域海平面上升将达到 0.08~0.13 m,由于存在显著地域差异,天津、上海、广东沿海海平面的涨幅可分别达到 0.075~0.145 m、0.098~0.148 m 和 0.083~0.149 m。2050 年珠江口绝对海平面将上升 0.09~0.21 m。未来海平面上升导致风暴极值水位的重现期明显缩短,至 2050 年,长江三角洲、珠江三角洲和渤海西岸 50 年一遇的极值水位将缩短为 5~20 年一遇。

表 10.3 是收集到的我国近海部分地区的海堤设计高水位的相对变化(因高程不一致,采用相对变化,便于考察对海平面上升的响应)。

表 10.3 我国沿海部分地区沿海海堤设计高水位相对变化

重现期 (a)	部分海堤设计高水位相对变化(m)							
	塘沽	连云港高公岛海堤	吕四电厂海堤	乍浦海堤	台州海堤	瓯江口龙湾海堤	港珠澳大桥	广西钦州龙门
10	—	−0.12	—	—	−0.36	−0.20	−0.23	−0.12
20	0	0	0	0	0	0	0	0
50	0.24	0.15	0.26	0.36	0.49	0.32	0.29	0.15
100	0.42	0.27	0.45	0.56		0.47	0.50	0.25
200	0.36	—	0.64				0.72	
300	—	0.46				0.78	0.85	0.44

从表 10.3 可以看出,在考虑未来海平面上升 0.08～0.14 m 的影响下,与 20 年一遇的设计高水位相比,50 年一遇的高水位将升高 0.15～0.49 m,100 年一遇的高水位将上升 0.25～0.56 m。与目前不考虑海平面上升的设计高水位相比,海平面上升将使得 50 年一遇的潮位下降到 10～30 年一遇的潮位,若再考虑风暴潮水位的非线性叠加影响,100 年一遇设计水位将变为 50 年一遇以下,50 年一遇的设计高水位将下降到到 20 年一遇以下。如果考虑 21 世纪末海平面上升 0.30～0.50 m,那么 100 年一遇的设计水位将退化到 20 年一遇左右的设计高水位;若再考虑波浪的变化,其重现期还将进一步降低。

因此,需要根据海平面上升预测结果合理规划沿海防潮标准,增加防潮设施的投入。按照目前测量及预测的速度,海平面上升导致海堤设计高水位重现期退化的幅度相当明显。这对我国沿海工程建设和防护,以及对海岸侵蚀防护的影响非常明显。

此外,海平面上升还导致岸滩侵蚀和防波堤破坏。海平面上升导致波浪和潮汐能量增加、风暴潮作用增强,沿海海岸侵蚀进一步加剧,并且使得岸边防波堤更易遭受破坏。由于各地区沉降的不同,相对海平面变化往往比绝对海平面变化严重,也加重了沿海地区发生海洋灾害的风险。

因此,在未来海堤规划设计中必须考虑海平面的长期变化和年内的变化。沿海地区的海堤设计标准需要相应提高,以防止海平面上升带来的高水位、浪和潮汐能量增加以及风暴潮作用增强的影响。

第十一章

沿海地区保障防洪安全的策略

风暴潮灾害居我国海洋灾害之首。在全球气候变暖背景下，海平面上升和风暴潮变化对我国沿海地区防洪安全提出了新的挑战。在综合分析海平面上升对风暴潮最高水位和最大增水的影响、对感潮河段防洪影响、对沿海地区海堤防御能力影响以及对海堤设计标准影响的基础上，提出以下保障沿海地区防洪安全的策略。

（1）沿海开发规划必须考虑海平面上升的影响

结合地方经济社会发展规划，进行海岸带国土和海域使用、开发前的综合风险评估工作，确定评估科目和要求，根据不同的重点开发内容，在沿海新建重大工程和开发区时必须注意海平面上升的影响，并提供详细、明确的风险警示。

针对沿海区域海平面上升的不同特点，在滨海城市开发建设、土地利用规划、海域使用规划、滨海油气开采、海岸和河道防护、港口码头建设等重大工程，以及海水养殖和海洋捕捞、种植业、观光旅游业等领域，全面提高防范海洋灾害的标准，如修订城市防护与海岸工程标准、海洋灾害防御工程标准、重要岸段与脆弱区防护设施建设标准等，核定警戒潮位和海洋工程设计参数，建设适应的防护设施，为沿海城市发展规划、海洋经济区选划、海洋功能区划、市政防洪能力建设等提供决策依据。

近年来沿海出现不少新建港口和开发区，包括浦东开发区和天津滨海新区等。这些地区都要考虑海平面上升这一因素。新建开发区和工业区的重要设施场地标高的确定，要考虑在今后数十年或百年内海平面上升允许的标高范围。应采取有力措施，坚固设防，同时要总结海平面上升给老城区发展带来的困难和问题，作为新城区制订规划时的借鉴。

（2）提高防御标准，加强海岸及沿河防御工程建设

我国沿海堤防工程大多标准较低，能抵御百年以上洪水或风暴潮灾害的不多。

海平面上升将导致堤围防御能力降低,使原设计抗 100 年一遇的工程只能抵御 20 年一遇甚至 10 年一遇的灾害。鉴于我国沿海产业结构发生的深刻变化,经济建设得到很大发展,同样风暴潮灾害会带来比以往更为严重的经济损失,为确保沿海经济建设和人民生命财产的安全,应按照经济发展程度,采用不同的工程标准,将加高加固沿海和大河口堤防纳入经济发展规划。

我国目前海堤高程大都由历史最高潮位、相应重现期的风浪爬高和安全超高 3 项参数相加得出。海岸防护存在的突出问题是:海堤标准低,抗御能力弱,综合防护措施不够。要改变这种现状,关键在于增加投入,适当修订现行海堤设计标准,重新确定海堤等级及划分依据,提高海堤防潮抗浪能力,使大部分海堤在现有基础上通过加高加固普遍提高一个等级。

长江三角洲、珠江三角洲、天津沿海地区地势低平,经济发达,人口密集,如无海堤(海塘)保护,这些地区五分之三的面积都将在高潮位的控制之下,尤其是社会经济发达的上海地区、太湖地区、江苏南通地区、浙江嘉兴地区都将成为高盐碱化荒漠地带。因此,海堤是该地区一切活动所依赖的生命线,而确保人民生命财产安全及正常的社会经济活动又是各级政府的首要任务。许多堤坝由于多年失修,防潮能力大大降低,已不能适应海平面上升对潮水的冲击,特别是遇到大潮时,更是一溃千里,因此对现有堤坝必须加固、加高、改建。另外,在高程 5 m 以下,仅有堤坝设防的沿海低地岸段,应建造新的堤防工程,特别是今后在沿海低地建设的重要建筑物,应设置相应的防护设施。

在全球气候变暖的情况下,海平面上升,灾害频次增加,强度增大,各级政府必须从全局出发应对。针对海平面上升现象,应逐年分期地增加对海堤、江堤建设的投资,海岸带、江岸带的新居民点、新企业,均应有防护安全基建资金,切实做好海堤、江堤的建设。在海岸带,要加强海岸的保护和管理,加强防护林建设,尤其是在冲蚀海岸段要切实提高海堤建造标准。

在城市地面沉降地区建立高标准防洪、防潮墙、堤岸,改建城市排污系统,对沉降低洼地区进行城建整治和改造,提高城市抗灾能力。提高建筑物基面,在沿海低平原地区,特别是河口三角洲地带,建设永久性重大工程时应适当提高其建筑基面,以免未来海平面上升时淹没建筑工程,造成重大损失。

加高加固沿海大堤,使之能抵御海平面上升 0.5 m 和 1 m,以及风暴潮增水和波浪爬高的侵袭。此外,随着全球气候变暖,暴雨频率和强度及其引发的洪水频率与洪量将会增大。因此,河流下游河口段防洪标准本已很低的河堤也应及时加高加固,防止未来海面上升、高潮和风暴潮顶托而发生洪涝大灾。

复核海堤结构安全,对存在防洪安全隐患的海堤进行局部改进。通过保滩养滩,增加堤前滩地高程,减小风浪作用,整体上提高稳定性、降低越浪的概率;由于防浪墙在超标准台风条件下可能不满足稳定要求,特别是不满足抗倾稳定条件,可采用增加墙体厚度或在外侧上坡增加消浪结构以减轻波浪浮托力的方式增加其抗倾能力;由于内侧草皮护坡在超标准台风条件下可能不满足稳定要求,可在内侧护坡增加砌石护面的占比,适当减小草皮护面,以及在护坡增加导流渠道和在堤顶道路内侧增设挡水矮墙等,减轻越浪水流对内坡的淘刷。

（3）全面增强和完善排水系统的建设

沿海城市和农村要提高排水（排涝）能力,需要新增和改建排水设施,以应对逐渐抬高的海平面。目前许多地方的排水设施连当前防潮标准都未达到,因此需要新建和改建一批排水泵站和挡潮闸,更新老化的设备,防止海水倒灌和积涝。制定排涝规划时要充分考虑外江潮位抬高的变化趋势,留有余地。整治河道,清除障碍,保证河道通畅,增加河道调蓄能力和排水能力,必要时拓宽河道,增加排水流量。海平面的上升导致泵站的排水能力下降,因此要更新或增加排水设备,改善市内排污排涝系统,特别是市区,一定要保证其绝对的安全性。

增强河口区的行洪排涝能力,建设坚固耐用的闸门,预先规划、设计和建立好行洪水道和行洪区,保持城市排水系统的畅通,防止海水倒灌。对于承担调蓄功能的内湖,在规划建设过程中,需预留洪港通道扩容、闸门扩建或新增强排泵站用地,保证其防护区域排洪排涝安全。

（4）加强防灾减灾能力建设

综合考虑海平面上升对一些洪涝灾害的加剧作用,加强风暴潮、咸潮、海水入侵和土壤盐渍化灾害的观测能力建设,建成立体化观测网络,强化风暴潮灾害的预警预报,进一步建立健全灾害应急预案体系和响应机制,全面提高沿海地区防灾能力。

完善和提高极端天气条件下的灾害预警报能力,建设国家、省（直辖市、自治区）、市、县四级的灾害预警报服务体系;加强灾害预警报业务化流程的能力建设,包括监测数据服务、预警报技术和预警报产品服务等环节,为沿海重点地区和重大工程应对灾害提供支撑和保障。

建设防灾减灾综合决策支持平台。加强现代科技手段在防灾减灾中的综合集成式应用,建立气候变化背景下的防灾减灾综合决策支持平台,完善重大灾情的监测、预警、评估、应急救助、灾后恢复重建的指挥体系。

（5）加强组织领导,强化海堤管理立法工作

各级领导应及早重视海堤管理,从源头抓起,成立海堤工程规划和建设工作领导小组,全面负责工程前期规划工作和后期建设管理的组织领导。明确责任,把管

理措施落实到海堤建设的各个阶段和环节，明确海堤管理责任主体，研究其管理体制。只有各相关单位积极配合，发挥整体合力，才能做好沿海防潮、防台工作。统筹协调，把海堤达标建设与海堤公路建设、堤防绿化和沿海防护林建设等有机结合起来，才能取得综合利益最大化。加强政策法规建设，出台有关海堤建设、管护等方面的政策法规，在海堤日常管理中做到有法可依、有章可循，严格执法。

（6）加强二道防线的梳理和完善

1949年以来，浙江省在河口海岸地区陆续实施了大规模的围垦，形成了大量的围堤和隔堤。此外，在沿海平原地区有纵横交错的交通网。如果这些围堤、隔堤（俗称二线）海塘以及交通网经过梳理和完善，将形成封闭的二道防线。因此，对于超强台风风暴潮的防御，除了对部分一线海塘及附属建筑物进行加固，降低一线海塘漫顶的风险外，还应分区域梳理和完善二道防线，从而形成一、二线联合防御风暴潮的体系，大幅度提升防御标准和能力，控制潮水倒灌范围，避免大面积损失。从9417号、9711号等台风情况来看，若未以二线塘、沿海公路等作为二道防线，所造成的灾难损失将更大。

（7）加强风暴潮减灾宣传和教育

充分利用新媒体、广播、电视、报刊及公益广告等多种渠道，广泛开展灾害管理教育，将灾害的"预防文化"融入人们的日常生活，营造全社会关心和参与防灾减灾工作的良好氛围。利用特殊的、与防灾减灾有关的节日，各地区可以通过现场参观、播放风暴潮防灾减灾影像视频资料、举办专题研讨会、开展群众互动和针对不同群众举办各类培训班、散发科普读物等形式对民众进行风暴潮防灾减灾知识的教育，提高认识水平和重视程度，增强自我保护能力。风暴潮灾害发生时，通过报纸、电视台、广播电台、网站等多种形式媒体，进行全市动员、全面宣传，播报灾害最新消息与防灾常识，通过手机短信向公众发布预警信息，将风暴潮信息和防范知识宣传到每家每户，以减轻风暴潮灾害带来的人员、财产损失。

第三篇

海平面上升对沿海地区水资源安全的影响

第十二章

咸潮上溯/盐水入侵与供水安全

12.1 典型沿海地区水资源工程概况

12.1.1 长江口供水工程及布局——江苏大丰区

为了实施沿海发展战略,2009 年江苏省水利部门编制了《江苏沿海地区发展规划》(以下简称《规划》)水利建设实施方案,提出了 2009—2012 年规划及主要发展目标。依据《规划》要求,2009 年 7 月底完成川东港、里下河四港整治工程可研报告,同时将川东港闸下移工程可研报告报省立项;10 月,完成临海引江供水线工程方案,次年完成九圩港拓浚、九圩港闸加固及泵站建设前期工作,实施后增加向洋口港区及如东、海安滩涂垦区供水。另外,2009 年完成了引江河二期、泰东河、卤汀河、黄沙港南段等河道拓浚工程前期工作,2010 年开工、2012 年建成;2010 年 6 月,完成南水北调洪泽湖以南三级提水泵站及新沂河尾水通道前期工作,2010 年开工、2012 年建成。

大丰区位于淮河流域尾闾,属里下河沿海垦区。20 世纪 80 年代土地资源调查统计的全市土地面积为 2 367 km²,随着滩涂淤涨、海上苏东建设,大丰区不断进行滩涂匡围,目前,围垦面积已达 692 km²,土地面积 3 059 km²。大丰区沿海滩涂新垦区主要从事水产养殖业,由于围垦时没有进行系统的水系规划,新垦区的水利基础设施建设相对滞后。根据沿海滩涂新垦区的现状水利条件,各垦区内的养殖业主因地制宜,有淡取淡,无淡纳海,形成了海淡不分的供水格局。多年来,新垦区的供水水量和水质一直无法得到保证,水资源供需矛盾悬而未决,不能满足垦区内生产需求,严重遏制了新垦区生产效益的提高。

通榆河为大丰垦区的主要供水水源,设计供水能力为 100 m^3/s,距海边约 50 km,通过垦区内部引排河道向滩涂引水,输水线路长,沿途损耗多,输送到沿海滩涂的水量已寥寥无几。

关于沿海开发滩涂供水,江苏省水利厅组织编制的《里下河地区水利规划报告》中,将川东港作为里下河排涝第五大港,并形成向滩涂供水 50 m^3/s 的专道。报告还提出了海堤河的设想:"整理利用老海堤内侧取土塘,逐步形成海堤河",首先"在川东港、竹港、王港闸西侧扩挖,串通三港,并接通大丰干河,形成川东港至斗龙港的海堤河"。川东港闸下移工程作为《江苏沿海地区发展规划》第一个水利建设项目,先行实施,该工程于 2010 年初开工建设,于 2010 年 7 月通过江苏省水利厅组织的水下验收。

今后大丰沿海滩涂供水将立足于川东港,于川东港临海端开辟一条南北向供水干河——海堤河,通过海堤河将淡水输送至沿海滩涂。《江苏沿海地区发展规划》提出至 2020 年围垦滩涂 270 万亩。为了保证大规模滩涂围垦开发用水,结合进一步提高沿海中北部的供水保证率,规划提出开辟临海供水线,向沿海南部供水,并将通榆河供盐城南部的水源向北输送。

大丰川东港以南为高亢地区,本身规划为川南灌区,可视为提水地区,临海供水线可直接供至川东港以南。川东港以北为自流引水地区,已形成一套自流引排体系,在川东港开通后,供水水源立足于通榆河和川东港。为了既不打乱原有水系,又能提高供水保证率,可在川东港边预留一个接口,作为大丰滩涂供水的第二水源,在大丰地区干旱季节,作为应急备用水源。

12.1.2 珠江口供水工程及布局——广东省珠海市

珠海市位于广东省南部,西江下游,2023 年人均 GDP 为 17.03 万元,是我国发达城市和经济特区之一。其境内河流众多,属于典型的三角洲网河区(见图 12.1),过境水量十分丰富,且水质较好。磨刀门、鸡啼门、虎跳门多年平均净入海水量分别为 999.8 亿 m^3、213.4 亿 m^3 和 218.8 亿 m^3,水质均达到《地表水环境质量标准》(GB 3838—2002)Ⅱ类,是珠海市的主要供水水源;而其境内的崖门水道受咸海水控制,不作为供水水源。此外,珠海市还肩负着给中国澳门供水的任务。由于给澳门供水的水源全部来自竹仙洞水库,且澳门的需水较为稳定,目前已满足澳门的用水要求,因此在配置计算时,直接把竹仙洞水库作为澳门供水水源,而珠海市的供水不考虑从中取水。虽然珠海市地表水资源总量十分丰富,但在枯水期受咸潮影响,磨刀门、鸡啼门和虎跳门水道附近近海的一些河段水中氯化物含量较高,盐度超标严重,水质达不到城市用水标准,造成珠海市供水紧张。

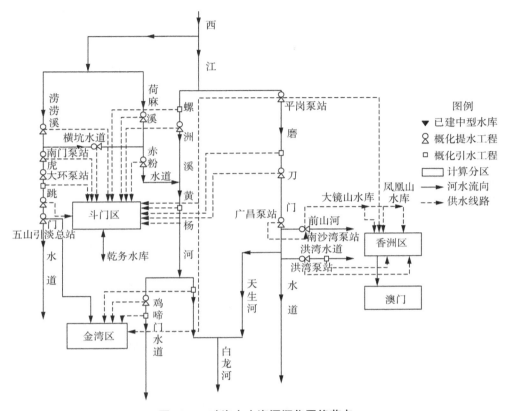

图 12.1　珠海市水资源概化网络节点

　　由于澳门、珠海的供水规模不断增长,而上游来水偏枯,两地供水已经连续多年在冬春季节受强咸潮袭击,严重影响人民的生活质量。为此,2005 年和 2006 年春节前夕,在水利部和国家防汛抗旱总指挥部的直接领导下,成功实施了珠江压咸补淡应急调水,有效缓解了澳门及珠江三角洲一些城市的供水紧张局面,取得了良好的社会效益。

　　然而,调水工程始终无法从根本上解决珠江河口咸潮上溯带来的一系列问题。为保障澳门、珠海的供水安全,水利部珠江水利委员会进行了保障供水的全面规划。根据珠海市现有供水工程状况和新增供水工程的可能性,新建鹤洲南平原水库、扩改建平岗泵站及增设平岗至广昌泵站的输水管道可以在一定程度上解决珠海和澳门的供、用水问题。

12.2　咸潮上溯的基本特征

咸潮又称咸潮上溯、盐水入侵，是指海洋大陆架高盐水团随潮汐涨潮流沿着河口的潮汐通道向上推进，盐水扩散、咸淡水混合造成上游河道水体变咸的现象。也有学者认为，咸潮是指沿海地区海水通过河流或其他渠道倒流进内陆区域后，水中的盐分仍然达到或超过 250 mg/L 的自然灾害。海洋学上一般用盐度来表征海水含盐量($S‰$)，表征咸潮的参数还可以为氯化物含量(以 Cl^- 计，或者简称咸度、含氯度)。海洋学上盐度与氯度的换算关系多采用公式 $S‰=0.030+1.805\ 0Cl‰$，根据《卫生标准》(GB 5749—2022)，生活饮用水水源中氯化物含量应小于 250 mg/L。《地表水环境质量标准》(GB 3838—2002)中关于集中式生活饮用水地表水水源地补充标准中氯化物的限值也是 250 mg/L。当河道水体氯化物超过 250 mg/L，就属于水质超标。

咸潮上溯是河流入海口的一种自然现象，在我国长江三角洲及珠江三角洲河口区比较常见。然而，咸潮上溯会对居民生活用水、农业用水、城市工业用水等带来相当大的不良影响。随着经济的高速发展，咸潮造成的经济损失也越来越大，迫切需要提高对咸潮活动规律的认识、合理开发利用河口地区的淡水资源。

（1）长江口盐水入侵的基本特征

长江口河口段自江阴至口门长约 200 km，径流与潮流相互消长，河槽分汊多变。长江口自徐六泾以下经过三次分汊，共形成四个入海通道。崇明岛将长江口分为南支和北支；长兴岛和横沙岛又将南支分为南港和北港；南港又进一步被九段沙分为南槽和北槽，形成三级分汊，四口入海的形式，如图 12.2 所示。

长江河口为径流与潮流相互消长非常明显的多级分汊沙岛型中等潮汐河口。宽约 90 km 向东、黄海敞开的口门接纳外海巨大的潮量，虽然长江水量丰沛，但是在枯水期，长江口的盐水入侵经常造成黄浦江下游河段和长江口徐六泾以下河段氯化物等溶解盐类剧增，给上海人民的生活和工农业生产带来严重影响。长江口属于部分混合型河口，盐水侵入时与淡水的相互混合使水体密度发生变化，由此产生密度流，方向始终指向上游，产生密度斜压效应，使得涨潮流速加大，而落潮流速减小。由于表层盐度小于底层，表层与底层的流速变化不一致，导致大范围的垂向环流。河口盐水入侵的盐水界(盐度为 0.05%)枯水期南港在五号沟附近，北港在六滧港附近，崇明岛及南港马家港以下水域直接受外海盐水入侵上溯影响。北支水沙倒灌的盐水团影响范围分别到达南、北港的吴淞口及堡镇港，严重影响了南支的水质和水源地的建设。

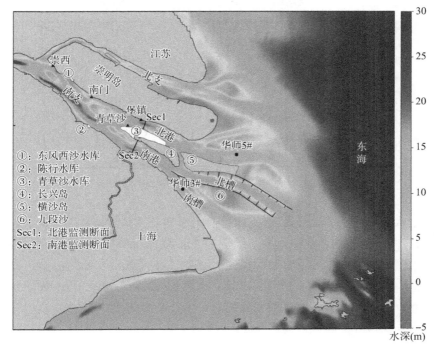

①：东风西沙水库
②：陈行水库
③：青草沙水库
④：长兴岛
⑤：横沙岛
⑥：九段沙
Sec1：北港监测断面
Sec2：南港监测断面

图 12.2　长江河口形势图

　　长江口盐水入侵上界可达徐六泾,自徐六泾至吴淞口为南支河段,全长约 70 km,该河段上段有白茆沙,中有扁担沙,下有中央沙,把南支河段分隔成分汊河道,其中南分汊为主汊道,水深 8～11 m。过吴淞口后长江口南支由长兴岛分隔为南北港,九段沙又把南港分为南北槽。南北槽、北港均存在最大浑浊带和拦门沙,拦门沙滩顶水深多在 6.0 m 左右。吴淞口至南槽口门 4# 灯标约 75 km。

　　长江口水域由 3 种水团组成,它们之间有两个界面:一是盐水楔,它是河流水团和混合水团之间的界面;二是混合水团和陆架海水水团之间的界面,在河口锋前沿。河流水团的含盐度在 0.05‰ 以下,混合水团的含盐度为 0.05‰～3‰,而陆架海水水团的含盐度则在 3‰ 以上。混合水团又可分为河口低盐水(0.05‰～0.5‰)、中盐水(0.5‰～1.8‰)和高盐水(1.8‰～3‰)。

　　其中高盐水入侵长江口外,以弱侵型较多,强侵型较少,强侵型约为弱侵型的三分之一,大多集中于夏季。总体而言,高盐水全年均可入侵长江口外,其向西的入侵范围可用前缘边界的底层位置作标志,据统计,它最西可抵达长江口外的 10 m 等深线附近,其多年平均位置接近 30 m 等深线,并略呈南北向,大致与长江水下三角洲前缘相吻合(图 12.3)。

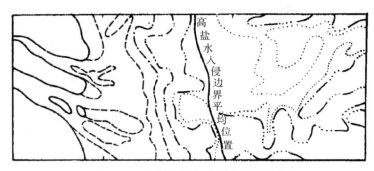

图 12.3　高盐水入侵边界的平均位置

　　高盐水在垂向上的入侵状况,无论是前沿水还是主体水均以 10 m 水深为界,上、下层有较大的不同。前沿水在下层全年可以入侵,而在上层,夏季,即长江的盛汛期(6—9 月),其入侵状况在很大程度上受到长江入海径流量的限制。通常,前期(上月)流量在 40 000 m³/s 以上,当月则无前沿水入侵;前期流量在 40 000 m³/s 以下,当月就有前沿水入侵。

　　入侵长江口外的高盐水具有高温的特征(图 12.4)。一年中从 2—9 月温度逐趋升高,以 9 月为最高,可达 29.5 ℃,从 9 月到翌年 2 月温度逐渐降低,以 2 月为最低,可低至 7.5 ℃。主体水在 3—10 月的上层水温高于下层,冬季上、下层的温差很小,有时趋近一致;前沿水在 5—10 月的上层水温高于下层,其余月份,上、下层的温差较小。两种水体相比,在同层次上主体水的水温均高于前沿水。

　　侵入长江口外的底层高盐水主要源于东海南部陆架水域的台湾暖水,它的相当部分来自台湾东北的黑潮次表层水,夏季上层水主要是来自台湾海峡的水。台湾暖水主要由台湾暖流携带入侵,其入侵范围既受到长江径流的深刻影响,更取决于台湾暖流的季节性变动。夏季在西南风的作用下,台湾暖流流幅变宽,流量增大,强度增强,同期北部的黄海沿岸流南下势力减弱,因此台湾暖流的北上势力加强,其表层最北可流侵到 28°N 附近,深层可逼近 30°N。又因夏季正值长江盛汛期,大量入海径流以冲淡水形式漂覆上层,并向东远流外海,加强了河口纵向环流,导致台湾暖水在冲淡水层以下向西补偿,故使主体水多在下层以补偿流性质入侵长江口外。冬季在东北季风的作用下,台湾暖流流幅变狭,流量减小,强度减弱,加之同期的黄海沿岸流南下势力增强,因此台湾暖流的北上势力较弱,一般情况下主体水不易入侵到长江口外。然而,对前沿水来说,冬季长江入海流量减少,冲淡水扩散范围缩小,河口纵向环流减弱,垂直混合加强,致使它在整个水层均能入侵到长江口外,且入侵边界比夏季偏西。

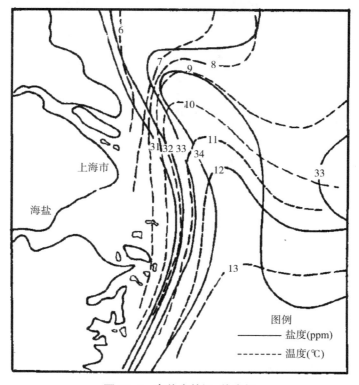

图 12.4　高盐水的温、盐度场

　　较为单一的河口盐水入侵具有强度下游强、上游弱,盐度下游大、上游小,沿河道纵向盐度变化趋势较为一致的特点。然而,长江口空间尺度较大,河势复杂,动力因子多变,盐水入侵在空间上纵向、横向和垂向存在差异。同时在时间上存在不同尺度下的变化,小时间尺度有涨落潮变化,中时间尺度有大小潮变化,大时间尺度有季节和年际变化。徐六泾节点以上的江阴—南通河段被淡水控制,而在徐六泾以下的多级分汊区段,盐度分布因各汊道分流比不同而产生差异。

　　长江口盐水入侵的空间变化特征可总结为如下几点:北支中段至口门纵向盐度向海递增;南支—北港纵向上的盐度在大潮期间表现为"两头高,中间低",小潮期间表现为"低—高—低—高";北港的盐度在大小潮期间均向海增加,且大潮期间的盐度要大于小潮;南槽大小潮期间表底层盐度均自陆向海逐渐升高。从口门横向上看,各入海汊道中,北支盐度最高,南槽次之,北槽再次,北港最低,口门南侧的南汇嘴盐度低于北侧的启东嘴;南支上段崇头附近在落憩前后出现较为明显的盐度垂向差异,底层盐度大于表层盐度,而在南支其他河段盐度垂向则趋于均匀;北港在涨憩时刻均有不同程度的盐度分层现象出现,而南港盐度在垂向上较为均匀,在北港和南槽的口门附近盐度垂向差异显著,有明显的盐水楔现象出现。

时间变化特征可总结为如下几点:以半日为小时间尺度变化,盐度表现出明显的涨落潮变化,在涨憩前后达到极大值,在落憩前后达到极小值,且盐水入侵强度存在明显的日不等特征。以半月为中时间尺度变化,大小潮时盐水入侵强度也不尽相同。以季节为大尺度时间变化,长江口盐水入侵的强度会随着径流量的季节性变化产生差异,盐水入侵一般枯季较强,洪季较弱。以年际为更大尺度时间变化,长江口盐水入侵的强度会随着径流量的年际变化产生年际差异,盐水入侵一般在枯水年较强,丰水年较弱。

盐度日变化过程线与潮位过程线完全相似。潮位在一天中有两高两低相对应,盐度在一天中也出现两高两低且具有明显的日不等现象。最大、最小盐度值与高、低潮位在相位上有一定差别,与潮流速的相位却比较一致。盐度最大值与最小值一般出现在涨憩前后和落憩前后,这表明盐度变化与潮流具有更密切的关系。潮流与潮位的相位差主要取决于潮波的传播性质,从而最大最小盐度值与高低潮位相位差的大小也与潮波性质有关,在以前进波为主的落潮槽中(如南支、南港、北港等的全槽),最大、最小盐度值一般在高、低潮位后 2~3 h 即中潮位附近出现,相位差较大;在以驻波为主的涨潮槽中(如北支、新桥水道等),最大、最小盐度值在高低潮位附近时出现,相位差相对较小。

长江口在半月中有一次大潮和一次小潮,日平均盐度在半月中也有一次高值和一次低值,这表明潮差的大小对盐度也有影响,影响大小与上游来水量多寡有关。据 1975 年、1976 年、1978 年三年氯度半月变化曲线分析,当大通站月平均流量在 30 000 m³/s 以上时,潮差对吴淞水厂氯度变化的影响甚微,变幅仅为 ±15 ppm 左右;当流量小于 30 000 m³/s 时,潮差对氯度的影响逐渐显现。前期流量对氯度的半月变化也有较大影响,若洪季径流量大,进入枯季后即使流量急剧下降,氯度值也不会马上随潮差变化,如 1957 年洪季流量比常年大,12 月平均流量降至 12 600 m³/s,但氯度随潮差的变化直至翌年 2 月下旬后才有显示。盐度高、低值出现的时间与潮差的关系在长江口一般呈现两种情况:一种是由大潮到小潮盐度逐渐增高,由小潮到大潮盐度逐渐降低,即小潮期盐度比大潮期高;另一种是与上述情况相反,大潮期盐度比小潮期高。表底层含盐度差值也与大小潮有关,大潮时因盐淡水混合得好,差值小,小潮时因盐淡水混合不充分,分层现象明显,差值大。

长江径流有明显的季节变化,一般 5—10 月的径流量较大,约占年径流量的 70%,称为洪季,其余 6 个月为枯季。最大流量常出现在 7 月,最小流量常出现在 2 月。盐度变化与径流量变化有密切关系:径流量大,盐度低;径流量小,盐度高。

长江口盐度的年际变化与大通站平均流量有很好的对应关系,丰水年盐度低,枯水年盐度高。

(2)珠江口咸潮上溯的基本特征

珠江三角洲是西江、北江与东江共同冲积而成,是放射形汊道的三角洲复合体,呈倒置三角形,面积约 1.1 万 km²。珠江三角洲由西北江三角洲、东江三角洲和注入三角洲的其他各河流流域所组成,然后经虎门等八大口门注入伶仃洋、磨刀门外海区及黄茅海。珠江三角洲河口区的潮汐属于不正规半日潮,珠江八大口门平均潮差在 0.85~1.56 m,均属于弱潮河口。

图 12.5 为鸡啼门黄金站 2001 年 2 月 7 日实测逐时潮位及盐度过程图,图 12.6 为磨刀门水道挂定角站 2009 年 11 月 3 日 5 时至 4 日 4 时实测逐时潮位与盐度过程图。由两图可知,由于珠江三角洲潮汐具有不规则半日周期变化,盐度变化也有此周期现象。一个潮周期内,与潮位的高低相对应,盐度也出现高低现象。珠江三角洲河口区盐度的变化与潮位变化一致,即盐度最大值与最高潮位相一致。盐度过程与潮位过程则有一定的相位差,滞后 1~2 h。

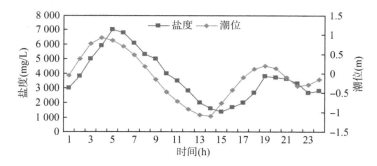

图 12.5 黄金站潮位及盐度过程

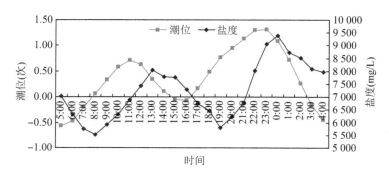

图 12.6 挂定角站潮位与盐度过程

珠江口潮汐在半月中一般出现大潮和小潮各一次,相应地,日平均盐度也出现高值区和低值区各一次(图12.7、图12.8),它们之间的关系也较复杂。珠江三角洲磨刀门上游是西江干流水道及西江主要的泄洪输沙口门。随着人口、经济的快速增长,磨刀门水道日益成为江门、中山、珠海及澳门的重要水源地。对磨刀门水道联石湾水闸、沙湾水道沙湾水厂及三灶站的较长观测资料进行咸潮上溯的半月周期变化分析,结果表明,各水道含氯度日最大值出现时间有差异,沙湾水厂日最大值与潮差日最大值出现时间总体一致,并且最小值对应小潮,而联石湾水闸日最大值比潮差日最大值提前3~5 d。

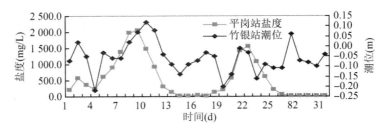

图12.7 平岗站盐度与竹银站潮位变化

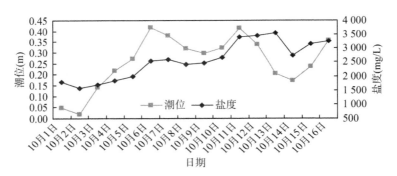

图12.8 2009年挂定角站潮位与盐度变化

由于珠江径流具有明显的季节变化,珠江三角洲河口区盐度也相应具有季节变化,南抽站、闸外站月平均盐度与上游来水月平均流量具有良好的负相关,见图12.9。一般枯季10月到次年3月,河水流量较少,盐度较高;汛期4月到9月雨量多,上游来水量大,咸界被压下移,大部分地区咸潮消失,为低盐期。

珠江三角洲河口区盐度与流量有较好的对应关系,丰水年盐度低,枯水年盐度高,超标(超过250 mg/L)时间长,见图12.10。

珠江三角洲河口区盐度在河道沿程自下而上逐渐递减,体现出盐度的变化与

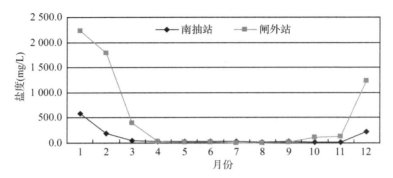

图 12.9　2001 年各测站月平均盐度变化

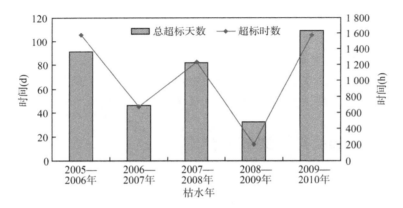

图 12.10　联石湾水闸盐度超标的年际变化图

注:总超标天数即出现咸潮总天数,统计时间段为 10 月 1 日至次年 2 月 28 日。

潮流运动规律关系密切。盐度的沿程变化程度受流量、涨潮势能大小以及河相、地形、地貌、海平面上升等因素的影响而有不同程度的差异。一般来说,流量和潮汐是影响盐度的主要因素。上游来水量大,潮波上溯距离短,盐度低,反之,潮波上溯距离长,盐度相对增高。大潮时盐度高,咸潮上溯距离较长,反之则情况相反。越靠近海洋的地区,潮汐影响越强。以磨刀门水道为例,从河口向上游分别对挂定角、广昌泵站、大涌口水闸、灯笼山水闸、联石湾水闸、平岗泵站分析河段盐度沿程变化情况,见表 12.1。从中可以看出,盐度的沿程分布大致从下游到上游逐渐降低。由表 12.2 可以看出八大口门中,洪奇沥、横门、磨刀门受咸潮上溯影响小于其他口门。盐度在河口区各水道近口段的分布,与各河道的河泄分配数、河口地形、潮汐、水深、山潮比、海平面上升等因素关系密切。

表 12.1 磨刀门水道盐度沿程分布　　　　　　　　　　　　　单位:mg/L

时间	挂定角	广昌泵站	大涌口水闸	灯笼山水闸	联石湾水闸	平岗泵站
2005 年 3 月 30 日	1 716	600	689	524	168	14
2010 年 2 月 21 日	3 134	2 443	2 497	2 701	2 209	412

表 12.2 珠江三角洲八大口门含盐量变化　　　　　　　　　　单位:‰

时间	潮流态	虎门三沙口	蕉门南沙	洪奇沥万顷沙西	横门横门	磨刀门灯笼山	鸡啼门黄金	虎跳门西炮台	崖门黄冲
1965 年 1 月 2 日	涨憩	4.12	2.92	0.66	0.05	0.73	3.59	2.06	2.65
	最大	6.38	6.46	1.43	2.60	3.75	10.82	6.71	5.76
1965 年 4 月 2 日	涨憩	1.90	1.13	0.23	0.11	0.03	3.72	2.30	1.37
	最大	1.97	2.31	0.35	0.61	0.03	6.07	2.28	1.57

珠江三角洲河口区盐度在垂直方向上存在上下层的盐度差。一般来说,入侵的咸水密度大,侵入淡水下层,而密度相对较小的淡水,浮于咸水上层。所以盐度表现为上层低、底层高。如果混合作用强烈,则上下层盐度较一致。

12.3 长江口典型年份供水安全

2006 年夏季,长江流域发生严重的干旱。四川盆地在该年 7—8 月份最高气温高于 40 ℃ 的天数超过 40 d,为近百年来罕见;重庆寸滩水文站记录的水位也为近百年之最低。8 月 19 日 8 时,宜昌水位仅 40.79 m,比历史同期最低年份 1994 年的 41.40 m 还低 0.61 m。受其影响,荆江太平口、松滋口和藕池口来水量为有记录以来的同期最低水平,安乡河、松滋河(东支)和藕池河相继断流。9 月 29 日下午 2 时,长江武汉关水位跌至 15.98 m,创下 1865 年有实测记录以来的同期最低值。长江大通站 5—12 月和次年 1 月的近 45 年月平均径流量分别为 33 600、40 600、50 800、44 600、40 200、33 500、23 100、14 500 和 10 900 m³/s,在 2006 年 5—12 月和 2007 年 1 月大通站月平均径流量分别为 30 700、38 500、37 300、27 400、19 100、14 600、13 800、13 400 和 10 500 m³/s。

长江河口盐水入侵主要与径流量和潮汐潮流有关。在历史上的特枯水文年,长江河口经常发生严重的盐水入侵。例如在 1978 年 11 月至 1979 年 5 月,长江出现长时间的低径流量,致使崇明岛被盐水包围长达 3 个多月,给工农业生产和居民用水造成了严重的困难。观测结果表明,长江河口在大潮期发生了严重的盐水入侵(见图 12.11),北支向南支倒灌的盐水在南支分汊口崇头底层盐度达 21 mg/L,表层盐度达到 17 mg/L,盐水倒灌十分严重。北支倒灌盐水在南北支分汊口南支水域,垂向分层明显,底层盐度大于表层盐度,南支中上段其他水域因强烈潮混合作用垂向分布均匀。南槽外海的盐水入侵也较严重,在白龙港盐度达到了 6 mg/L。在陈行水库取水口外侧,盐度达到 1.3 mg/L,超过盐度取水标准 0.5 mg/L。淡水仅出现在吴淞一带较小的范围内。一般在 10 月,很少发生较强的盐水入侵,2006 年 10 月发生如此强的北支盐水倒灌很少见,其原因是当时长江径流量仅约 13 000 m³/s,即长江流域的严重干旱导致的低径流量引起了盐水入侵的大幅提前。

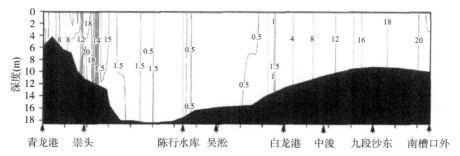

图 12.11　从北支青龙港至南槽口门的盐度纵向分布

图 12.12 给出了上海市主要水源地及供水范围。在陈行水库,前一个盐度最大值出现在 2006 年 11 月 25—26 日,达到 2.0 mg/L;后一个盐度最大值出现在 12 月 10 日,达到 1.3 mg/L。可见,陈行水库受北支盐水倒灌影响明显,从崇头处的倒灌高盐水,随涨潮流和落潮流上下振荡,受径流作用下移。从两站盐度最大值出现的时间比较,可知崇头高盐水下移至陈行水库大约需要 2 d 时间。这个时间差对于陈行水库的调度是很重要的:只要监测到崇头盐水倒灌严重,那么还有大约 2 d 的时间做应急准备。船只定点观测一般仅 26 h 左右,无法得出上述北支高盐水进入南支后到达陈行水库的时间。按照水务部门规定,当盐度超过 0.5 mg/L,江水就不能作为水源供居民饮用。观测期间长江径流量均超过 12 000 m³/s,所对应的上述两次盐水入侵,陈行水库的最长不宜取水时间分别达到 4 d 和 3 d。陈行水库作为上海的水源地之一,盐水对其的入侵直接影响了上海市的供水安全。

上海市原水股份有限公司监测结果显示,1998 年 12 月至 1999 年 4 月枯季出现的盐水入侵,是近 20 年来最严重的。更值得注意的是,由于北支严重盐水入侵并倒灌南支,2001 年洪季的 8、9、10 月中旬长江口也发生氯度超标的情况。据 2001 年 9 月 18—19 日 26 h 实测资料,北支连兴港氯度为 14 200～16 800 mg/L,

图 12.12　上海市主要水源地及供水范围

青龙港为 1 600～9 400 mg/L,南支崇头在 500 mg/L 左右,宝钢陈行水库也达到
400 mg/L,而下游的长兴岛均在 100 mg/L 以内。2014 年 2 月发生了自 1993 年以
来持续时间最长的咸潮入侵事件,导致青草沙水库和宝钢水库最大氯度分别达到
5 000、1 129 mg/L,严重影响了上海市的供水安全。由宝钢陈行水库 1987 年、
1996 年、1999 年和 2014 年枯水季氯度不断上升的趋势可知,长江口盐水入侵加剧
已是不争的事实。尤其是随着全球气候持续变暖,洪季盐水入侵事件更加频繁,例
如,2022 年长江流域出现汛期反枯,导致长江口咸潮入侵,严重威胁了上海市的供
水安全。

　　盐水入侵给工农业生产和人民生活带来了严重危害。1978 年 12 月至 1979 年
3 月特枯水期间,盐水严重入侵长江口,吴淞站最大氯度达 4 140 mg/L,崇明岛受
盐水包围,加重了黄浦江水的黑臭,也使崇明区早稻的种植面积减少了超过
1 000 hm²,造成上海市的直接经济损失在 1 400 万元以上,间接经济损失超过
2 亿元。

12.4　珠江口典型年份供水安全

　　近年来珠江三角洲地区冬季咸潮持续时间增长、上溯影响范围变广、强度增大，严重影响了沿岸城镇饮水安全和农业灌溉用水的需求，受影响的城市和地区包括广州、中山、珠海、澳门和深圳等。2004—2005 年冬，珠江三角洲爆发了 42 年来最强的咸潮，迫使 2005 年初首次实施了珠江流域大规模的远程跨省区调水，即从西江调水压咸的应急措施。此后为了确保珠三角地区和澳门特别行政区的供水安全，每年的枯水季均需根据水情预报对水量进行调度。2007 年 9 月下旬伊始，华南大部分地区持续少雨，11 月份北江流域跌破百年新低，至 12 月中旬，广东的平均降雨量仅次于 1992 年的历史同期最小值，导致广东西部出现 30 年一遇的重旱。珠海市的广昌、裕州、平岗 3 个主要泵站均受到咸潮的侵袭。自 2010 年以来，珠江口沿海海平面持续处于高位，而高海平面显著加重了咸潮入侵的危害。

　　图 12.13 给出了磨刀口水道咸情站分布情况。2009—2010 年枯水期，磨刀门水道主要取水点联石湾水闸、平岗泵站及稔益水厂盐度出现超标（盐度大于 250 mg/L）日期最早。其中，联石湾水闸咸潮出现最早时间比咸潮影响严重的 2005—2006 年枯水期提了半个月，平岗泵站较 2005—2006 年枯水期早 11 d，稔益水厂更是提前了 1 个月。

　　珠江河口毗邻香港和澳门，人口密集、经济发达，需水量很大。受地形、地貌影响，珠江三角洲地区不适宜兴建大型蓄水工程，当地供水 80％～90％依赖流域上游的入境水，河道内提水是珠江三角洲供水的主要方式。冬春季节每当珠江上游来水偏少时，就会发生海水倒灌形成咸潮，致使河道水流变咸，无法直接从河道中提水。因此，20 世纪 80 年代规划建设了澳门珠海供水工程，形成了"以江水为主、库水为辅，江库联通、江水补库、库水调咸"的珠澳供水水源系统。即当取水口水体含氯度满足取水水质要求时（即水体含氯度不超过 250 mg/L，对应盐度不超过 0.05％），由泵站直接抽水向水厂供水，多余部分向水库补水；当含氯度超过 250 mg/L 时，依靠蓄淡水库供水。这一供水方式为保证澳门、珠海的供水发挥了十分重要的作用。然而，受河口地区自然地形条件的制约，蓄淡总库容通常不可能很大，据调查，珠海目前调蓄库容约 3 000 万 m³，以现有日用水 70 万 m³ 计（含澳门），可维持 40 多天，即使算上最多可掺兑的 1 000 万 m³ 咸水，能维持的天数不超过 60 天。通常情况下，取水口水体含氯度在平水年份持续超标历时不长（广昌泵站连续超标时间一个月左右），利用水库调咸可基本维持正常供水。但在枯水年份，取水口水体含氯度持续超标历时较长（广昌泵站连续超标时间可达三四个月），

图 12.13 磨刀口水道咸情站分布

当地水库蓄淡水量就不能满足调咸要求,常需要抽取含氯度 250～600 mg/L,甚至 1 000 mg/L 的原水,与水库中的淡水掺混后按含氯 400 mg/L 或以上维持供水。

近年来,该地区的供水危机日益突出。一方面,随着经济的不断发展,该地区的需水量增长很快。如 2012 年珠澳总用水量 5.53 亿 m³,到 2022 年则增长为 6.43 亿 m³,年均递增 1.52%。尤其随着澳门旅游业的快速发展,游客人数由 2012 年的 2 800 万人次增至 2019 年的 3 940 万人次,年总用水量相应由 7 528 万 m³ 增至 9 281 万 m³,相比 2012 年增长约 23.3%。另一方面,受极端天气与全球性气候变化等影响,近年流域干旱频发,平均降水量比多年平均降水量减少约 40%,导致上游实际来水严重偏少,蓄淡水库基本都没有达到满蓄程度,使整个流域用水更为紧张。如 2005 年 1 月珠海的调蓄库容存水仅 50% 左右,且其中近一半为含氯度 500 mg/L 的超标咸水,2006 年 1 月水库存水不到 40%,其中含一半超标咸水。同时,上游来流减少导致河道径流作用减弱,尤其加上珠江三角洲人类活动对河道的较大影响,咸潮活动趋于严重,咸潮灾害频繁发生,1993 年、1999 年、2003—2006

年枯水期均发生过较严重的咸潮上溯。2004年春强咸潮发生期间，影响范围扩大到广州、东莞、中山、佛山的大部分地区，总影响人口超过1 000万人，珠江三角洲部分水闸和泵站不能取水的天数已达到170 d，只能低压供水，并将供水标准降低。2005年1月9—12日，咸潮致使广州沙湾水厂取水水道的含氯度高达8 750 mg/L[《地表水环境质量标准》(GB 3838—2002)规定，当河道水体氯化物含量超过250 mg/L，属水质超标]。不仅如此，近年来枯水期珠江口的咸潮更呈现出强度大、周期长等态势，尤其是2021年以来珠江流域持续偏枯，更容易导致咸潮入侵。2021—2022年枯水期，因极端干旱导致的咸潮入侵，致使东莞市超400万人的用水安全受到威胁，严重影响了当地正常的生产、生活秩序和生态环境。

第十三章

海平面上升对长江口盐水入侵的影响

13.1 计算区域与计算网格

计算区域从长江口上界取到洪季潮流界江阴,北边界到吕四港以北北纬 32.5°,南边界到舟山岛南侧纬度约 29.25°,东边界至外海等深线约 50 m 处,经度为 124.5°,模型覆盖了整个长江口和杭州湾,模型的面积约 104 400 km²。

长江口水流盐度模型所使用的地形资料为 2002 年实测水下地形,深水航道工程局部区域为 2005 年 11 月测量资料。长江口区域计算网格见图 13.1。

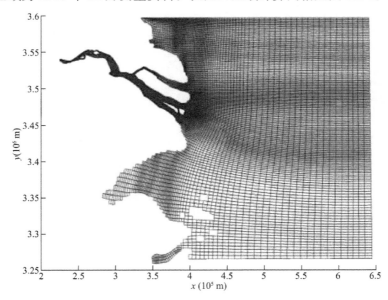

图 13.1 长江口区域计算网格

13.2　初始边界条件

模型的初始条件采用冷启动方式,初始值设为 0。以第一个潮周期循环计算,水动力可迅速稳定。长江口盐水入侵路径及测站位置见图 13.2。

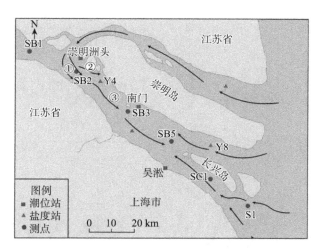

图 13.2　长江口盐水入侵路径及测站位置示意图

上游边界条件采用感潮河段数学模型提供边界,总长度为 613 km,该模型为本水动力模型提供江阴断面的流量过程。

外海边界采用基于球面二维非线性潮波方程,采用双步全隐有限差分法建立中国东部平面二维数学模型对东海潮波运动进行模拟。

13.3　模型验证

验证时期为 2002 年 3 月 1 日 0 点至 2002 年 3 月 10 日 24 时,其间包括大潮、中潮和小潮三个阶段,详见图 13.3。

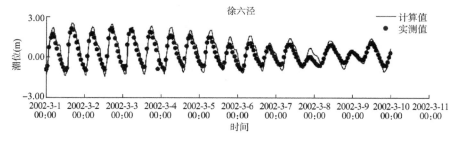

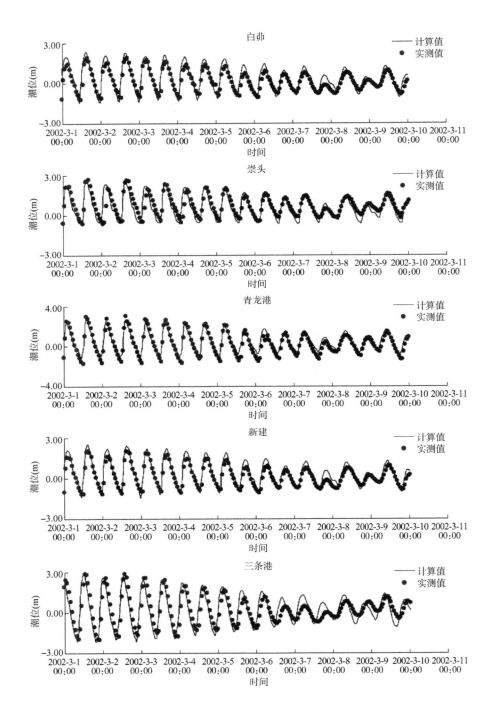

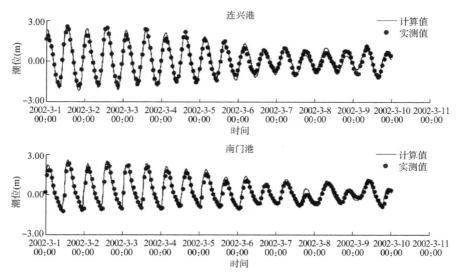

图 13.3　长江口地区潮位验证

从图 13.3 来看,数模计算较好地验证了长江河口段的潮波运动,在长河段内潮位的平均验证误差小于 0.20 m;图 13.4 是流速和流向的验证图,除了部分点和时刻外,流速、流向均得到了比较好的验证,少数点位于沙滩或深槽边缘,影响较大,增加了验证的难度。

图 13.5 是各点的盐度验证图,可以看出,盐度变化很小,比较容易验证。从模型验证的角度看,模型不但从潮位和流速/流向等动力条件上进行了验证,还验证了盐度的变化,且都达到了验证的基本要求,可以借此对海平面上升引起的盐度变化进行预测。

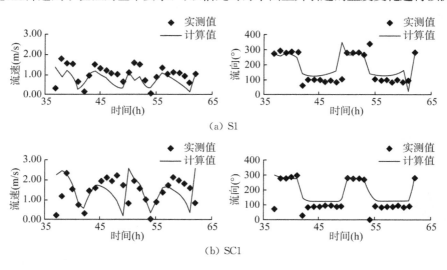

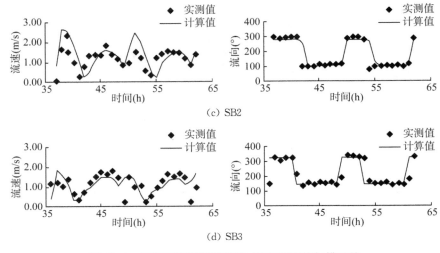

(c) SB2

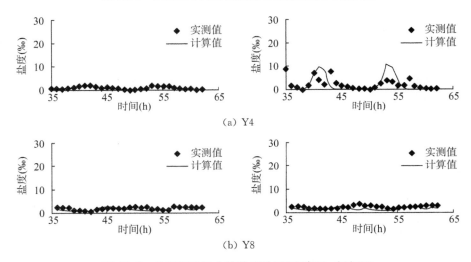

(d) SB3

图 13.4　长江口不同断面流速、流向实测值与模拟值

(a) Y4

(b) Y8

图 13.5　长江口地区水体盐度验证(左表层,右底层)

13.4　海平面上升对长江口盐水入侵的影响预测

为了模拟研究海平面上升对盐水入侵的影响,分别对外海不同海平面上升幅度对含盐度的影响进行预测。

长江径流较大,盐度从河口到上游盐度衰减较快,正常条件下,长江口外进入口内后,盐度衰减很快,南支至杨林口以下落潮时可以取到淡水。徐六泾受盐度的影响很小,枯水季影响大于洪水季,盐水对上游影响止于江阴。

图 13.6 是长江下游河段最大盐度分布,进入长江口内盐度衰减很快,至九段沙以上盐度小于 1‰。

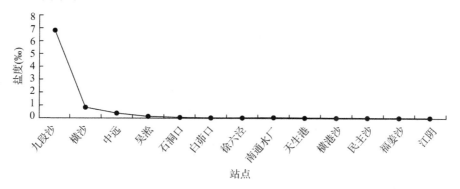

图 13.6 长江下游盐度分布

图 13.7 是不同海平面上升 15、30、50、75、90 cm 后长江下游的盐度分布。从图上可以看出,随着海平面上升,盐度对上游的影响范围在增加,海平面上升的幅度越大,盐度上升也越大,特别是在吴淞口以下,九段沙盐度最大,其绝对盐度上升4‰,横沙上升 1‰,但绝对盐度影响不大。

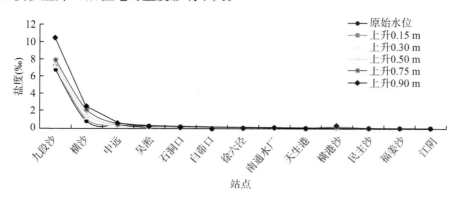

图 13.7 长江下游不同海平面变化沿程盐度变化

从上述分析可知,海平面上升对长江河口的影响主要在吴淞口以下,对其上游盐度影响的绝对幅度不大。

第十四章

海平面上升对珠江口咸潮入侵的影响

利用数学手段,建立大范围的网河及河口的数学模型,是研究海平面上升对咸潮上溯影响的一种新的定量方法,同时对于珠江流域的口门整治、水资源合理利用以及对促进珠江三角洲地区和港澳地区的社会经济稳定持续发展都具有重要的理论和实践意义。根据珠江三角洲河口区的特点建立了一维动态潮流-含氯度数学模型,具体的计算思路如图 14.1 所示。

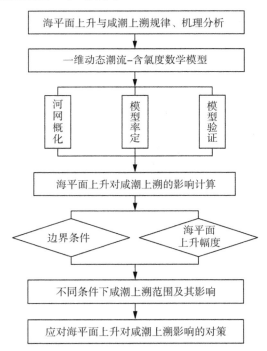

图 14.1 一维动态潮流-含氯度数学模型的计算思路

14.1　一维动态潮流数学模型

珠江三角洲一维动态潮流-含氯度(浓度)数学模型的基本方程包括潮流和含氯度(浓度)的河段方程、汊点方程及边界条件等。计算时对潮流和含氯度(浓度)采用非耦合解法,即先单独求解潮流,再根据潮流计算的结果求解含氯度(浓度)分布。

(1)基本方程

一维动态潮流数学模型的基本方程为圣维南方程组。

连续方程: $\dfrac{\partial Z}{\partial t} + \dfrac{1}{B}\dfrac{\partial Q}{\partial x} = \dfrac{q}{B}$ (14.1)

动量方程: $\dfrac{\partial Q}{\partial t} + \left(gA - \dfrac{BQ^2}{A^2}\right)\dfrac{\partial Z}{\partial x} + \dfrac{2Q}{A}\dfrac{\partial Q}{\partial x} = \dfrac{Q^2}{A^2}\dfrac{\partial A}{\partial x}\bigg|_z - \dfrac{gQ\mid Q\mid}{Ac^2R}$ (14.2)

式中: Z 为断面水位; Q 为流量; A 为河道过水面积; g 为重力加速度; B 为过水宽度; q 为旁侧入流流量; R 为水力半径; c 为谢才(Chézy)系数; x、t 分别为位置和时间坐标。

(2)求解方法

①差分格式

采用四点加权 Preissmann 隐式差分格式(见图 14.2)离散圣维南方程组,求解时采用追赶法。以 F 代表流量 Q 和水位 Z,则 F 在河段时段内加权平均量及相应偏导数可分别表示为

$$\begin{cases} F = \dfrac{1}{2}(F_{j+1}^n + F_j^n) \\ \dfrac{\partial F}{\partial x} = \theta\dfrac{F_{j+1}^{n+1} - F_j^{n+1}}{\Delta x} + (1-\theta)\left(\dfrac{F_{j+1}^n - F_j^n}{\Delta x}\right) \\ \dfrac{\partial F}{\partial t} = \dfrac{F_{j+1}^{n+1} + F_j^{n+1} - F_{j+1}^n - F_j^n}{\Delta t} \end{cases}$$ (14.3)

式中: θ 为加权系数,一般取 0.5~1.0。

②河段方程

设河道共有 m 个断面,则有 $(m-1)$ 个微段,首断面编号为 1,末断面编号为 m。按照式(14.3)离散格式,潮流从 j 断面流向 $j+1$ 断面有

连续方程: $-Q_j^{n+1} + Q_{j+1}^{n+1} + C_j Z_j^{n+1} + C_j Z_{j+1}^{n+1} = D_j$ (14.4)

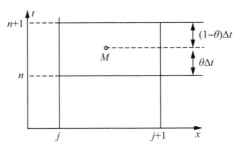

图 14.2 差分格式示意图

动力方程：$E_j Q_j^{n+1} + G_j Q_{j+1}^{n+1} - F_j Z_j^{n+1} + F_j Z_j^{n+1} + 1 = \phi_j$ (14.5)

其中，

$$C_j = \frac{B_{j+\frac{1}{2}}^n \Delta x_j}{2 \Delta t \theta}$$

$$D_j = \frac{q_{j+\frac{1}{2}} \Delta x_j}{\theta} - \frac{1-\theta}{\theta}(Q_{j+1}^n - Q_j^n) + C_j(Z_{j+1}^n + Z_j^n)$$

$$B_{j+\frac{1}{2}}^n = \frac{(B_j^n + B_{j+1}^n)}{2}$$

$$E_j = \frac{\Delta x_j}{2\theta \Delta t} - (\alpha u)_j^n + \left(\frac{g|u|}{2\theta c^2 R}\right)_j^n \Delta x_j$$

$$G_j = \frac{\Delta x_j}{2\theta \Delta t} - (\alpha u)_{j+1}^n + \left(\frac{g|u|}{2\theta c^2 R}\right)_{j+1}^n \Delta x_j$$

$$F_j = (gA)_{j+\frac{1}{2}}^n$$

$$\phi_j = \frac{\Delta x_j}{2\theta \Delta t}(Q_{j+1}^n + Q_j^n) - \frac{1-\theta}{\theta}[(\alpha u Q)_{j+1}^n - (\alpha u Q)_j^n] - \frac{1-\theta}{\theta}(gA)_{j+\frac{1}{2}}^n(Z_{j+1}^n - Z_j^n)$$

由曼宁公式 $c = \frac{1}{n}R^{1/6}$，则 $\frac{g|u|}{2\theta c^2 R} = \frac{gn^2|u|}{2\theta R^{4/3}}$。

为书写方便，忽略上标 $(n+1)$，可把式(14.4)、式(14.5)的任一微段差分方程写为

$$-Q_j + Q_{j+1} + C_j Z_j + C_j Z_{j+1} = D_j$$ (14.6)

$$E_j Q_j + G_j Q_{j+1} - F_j Z_j + F_j Z_{j+1} = \phi_j \tag{14.7}$$

式中：C_j、D_j、E_j、F_j、G_j、ϕ_j 均由初值计算，所以方程组为常系数线性方程组。对一条有 $(m-1)$ 个微段的河道，有 $2(m-1)$ 个未知量，可以列出 $2(m-1)$ 个方程，加上河道两端的边界条件，形成封闭的代数方程组。

对河网中的任一单独河道，其微段方程都是前后相连有序的，可方便地对其自相消元，得到只含有河段首、末断面变量的河段方程组，即只含有节点变量：

$$Q_1 = \alpha_1 + \beta_1 Z_1 + \delta_1 Z_m \tag{14.8}$$

$$Q_m = \theta_m + \eta_m Z_m + \gamma_m Z_1 \tag{14.9}$$

式中：Z_1 为首节点水位；Z_m 为末节点水位；α_1、β_1、δ_1、θ_m、η_m、γ_m 为待率定的模型参数。

③汊点（节点）连接方程

汊点是河道的交汇点，在汊点上，水流必须满足水流连续（即水量守恒）及动量守恒条件。利用汊点相容方程和边界方程，消去河段首、末断面的某个状态变量（流量或水位），形成节点流量或水位的汊点方程组。

流量衔接条件：设出流为正，入流为负，进出每一节点的流量必须与该节点内实际水量的增减率相平衡，即：

$$\sum_{i=1}^{l} Q_i^k = \frac{\partial \Omega_k}{\partial t} = A_k \frac{Z_k^{j+1} - Z_k^j}{\Delta t} \tag{14.10}$$

式中：l 为汊点相连河段数；k 为节点号；Q_i 为通过 i 断面进入节点的流量；Ω 为节点的蓄水量；A 为调蓄节点的蓄水面积（汇合区面积）；Z^{j+1}、Z^j 分别为调蓄节点 $j+1$ 时刻和 j 时刻的水位。若调蓄节点面积很小，则

$$\sum Q_i = 0 \tag{14.11}$$

动力衔接条件：如果各断面的过水面积相差悬殊，流速有较明显的差别，当略去节点的局部损耗时，由伯努利（Bernouli）方程得

$$Z_1 + \frac{u_1^2}{2g} = Z_2 + \frac{u_2^2}{2g} \tag{14.12}$$

如果节点概化成一个几何点，出入各节点的水流平缓，不存在水位突变的情况，则各节点断面的水位应相等，等于该节点的平均水位，即

$$Z_1 = Z_2 = \cdots = \overline{Z} \tag{14.13}$$

本节考虑石龙节点的调蓄，其他各节点均概化为几何点。

由式(14.6)和式(14.7)以及河网边界条件及汉点连接条件，可以得到节点方程组。节点方程组包括边点方程和节点连接方程。边点方程共有 B 个，B 为边界点数；节点连接方程有 L 个，L 为节点汉道数。设节点处水位处处相同，则据此可以列出以河道首末断面流量为未知数的方程 $(L-1)$ 个。另根据节点流量平衡条件，在每个节点处又可列出以河道首末断面流量为未知数的方程 1 个，则整个河网节点连接方程有 $(2Nr-B)$ 个，$2Nr$ 为河道数。节点连接方程和边界点方程共有 $2Nr$ 个，河网中每条河道首末断面流量和边界点流量有 $2Nr$ 个，未知量个数和方程个数相同，方程组存在唯一解，采用迭代法求解。

14.2　一维动态含氯度（浓度）数学模型

（1）基本方程

河道方程：$\dfrac{\partial(AC)}{\partial t}+\dfrac{\partial(QC)}{\partial x}-\dfrac{\partial}{\partial x}\left(AE_x\dfrac{\partial C}{\partial x}\right)+S_c=0$　　　　　　　(14.14)

河道交叉点方程：$\displaystyle\sum_{l=1}^{NL}(QC)_l,j=(C\Omega)_j\left(\dfrac{\mathrm{d}Z}{\mathrm{d}t}\right)_j$　　　　　　(14.15)

式中：Q、Z 分别是流量及水位；A 是河道断面积；E_x 是含氯度（浓度）纵向扩散系数；C 是含氯度或氯浓度，本节的计算对象为氯浓度；Ω 是河道汉点-节点的水面面积；j 是节点编号；l 是与节点 j 相连接的河道编号；S_c 是氯离子的衰减项，可写为 $S_c=k_dAC$，k_d 是衰减系数。

（2）求解方法

对式(14.14)，用隐式差分迎风格式将其离散。以顺流向情况的差分为例，式中的时间项采用前差分，对流项采用迎风差分，扩散项采用中心差分格式，得到

$$
\begin{cases}
\dfrac{\partial(AC)}{\partial t}=\dfrac{(AC)_i^{k+1}-(AC)_i^k}{\Delta t}\\[2mm]
\dfrac{\partial(QC)}{\partial x}=\dfrac{(QC)_i^{k+1}-(QC)_{i-1}^{k+1}}{\Delta x_{i-1}}\\[2mm]
\dfrac{\partial}{\partial x}\left(AE_x\dfrac{\partial C}{\partial x}\right)=\left[\dfrac{(AE_x)_i^{k+1}C_{i+1}^{k+1}-(AE_x)_i^{k+1}C_i^{k+1}}{\Delta x_i}\right.\\[3mm]
\qquad\qquad\left.-\dfrac{(AE_x)_{i-1}^{k+1}C_i^{k+1}-(AE_x)_{i-1}^{k+1}C_{i-1}^{k+1}}{\Delta x_{i-1}}\right]\dfrac{1}{\Delta x_{i-1}}\\[3mm]
S_c-S=\overline{K}_{i-1}^{k+1}(AC)_i^{k+1}-\overline{S}_{i-1}^{k+1}
\end{cases}
$$
　　　(14.16)

对于逆流向情况可得到类似的结果，式中 $\overline{K_d}$、$\overline{S}$ 表示河段值，上角标 k 是时段的初值，$k+1$ 是时段末值，下文中凡出现时段末值，都省略写上标。

考虑到河网中流向顺逆不定，离散基本方程时，需要引入流向调节因子 r_c 及 r_d，将顺、逆流向的离散方程统一到同一方程中，经整理后得

$$a_i C_{i-1} + b_i C_i + c_i C_{i+1} = Z_i, \quad i = 1, \cdots, n \tag{14.17}$$

式中：a_i, b_i, c_i 是系数；C_i 是 i 断面时段末的浓度；n 是某河道的断面数。

对于一般断面（$i = 2, \cdots, n-1$），有

$$
\begin{cases}
a_i = -(r_{c_1} D_{11} + r_{d_1} D_{21} + F_{c_1}) \Delta t / V \\
b_i = (r_{c_1} D_{11} + r_{e_2} D_{22} + r_{d_1} D_{21} + r_{d_2} D_{32} + F_{c_2} - F_{d_2}) \Delta t / V \\
\qquad + (r_{c_1} \overline{K}_{k,i-1} + r_{d_2} \overline{K}_{d,i}) \Delta t + 1.0 \\
c_i = -(r_{c_2} D_{22} + r_{d_2} D_{32} - F_{d_3}) \Delta t / V \\
Z_i = \alpha_i C_i^k + (r_{c_1} \overline{S}_{i-1} \Delta x_{i-1} + r_{d_2} \overline{S}_i \Delta x_i) \Delta t / V
\end{cases}
\tag{14.18}
$$

对于首断面（$i = 1$），有

$$
\begin{cases}
a_1 = 0 \\
b_1 = (r_{d_2} D_{32} - F_{d_2}) \Delta t / V_2 + r_{d_2} \overline{K}_{d,1} \Delta t + r_{d_2} \\
c_1 = -(r_{d_2} D_{32} - F_{d_3}) \Delta t / V_2 \\
Z_1 = \alpha_1 C_1^k + r_{d_2} \overline{S}_1 \Delta x_1 \Delta t / V_2
\end{cases}
\tag{14.19}
$$

对于末断面（$i = n$），有

$$
\begin{cases}
a_n = -(r_{c_1} D_{11} + F_{c_1}) \Delta t / V \\
b_n = (r_{c_1} D_{11} + F_{c_2}) \Delta t / V_1 + r_{c_1} \overline{K}_{d,n-1} \Delta t + r_{c_1} \\
c_n = 0 \\
Z_n = \alpha_n C_n^k + r_{c_1} \overline{S}_{n-1} \Delta x_{n-1} \Delta t / V_1
\end{cases}
\tag{14.20}
$$

其中：

$$
\begin{cases}
V_1 = \Delta x_{i-1}(A_{i-1} + A_i)/2, \quad V_2 = \Delta x_1(A_i + A_{i+1})/2 \\
V = r_{c_1} V_1 + r_{d_2} V_2, \qquad \alpha_i = A_i^k / A_i
\end{cases}
\tag{14.21}
$$

$$
\begin{cases}
D_{11} = (AE_x)_{i-1}/\Delta x_{i-1}, \qquad D_{22} = (AE_x)_i/\Delta x_i \\
D_{21} = (AE_x)_i/\Delta x_{i-1}, \qquad D_{32} = (AE_x)_{i+1}/\Delta x_i
\end{cases}
\tag{14.22}
$$

$$\begin{cases} F_{c_1} = (Q_{i-1} + Qa_{i-1})/2, & F_{c_2} = (Q_i + Qa_{i+1})/2 \\ F_{d_2} = (Q_i - Qa_i)/2, & F_{d_3} = (Q_{i+1} - Qa_{i+1})/2 \end{cases} \tag{14.23}$$

$$\begin{cases} Q_w = (Q_{i-1} + Qa_{i-1})/2, & Q_e = (Q_i + Qa_i)/2 \\ r_{c_1} = (Q_w + Qa_w)/2Q_w, & r_{c_2} = (Q_e + Qa_e)/2Q_e \\ r_{d_1} = (Q_w - Qa_w)/2Q_w, & r_{d_2} = (Q_e - Qa_e)/2Q_e \\ r_c = r_d = 0(Q_w, Q_e = 0) \end{cases} \tag{14.24}$$

上述公式中的各个变量 Qa 是相应于流量 Q 的绝对值。

式(14.17)是由 n 个方程组成的线性隐式差分方程组。差分方程组的求解分单一河道的求解和节点方程的求解。

一维动态含氯度(浓度)数学模型求解步骤如下：

①在河网水流计算的基础上,根据河道的流态,利用式(14.17)至式(14.20),建立每条河道上各断面氯浓度的递推方程组。

②建立汊点氯浓度方程组,对于与任意一个河道汊点相连的河道首或末断面,如果该断面上流向为流出汊点,则取该断面氯浓度为汊点氯浓度;如果该断面上流向为流入汊点,则根据该断面所在河道的递推方程组获得该断面氯浓度的算式,代入式(14.20),获得汊点氯浓度方程组。根据汊点氯浓度方程组,求得河网中每个汊点的氯浓度值。

③将汊点氯浓度值回带给与汊点相连的河道首、末断面未知量,利用河道上的递推方程组,求解河道上各断面的氯浓度。

14.3　模型的率定

(1) 率定范围

根据前述基本方程,本节对珠江三角洲网河水系建立一维动态含氯度(浓度)数学模型,模拟河道包括三角洲网河的主要河道。上游边界取为北江的三水、西江的马口、流溪河的老鸦岗水文(位)站,下游边界取为黄埔(珠江广州河段)、三沙口(沙湾水道)、南沙(焦门水道)、万顷沙西(洪奇沥)、横门(横门水道)、灯笼山(磨刀门水道)、黄金(鸡啼门水道)、黄冲(崖门水道)、西炮台(虎跳门水道),均有常规逐时流量或潮位观测资料可以利用。为计算的简化和可行性,将河网区进行概化。概化后共有河道139 条,断面582 个,内节点84 个,内河道125 条,外河道14 条,详见图14.3。

西北江三角洲网河区内水闸众多,但由于大多无观测资料。因此,模型验证中只把芦苞水闸、西南水闸、沙口水闸作为内边界处理,其他水闸不做考虑。

（2）边界条件和初始条件的拟定

模型率定的边界条件：上游入口断面三水、马口、老鸦岗采用 1991 年枯季 12 月 14—15 日实测流量过程线，下游控制边界采用同期实测潮位过程线。

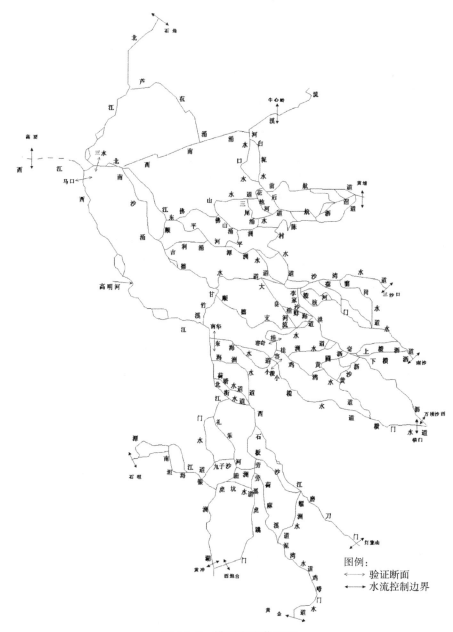

图例：
⟷　验证断面
⟶　水流控制边界

图 14.3　模型率定范围图

水流模型的初始水位和流量的赋值是相当重要的,若赋值不恰当则可能导致计算的中断,若赋值相对合理,数几个计算时段后,初始条件的影响将消失,可见初始条件的赋值最主要就是要保证计算的连续。在程序调试过程中,可知初始条件造成计算中断的主要原因是水位低于河底高程。根据率定范围的地形特点,河道的河底高程变化较小,故初始水位可统一赋初值为 0.0 m(珠江基面高程)。所有断面的流量均赋为零值。为了提高前几个计算时段的精度,可采用几个计算时段后($t=2$ h)的计算水位值、流量值作为初始条件再重新模拟计算。

(3) 模型的率定

根据多个单位已有的研究成果,珠江三角洲的河床糙率范围为 0.016～0.035,在此基础上,通过计算调试率定出西北江三角洲网河区枯水期河道糙率在 0.016～0.044,计算时间步长为 10 min,空间步长为 500 m 至 2 500 m 不等。

选取容奇、小榄和南华站作为水量模型率定的验证站点,以与计算时刻同步监测(1991 年 12 月 15 日 1:00 至 17 日 24:00)的观测水位资料对计算结果进行对比。各站点的计算值与实测值比较结果如图 14.4,可见,潮位过程的相位计算与实测基本一致。小榄站的平均绝对误差为 0.04 m,潮位峰谷值的计算偏差在 0.026～0.063 m;南华站的平均绝对误差为 0.06 m,潮位峰谷值的计算偏差在 0.007～0.1 m;容奇站模拟过程与实测过程也总体吻合,模拟误差符合要求。

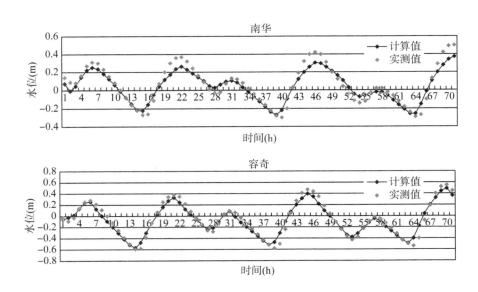

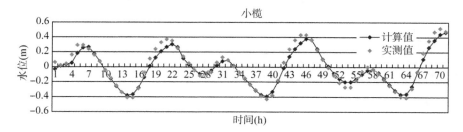

图 14.4　模型率定的计算值与实测值比较图

（4）模型的验证

①验证范围

验证范围的上边界为西江的马口站，北江的三水站，流溪河的老鸦岗，下边界控制站包括天河站、黄埔、三沙口、南沙、万顷沙西、横门等。为计算的简化和可行性，将河网区进行概化。概化后共有河道 118 条，断面 595 个，内节点 68 个，内河道 109 条，外河道 9 条，详见图 14.5。

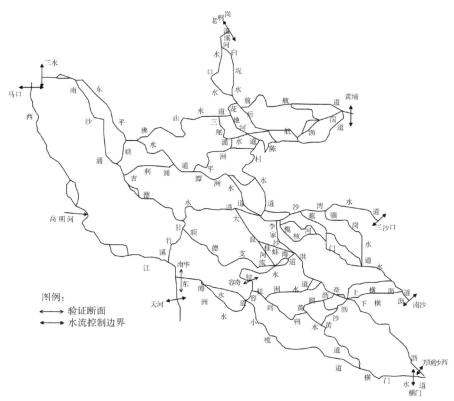

图 14.5　模型验证范围图

②边界条件、初始条件的拟定

水流模型验证的边界条件：上游入口断面马口、三水、老鸦岗采用2001年枯季2月7—15日实测流量过程线，下游控制边界采用同期实测潮位过程线。水流模型初始水位、流量值与模型率定时保持一致。

③模型验证

根据模型率定范围与验证范围的对应关系，直接采用模型率定的参数，选取容奇和南华作为模型的验证站点，以与计算时刻同步监测（2001年2月7—15日）的观测流量和水位资料对计算结果进行验证。验证结果见图14.6，计算值和实测值拟合较好。

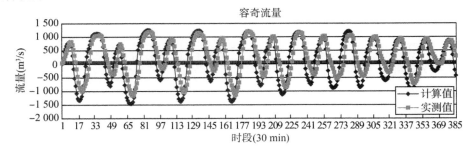

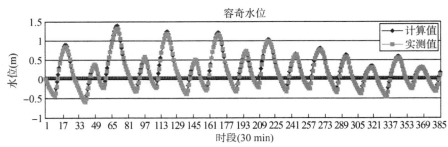

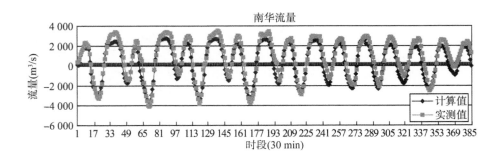

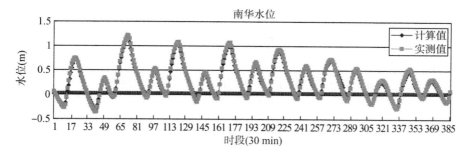

图 14.6　模型验证结果

④数学模型计算值与珠江水利委员会计算值的对比分析

本研究利用一维动态潮流-含氯度数学模型对 2004 年 2 月的实测数据进行计算，把计算所得的 250 mg/L 咸度界线和珠江水利委员会计算的 2004 年枯季咸潮上溯界线进行了对比，如图 14.7 所示，两种计算结果基本一致，也进一步说明一维动态潮流-含氯度数学模型计算的咸潮上溯界线精度是可靠的。

14.4　不同频率条件下海平面上升对咸潮上溯的影响

为了分析不同频率的来水流量条件下海平面上升对咸潮上溯的影响，对 1989—2004 年实测月流量资料进行了频率分析，由于枯季咸潮上溯影响最大，重点取了 $P=97\%$、$P=90\%$、$P=50\%$ 保证率下的流量，利用模型计算了特定频率的来水流量条件下不同海平面上升幅度对咸潮上溯的影响。不同保证率下海平面上升对咸潮上溯影响见图 14.8。

从不同保证率下海平面上升对咸潮上溯的影响来看，来水减少，咸潮上溯距离增加；同等来水保证率条件下，海平面上升越高，咸潮上溯距离越远，海平面上升高度与咸潮上溯距离呈非线性关系。

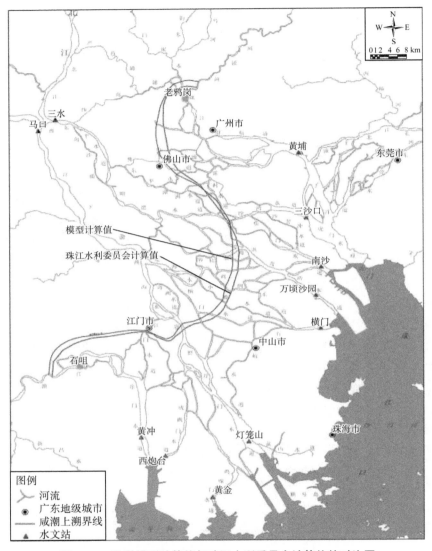

图 14.7 数学模型计算值与珠江水利委员会计算值的对比图

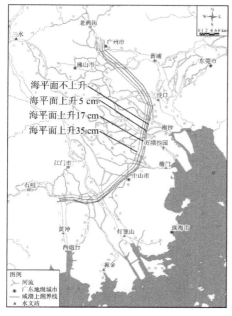

(a) $P=50\%$

(b) $P=90\%$

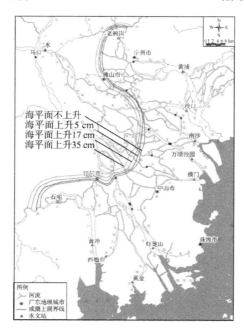

(c) $P=97\%$

图 14.8　不同频率条件下不同海平面上升的咸潮上溯界线

14.5 不同边界来水条件下海平面上升对咸潮上溯的影响

利用一维动态潮流-含氯度数学模型分别计算了海平面上升 0、5、17 和 35 cm 的情况下,不同来水频率条件下的咸潮上溯位置(图 14.9)。由图可知,同一海平

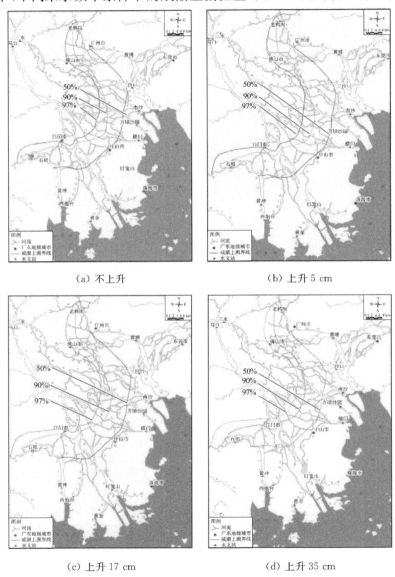

(a) 不上升　　　　　　　　　　　(b) 上升 5 cm

(c) 上升 17 cm　　　　　　　　　　(d) 上升 35 cm

图 14.9　海平面上升不同程度时不同来水频率的咸潮上溯界线

面上升幅度条件下，咸潮上溯距离随着边界来水频率的增大而增大，咸潮上溯界线向上游方向移动显著。

海平面上升对咸潮上溯距离的影响主要是：随着流量减少，咸潮上溯距离增大，两者呈指数关系，海平面上升后亦如此；在同一级流量条件下，海平面上升使咸潮上溯距离增大。

14.6 海平面上升对咸潮上溯距离的影响

由于海平面上升，潮差增大，咸潮上溯距离也加大。计算海平面上升后的盐水入侵距离，除考虑口门水深增加外，还必须考虑以下两点：①海平面上升一定幅度后，潮波振幅也将发生变化；②海平面上升一定幅度后，河口沿程咸度分布肯定要发生新的变化。利用一维动态潮流-含氯度数学模型计算的未来不同海平面上升幅度下代表河口口门的咸潮上溯距离见表14.1和表14.2。

表 14.1 横门水道咸潮上溯距离

来水频率	标志盐度（mg/L）	起算位置	海平面上升值（cm）	咸潮上溯距离（km）	上溯距离增大值（km）
50%	250	横门站	0	13.1	0.0
			5	13.5	0.4
			17	14.0	0.5
			35	15.0	1.0
90%	250	横门站	0	26.2	0.0
			5	26.7	0.4
			17	27.3	0.6
			35	28.4	1.1
97%	250	横门站	0	30.8	0.0
			5	31.4	0.6
			17	32.6	1.2
			35	34.4	1.9

表 14.2　磨刀门水道咸潮上溯距离

来水频率	标志盐度（mg/L）	起算位置	海平面上升值（cm）	咸潮上溯距离（km）	上溯距离增大值（km）
50%	250	灯笼山站	0	22.8	0.0
			5	23.0	0.2
			17	23.3	0.3
			35	23.7	0.5
90%	250	灯笼山站	0	39.0	0.0
			5	39.3	0.3
			17	39.6	0.4
			35	40.2	0.5
97%	250	灯笼山站	0	42.1	0.0
			5	42.4	0.3
			17	43.2	0.8
			35	44.1	0.9

　　由表中数据可见，流量减少，咸潮上溯距离增大，海平面上升后亦如此；在同一级流量条件下，海平面上升使咸潮上溯距离增大。

第十五章

沿海地区保障水资源安全的策略和措施

15.1 沿海地区水资源安全面临的主要问题

海平面上升已对我国沿海地区防洪、水资源及生态环境等产生重要影响，并且随着全球逐渐变暖和海平面逐步上升，这种影响会越来越明显。沿海地区水安全问题已经成为 21 世纪社会经济发展的严重制约因素。海平面上升对我国沿海地区水资源安全带来的系列问题主要表现为以下几个方面。

（1）我国河口区海平面上升速度在加快，并存在时空差异性，目前我国沿海地区潮位观测站点少，且标准不一、基面不一，缺乏专门的海平面观测站，观测技术和设施设备都较落后。

（2）在全球变暖背景下，海平面上升加强了对沿海地区洪涝灾害极端事件发生的频率和强度的影响，海平面上升再叠加风暴潮增水，加剧沿海洪涝灾害。气候变化引起的海平面上升将使沿岸地区淹没范围扩大，尤其是渤海湾沿岸、长江三角洲和珠江三角洲。有研究指出，在现状堤防条件下，海平面若上升 95 cm，长江三角洲海拔在 2 m 以下的 1 500 km² 低洼地将受到严重影响或被淹没。

（3）河口咸潮上溯灾害日益突出。受海平面上升，风暴潮加剧等因素的共同影响，河口地区高潮时发生咸潮上溯，特别是枯水期咸潮上溯距离更深远，盐度超标时间增多，对长江和珠江河口地区大中城市自来水厂取水产生直接威胁，水资源的供需矛盾加剧，严重影响了河口地区供水安全。

（4）不合理开采地下水导致水位下降从而使含水层系统流场发生变化、地面沉降、沿海地区相对海平面上升。此外，沿海城市建设过程中的工程降水与建筑荷载也加剧了地面沉降。沿海地区地下水位下降及地面沉降将大大增加海水入侵及沿海地区淹没的风险,进而影响沿海地区取水安全。

(5)近几十年登陆近岸的台风强度明显增大,受此影响,沿海巨浪明显增加,风暴潮最高水位的增加幅度往往超过相应海平面上升的幅度,最大变幅可达20%,对沿岸工程具有毁灭性的破坏。我国沿海堤防工程大多标准较低,几乎每年都有潮灾发生,造成重大经济损失和人员伤亡,需重新核定防洪、防风暴潮的标准。

海平面上升已对我国沿海地区水资源安全产生重要影响,同时对国家经济社会的可持续发展产生了重要影响,并且随着全球逐渐变暖和海平面逐步上升,这种影响会越来越明显。如何在气候变化的情况下确保区域用水安全,对中国水资源开发和保护领域提高气候变化适应能力提出了长期的挑战。

15.2　应对海平面上升和保障水资源安全的策略

(1)加强海平面上升监测能力,开展海岸带水资源风险评估

加强我国沿海地区台站和监测系统的建设,统一规划,合理布局。应当运用遥感和全球卫星定位系统等技术和手段,加强海平面上升和海洋灾害的动态、长期监测,建立我国海平面上升及其影响的数据库和信息系统。建议分别在长江口、珠江口、黄河口、海河口、海南和南沙群岛建立专门的海平面变化观测站,同时增加潮位观测站,充分利用先进的遥感技术,尽快建成我国自主体系的海平面监控系统,以加强我国沿海和海域海平面上升的监控。

建立海平面上升预测预报模型和预警系统以及与海平面上升有关的水资源管理决策评价系统;完善海平面上升影响评价指标体系和评价模型,加强海平面影响基础信息系统建设,开发基于GIS的海平面上升影响评价系统;综合评估海平面上升对沿海地区水资源安全的影响,为沿海地区水资源发展规划提供依据。

(2)开展咸潮盐水入侵模拟,提高咸潮上溯、盐水入侵范围的预测能力

基于河口平面二维水动力学模型,建立主要江河中下游感潮河段潮汐与河口相互作用数学模型,模拟不同海平面上升和河道上游来水情景下的咸潮入侵历时、范围及强度;构建海平面上升背景下的咸潮上溯、盐水入侵影响评价模型,通过加强海上立体观测网监测收集多源信息提高模型率定水平,提高咸潮上溯、盐水入侵范围的预测能力,迅速、及时、准确地对咸潮、盐水的影响做出预测,完善咸潮盐水入侵预警技术,构建咸潮入侵信息发布平台。为保障沿海地区水源地的饮用水安全提供支撑。

(3)实施陆地河流与水库调水相结合压咸补淡技术,防治咸潮上溯、盐水入侵

加强取水口防潮能力建设,必要时调整取水口,提出陆地河流与水库调水相结

合的技术体系,压咸补淡,防止咸潮上溯。通过加强流域骨干水库调度管理,提高水资源的调控能力,增强流域公共管理效能,提高水资源的利用效率和效益,在保障流域的防洪安全和水生态安全的同时,也保障了沿海城市的供水安全。在频繁遭受咸潮侵袭严峻的地区,继续实施"压咸补淡",对流域进行水量统一调度抵御咸潮,为沿海地方经济社会发展提供基础保障。

海平面上升加剧了枯季咸潮的影响,咸潮上溯距离增加。应积极开展三角洲城市群供水规划,调整城市供水布局。建议有关部门尽早实施对压咸潮起关键作用的水利枢纽工程建设,加强水资源的联合调度。上游水利工程尤其是蓄水工程的实施会导致下泄泥沙减少、河口区沉积速率下降、河床冲刷加剧、河口延伸减缓、海平面相对上升增加、盐水入侵影响加大,也应引起高度重视。控制沿海地区地下水超采和地面沉降,减轻海水入侵和土壤盐渍化危害。增强行洪排涝能力,防止河口海水倒灌。此外,要解决咸潮上溯问题,还必须严厉打击非法采砂,解决河床下切带来的相对海平面上升问题,维持河流的生态平衡。

(4)合理规划供水工程布局和区域发展规划,保障淡水资源的供给

系统评估未来海平面上升和风暴潮变化对沿海地区的可能影响,明确沿海地区受海平面上升影响的脆弱区、敏感区,确定应对海平面上升的优先区域。根据模拟结果,充分论证海平面上升对取水口盐度的影响,必要地进行规划取水口位置,适度上移取水工程。在海平面上升高风险区,通过统筹土地用途,规划社会经济活动位置,有效避让高风险区,以及有计划地搬迁、预留后退空间等措施应对海平面上升。

在江苏沿海地区,基于现有的供水工程布局,形成南水北调东线,通榆河、新辟临海引江供水干线的三条纵向供水通道,落实《南水北调东线工程治污规划》和《南水北调东线工程江苏段控制单元治污实施方案》,治污工程与调水工程同步建设,并适当超前,通过建立"治、截、导、用、整"五位一体的污水治理体系,保证输水干线形成清水廊道、输水水质达到地表Ⅲ类标准。

(5)建立节水社会,制定应对突发灾害事件的应对预案

建立节水社会,积极开展节约用水,是符合可持续发展的具有长远利益的可行方法。如2005年1月17日启动的珠江流域应急调水,是抵御咸潮危害的应急方案,但靠"远水"来解"近渴",治标不治本。因此,必须强化需水管理,约束对水资源的需求,提高节水技术,增强全民的节水意识和水平,推进节水型社会的建设。应建立长效科学用水和防范机制,建立以节水为中心的工业和农业产业体系,提高水资源的利用率。此外,加快地下水人工回灌,减轻地面沉降,使地面沉降防治与地下水资源保护达到最佳状态,以保障沿海地区水资源安全。

发挥水利工程和设施运行及调度优势,制定应对突发灾害事件的应对预案,减少水污染事故的发生。江苏、广东沿海地区上有流域性洪水,内有自身的产汇流,同时面对台风和风暴潮,因此,科学合理地调度、运行水利工程设施就显得尤为重要。在沿海开发中水利不仅负有保障淡水资源供给的重任,也肩负着提高防灾、减灾的能力以及加强水环境的保护和治理的使命。当前,应重点应对影响人们饮用水安全的突发事件,制定切实可行的水利工程调度运行应急机制,以保障水资源安全。此外,强化海洋灾害的预警报,为沿海重点地区和重大水利工程应对海洋灾害提供支撑和保障。

(6)加强海岸带淡水资源综合管理,保障区域水资源安全

21世纪海平面加速上升将成为我国沿海地区面临的主要自然灾害之一,沿海各级政府在近海工程项目建设和经济开发活动中,必须有意识地把未来海平面上升作为一个重要因子来考虑。从长远看,由于海平面的上升,供水水源将要上迁。为避免沿海各地盲目安排水源工程,甚至出现争水现象,尽快制定沿海地区供水水源规划,妥善解决供水的投入与效益分配,统一划定供水水源保护区,使海平面上升引起的供水矛盾降到最低程度。

建立长效科学用水和咸潮防范机制,加快流域控制性工程建设,加强流域水资源综合调配管理能力,以淡压咸,应对咸潮上溯和海水入侵的威胁。增强河口区的行洪排涝能力,建设坚固耐用的闸门,预先规划、设计和建立好行洪水道和行洪区,保持城市排水系统的畅通,防止海水倒灌。沿海城市群要立足于本区域水资源的开发、利用、节约和保护,加强应急供水能力建设,保障城市自来水供给安全。

第四篇

海岸带典型退化生态系统演变及修复关键技术

第十六章

苏北海岸带生态系统退化甄别

16.1　典型沿海地区生态系统概况

研究者们开展了江苏苏北海岸带湿地生态系统退化状况以及沿海社会经济发展状况的调查。调研主要成果如下：

（1）在苏北海岸带湿地工作区，分三次对江苏苏北盐城市及南通市所属的响水、滨海、射阳、大丰、东台、海安、如东、通州、海门、启东 10 个县（市、区）的海岸湿地区域，开展了详细调查，侧重对该研究区范围内的海岸湿地生态系统分布现状进行了详细面上调查，获得了该区域湿地生态系统分布现状的第一手翔实资料，对苏北海岸带湿地生态系统 1980—2014 年退化状况有了客观认识，并对苏北沿海社会经济发展状况进行了面上调查和详细资料收集工作。

（2）在江苏盐城湿地珍禽国家级自然保护区，开展了 2 个样带的湿地植被群落分布及湿地生境状况调查。共布设表层植被群落及湿地生境因子调查取样 98 组（包括植被类型、土壤温度、盐度、含水量、pH 值、溶氧量、氧化还原电位等数据），完成 3 m 以下浅层地下水钻孔取样共计 38 个。

（3）为配合湿地生态系统退化调查及脆弱性评价，根据苏北海岸带湿地生态系统的分布现状，在总结前人对该区域滨海湿地分类研究的基础上，结合国际湿地公约中对湿地类型的划分，结合滨海湿地在土地利用、景观特征、植被特征、地形地貌等方面的具体特点，以遥感光谱特征以及地物在遥感影像上的表现力为主要依据，提出了苏北海岸带滨海湿地类型的二级分类体系，包括 12 个二级景观/生境类：

①天然湿地：湖泊、河流，潮间带光滩，米草，盐蒿，芦苇，盐化草甸。

②人工湿地：盐田、养殖水体，水（稻）田、水库坑塘、灌渠。

③非湿地：城镇居民点，农村居民点，建设用地、旱地、林地、道路、裸地。

（4）在野外考察及湿地分类的基础上，开展了基于面向对象的苏北海岸带湿地生态系统景观及植被/生境类型遥感解译方法的研究，完成了苏北海岸带湿地区域6期（1980年、1992年、1995年、2000年、2008年、2014年）湿地景观类型及植被/生境类型的遥感解译工作。

（5）构建了苏北海岸带湿地生态系统脆弱性指标体系及其评价方法。结合苏北海岸带湿地生态系统所面临的风险以及人类活动/社会经济发展现状，从"暴露程度（系统风险胁迫）"、"敏感程度"和"适应能力（系统恢复能力）"三个层次，构建了苏北海岸带湿地生态系统脆弱性指标体系及其评价方法，包括了7个主题层（气候变化、人类活动、生境因子、自然条件、环境质量、系统响应和适应能力），共45个指标。

（6）广泛开展了研究区海岸带湿地生态系统状况以及沿海社会经济发展状况数据资料的调查和收集工作，为江苏海岸带湿地生态系统脆弱性评估奠定了良好数据基础。主要包括：

①20世纪80年代全国海岸带和海涂资源综合调查（江苏部分）的图集资料。

②2008年江苏近海海洋综合调查与评价（国家908专项江苏部分）文本资料。

③1980年、1992年、1995年、2000年、2008年、2014年6期覆盖全部研究区的TM/ETM遥感数据，以及部分ALOS遥感数据。

④研究区域内南通、盐城两市16个气象站点1980—2011年主要气象监测数据。

⑤研究区域内临海12个淮河流域水文站点1980—1988年、2006—2011年逐月水文观测数据。

⑥研究区域内相关验潮站1970年以来潮位数据。

⑦研究区域内所有市（县）行政单元1980—2012年的主要社会经济统计数据，主要包括人口总数、土地面积、GDP、第一二三产业产值、地区生产总值、地方财政收入等。

⑧江苏16个河流国控断面（其中研究区内射阳闸、新洋港闸、大团桥）2013年水质等级监测月数据，包括20多项监测指标。另外，通吕运河（大洋港）、栟茶运河（小洋口）、灌河（陈港）、灌溉总渠（六垛闸）、射阳河（射阳闸）、新洋港河（新洋港闸）、斗龙港河（斗龙闸）、黄沙港河（黄沙港闸）等部分年份水质等级监测数据。

⑨研究区域内所有市（县）行政单元1980—2012年的主要环境保护状况数据，主要包括各市（县）环境污染治理投资额、工业废水排放达标量、工业二氧化硫去

除量、工业烟尘去除量、工业固体废物综合利用率、"三废"综合利用产品产值，以及化肥施用量等。

⑩研究区域内自然地理状况数据，包括地形地貌（1∶100 万）、植被分布（1∶100 万）、土壤养分（1∶400 万）、土壤组分（1∶400 万）等。

⑪研究区域内自然保护区现状数据，包括保护区名称、行政区域、面积、主要保护对象、类型、级别、始建时间、主管部门等。

⑫江苏盐城湿地珍禽国家级自然保护区基本情况：自然保护区总体规划、自然保护区分布、自然保护区功能区划、自然保护区土地利用现状，以及 2011 年度自然保护区综合科学考察主要数据资料等。

⑬江苏沿海滩涂围垦开发利用规划（2011 年）数据，包括到 2020 年江苏沿海滩涂围垦总体布局方案、主要匡围工程项目布局、沿海滩涂开发围区功能分类、沿海滩涂围垦各围区用地规划等。

16.2 基于湿地生境演替模式的生态系统退化甄别分析方法

湿地系统退化是指在某种干扰条件下，湿地系统的某些特性表现出不可逆转的损伤或退化所形成的相对于"常态"的一种偏离，主要体现在种群、群落、系统和景观四个层次，其中景观生态层面上的群落变化、生境演替以及景观结构转型等可实现遥感监测。由于生境演替以及景观转型具有可逆性，因此，从景观生态层面研究滨海湿地的退化过程，需要先确定滨海湿地生境的演替模式及方向。自然环境条件和人为活动强度的差异，使得滨海湿地生境、景观类型及其格局具有明显的区域性特征，导致滨海湿地生境的演替模式及方向具有显著的区域差异性。如何利用滨海湿地生境演替模式来甄别和判断湿地生态系统的退化特征及退化过程，建立普适性湿地系统退化分析方法，就成为湿地景观生态退化遥感监测分析所必须解决的关键问题之一。

基于江苏苏北滨海湿地遥感解译的 6 期（1980 年、1992 年、1995 年、2000 年、2008 年、2014 年）景观图分析滨海湿地景观的演替过程，结合详细的野外考察资料，推断江苏苏北滨海湿地的现代演替过程存在着共同的结构性退化形式，具体表现为以下四种类型：

（1）湿地景观的绝对丧失（天然/人工湿地──→非湿地）；

（2）湿地景观的渐进丧失（天然/人工湿地──→农田化/草甸化）；

（3）生境性丧失（天然湿地──→人工湿地）；

（4）生物入侵（种群竞争性替代）。

在滨海地区,众多敏感性湿地生境因子如土壤盐分、地下水位、营养盐浓度、pH 值、淹没频率等的变化,与湿地生态系统的演变密切相关。海平面上升背景下的陆/海界面的水分交换,以及海平面变化所导致的地下水位和土壤盐度等敏感性湿地生境因子的变化控制着滨海湿地系统的发育和演变过程。大量研究工作表明,除了人类活动的影响外,海平面变化背景下的敏感性湿地生境因子(水分、盐度等)是滨海湿地形成和退化演变的主控因子。由于滨海湿地分布区域(平均低潮线以下的浅海区域——→平均低潮线至最高高潮线之间的潮间带——→最高高潮线以上的陆地区域)从海向陆存在着明显的水盐梯度,导致滨海湿地依次形成盐沼、盐生、陆生及淡水环境等多种景观及生境类型。

在江苏沿海地区,盐地碱蓬是该区域湿地的先锋群落,随着土壤脱盐过程,植被依次演替为芦苇、草地等。草甸是滩涂盐生植被群落演替的顶级群落之一,以白茅为植物优势种。滨海湿地生态类型、结构、分布及演变在当地气候、海洋水文、土壤和植被等因素共同作用下,滩涂植被自陆向海形成禾草草滩、碱蓬草滩、米草滩直至光滩等梯度分布,形成区域特有的湿地生境演替模式。

当海平面上升时,潮间带将逐步转化成潮下带,滨海滩涂地区潜水水位和矿化度将被抬高,引起潮滩湿地表土积盐和植被退化,导致滨海湿地依次发生最高高潮线以上陆地区域淡水生境——→潮间带上中部盐生生境——→潮间带中下部盐沼生境的转变,湿地生境形成由高级类型向低级类型的逆向演替。

可见,海平面上升及人类活动背景下,江苏沿海地区的滨海湿地生境演替与景观变化具有显著的空间递进演变规律。将苏北滨海湿地生境演替模式与景观层面的湿地系统退化方向(结构性退化形式)相衔接,可以建立起具有普适意义的基于生境演替规则的滨海湿地生态系统退化模式和退化甄别方法(图 16.1)。

根据上述模式及生态系统退化甄别方法,苏北滨海湿地生境的演替模式及发展方向主要有 5 个演替序列,各自代表了不同的景观生态退化/进化方向。它们分别是:

(1) 盐蒿碱蓬——→芦苇群落——→淡水湖泊,属湿地景观生态正向演替;

(2) 潮下带光滩——→大米草、互花米草;盐蒿碱蓬——→大米草、互花米草;芦苇群落——→大米草、互花米草等,属湿地景观生态逆向演替;

(3) 淡水湖泊、芦苇群落、盐蒿碱蓬、潮下带光滩等——→白茅草甸,均属湿地景观生态逆向演替;

(4) 自然湿地向人工湿地转变,属湿地景观生态逆向演替;

(5) 人工水田——→养殖水体——→人工盐池——→水库坑塘,这一演替序列受人类活动强度的影响,属湿地景观生态正向演替。

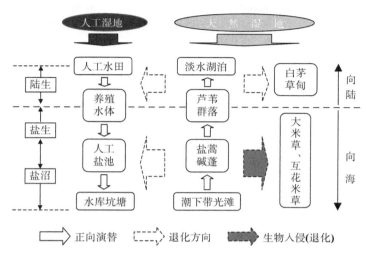

图 16.1 基于滨海湿地生境演替模式的生态系统退化示意图

为了进一步阐明苏北滨海湿地生态系统退化过程以便于退化分析，建立了基于上述滨海湿地生境演替模式的湿地景观生态退化/进化方向转换表（表 16.1）。

表 16.1 基于滨海湿地生境演替模式的湿地景观生态退化/进化方向转换表

生境		后期									
		MFs	SG	PA	GS	LA	PFs	APs	SFs	PS	SA
前期	MFs	☆	★	★	★	★	●	●	●	●	▼
	SG	▲	☆	★	★	★	●	●	●	●	▼
	PA	▲	▲	☆	★	★	●	●	●	●	▼
	GS	▲	▲	▲	☆	★	●	●	●	●	※
	LA	▲	▲	▲	▲	☆	●	●	●	●	※
	PFs	★	★	★	★	★	☆	◆	◆	◆	※
	APs	★	★	★	★	★	★	☆	◆	◆	※
	SFs	★	★	★	★	★	★	★	☆	◆	※
	PS	★	★	★	★	★	★	★	★	☆	※
	SA	★	★	★	★	★	★	★	★	★	☆

注：MFs 表示潮间带光滩，SA 表示互花米草，SG 表示碱蓬，PA 表示芦苇，GS 表示草甸，PFs 表示水田，APs 表示养殖水体，SFs 表示盐池，PS 表示水库坑塘，LA 表示湖泊河流，★表示正向演替，☆表示不变，▲表示天然湿地逆向演替，◆表示人工湿地逆向演替，●表示自然湿地转向人工湿地，▼表示生物入侵，※表示景观生态正向进化。

同时,基于遥感解译的湿地景观图,采用景观转移矩阵和湿地景观退化方向相结合的方法,构建生境演替动态度(变化率)和转移贡献率指标,对生态系统退化进行定量表达和分析。

生境演替动态度(变化率)和转移贡献率的计算方法为:

(1)"转入"贡献率参数:指其他景观组分向某一特定景观组分转入的面积占景观总转移发生量的比例。

$$T_{ii} = \sum_{j=1}^{n} A_{ji}/A_t \tag{16.1}$$

式中:A_{ji} 为第 j 种组分向第 i 种组分转移的面积;A_t 为景观组分发生转移的总面积;n 为景观组分的类型数量。

(2)"转出"贡献率参数:指某一特定景观组分向其他景观组分转移的面积占景观总转移发生量的比例。

$$T_{oi} = \sum_{j=1}^{n} A_{ij}/A_t \tag{16.2}$$

式中:A_{ij} 为第 i 种组分向第 j 种组分转移的面积。

(3)特定转移过程贡献率参数:指一个具体转移过程的转移面积占景观总转移发生量的比例。

$$T_{pi} = A_{ij}/A_t \tag{16.3}$$

(4)组分保留率:为比较分析不同景观组分在研究时段内的稳定性情况,本研究还计算了各个阶段组分的保留率情况。

$$BR_i = BA_i/TA_i \tag{16.4}$$

式中:BR_i 为某一比较阶段第 i 种景观组分的保留率;BA_i 为比较时段内没有发生变化的第 i 种景观组分面积;TA_i 为比较初始年份该组分的总面积。

16.3 苏北沿海滩涂地区景观演变及退化的空间格局

16.3.1 苏北滩涂地区 1980—2014 年景观演变的空间分异格局

根据野外调查,结合江苏省海岸带和滩涂资源调查,以及江苏近海海洋综合调查与评价专项(国家 908 专项江苏部分)研究成果,根据海岸带自然地理特征、生态保护状况、入海河流流域分区,以及沿海区域社会经济发展状况等,将苏北海岸带滩涂湿地区域划分为6个自然地理单元(图16.2)。各自然地理单元的基本特征如表16.2所示。

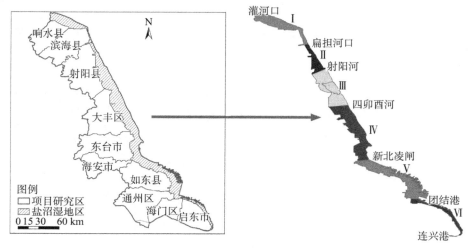

图16.2　苏北滨海滩涂湿地演变特征的空间分布

从6个自然单元的侵蚀/淤积变化速率(表16.3)中不难发现,苏北海岸带滩涂区域6个自然地理单元的海岸滩涂侵蚀/淤积状况可以划分为以下几种基本类型,即

岸段Ⅰ(灌河口—扁担河口):轻度侵蚀型岸段;

岸段Ⅱ(扁担河口—射阳河口):轻度淤积型岸段;

岸段Ⅲ(射阳河口—四卯酉河):中度淤积型岸段;

岸段Ⅳ(四卯酉河—新北凌闸):中高度淤积型岸段;

岸段Ⅴ(新北凌闸—团结港):中度淤积型岸段;

岸段Ⅵ(团结港—连兴港):轻度淤积型岸段。

表16.2　苏北海岸带滩涂区域六个自然地理单元的基本特征

岸段	自然地理特征	生态保护区	入海河流流域分区	港口建设	海岸工程	海岸侵蚀/淤积状况
Ⅰ	废黄河三角洲冲积平原,粉砂-淤泥质海岸		南四湖及运河区(灌河、中山河、废黄河、扁担河)	滨海港	废黄河三角洲海岸防护工程	严重侵蚀
Ⅱ	废黄河三角洲冲积平原,粉砂-淤泥质海岸		里下河(运粮河、射阳河)	射阳港		侵蚀逐渐转向稳定略有淤涨

岸段	自然地理特征	生态保护区	入海河流流域分区	港口建设	海岸工程	海岸侵蚀/淤积状况
Ⅲ	海积平原,粉砂质潮滩	江苏盐城湿地珍禽国家级自然保护区	里下河(黄沙港、新洋港、斗龙港)			淤涨
Ⅳ	海积平原,粉砂质潮滩	大丰麋鹿国家级自然保护区	里下河(王港河、疆界河、川东港、东台河、方塘河)	大丰港	大丰港引堤工程、东台近岸高涂匡围工程	淤涨明显
Ⅴ	长江三角洲冲积平原,粉砂、泥质粉砂为主		里下河(长角河、梁垛河、北凌河)	洋口港/吕四港	如东西太阳沙人工岛工程	淤涨
Ⅵ	长江三角洲冲积平原,粉砂、泥质粉砂为主		长江干流(团结河、通启运河)			岸段稳定

表 16.3　苏北滩涂区 6 个自然单元的面积变化及侵蚀/淤积速率

岸　段	Ⅰ	Ⅱ	Ⅲ	Ⅳ	Ⅴ	Ⅵ
侵蚀/淤积面积(km²)	−13.34	18.15	202.35	418.12	272.30	67.56
侵蚀/淤积速率(m/a)	−6.77	17.04	130.68	175.35	101.46	28.88

统计分析表明,6 个自然单元的滩涂湿地面积(包括天然湿地和人工湿地)变化特征为:

(1)岸段Ⅰ(灌河口—扁担河口)和岸段Ⅱ(扁担河口—射阳河口)的滩涂湿地为面积丧失类型,其他岸段为面积增加类型,与这两个类别岸段的海岸侵蚀/淤积类型基本吻合。

(2)滩涂湿地面积增长比例最大的区域主要在岸段Ⅳ(四卯酉河—新北凌闸)和岸段Ⅴ(新北凌闸—团结港),与这两个岸段滩涂面积增长比例最大的区域基本吻合。由于这两个岸段存在大量人工围垦工程,因此其较大的淤积速率增长并非自然特征,更多是人工滩涂围垦的结果。

(3)6 个自然单元中的人工湿地类型全部为面积增加,表明人类活动对研究区域湿地生态系统演替的干扰十分显著。其中,人工湿地绝对面积增加最大的区域主要出现在岸段Ⅳ,其次为岸段Ⅲ,可能与该区域的滩涂开发利用管理政策有关。

(4)6 个自然单元的天然湿地类型中,面积增加的主要类型仅为大米草群落。

除岸段Ⅵ外,大米草群落在其他 5 个岸段均保持了面积增长,其中绝对面积增加最大的是岸段Ⅳ,表明大米草群落的竞争性演替已由长江口岸转移至江苏中部海岸。

16.3.2 苏北沿海滩涂退化的空间格局和区域差异性

综合来看,1980—2014 年江苏沿海滩涂湿地系统的退化过程具有显著的空间分布格局特征和区域差异性(图 16.3)。

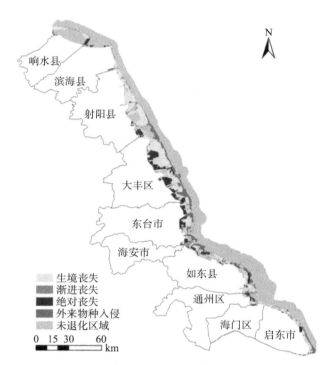

图 16.3 江苏沿海滩涂湿地退化的空间分布格局和类型

苏北滨海湿地景观结构性退化主要发生在射阳县、盐城市大丰区、东台市和如东县,且退化的主要类型是生境丧失、绝对丧失和外来物种入侵。各行政区退化类型有差异:生境丧失空间分布最广,各个县市都有;绝对丧失主要分布在大丰和东台两市(区),其他县(市、区)也有零星分布;外来物种入侵主要发生在阳河口以南和长江口以北区域,且以射阳县和大丰区面积最大;渐进丧失总体上分布较少,主要分布在射阳县境内。时间上,结构性退化主要发生在 1992—2008 年期间,且主要以生境丧失为主;1980—1986 年以渐进丧失为主;2008—2014 年外来物种入侵占主导地位。另外,苏北滨海湿地景观结构退化有南移趋势。

生境丧失是江苏沿海滩涂湿地的主要景观结构退化形式。其中,盐城地区比南通地区的退化更严重。以退化面积占整个区域总面积的比例为参照,江苏沿海地区滩涂湿地景观结构退化最严重的是海安市(70.94%),其次是大丰区(57.64%)、东台市(43.22%)、射阳县(41.38%)、通州区(40.25%)、启东市(25.57%)、海门区(24.05%)、如东县(22.19%)、滨海县(11.34%)和响水县(10.56%)。绝对丧失是滨海县和通州区滩涂湿地的主要退化形式,生境丧失是其他县(市、区)的主要退化形式。人类活动是这10个县(市、区)滩涂湿地景观结构退化的主导因子(表16.4)。

表16.4 江苏沿海不同区域滩涂退化面积对比

区域		不同区域滩涂退化面积占比(%)									
		响水县	滨海县	射阳县	大丰区	东台市	海安市	如东县	通州区	海门区	启东市
绝对丧失	Ⅰ	5.30	28.47	9.60	26.98	32.71	25.77	20.41	58.13	33.48	13.51
	Ⅱ	2.83	30.73	0.16	0.06	0.12		1.74	0.64	0.00	7.17
渐进丧失	Ⅲ	0.00	0.18	1.77	0.27	0.83	0.00	0.00	0.00	0.00	0.03
	Ⅳ	0.05	0.00	0.19	0.01	0.00		0.02	0.00	0.00	0.22
生境丧失	Ⅴ	86.70	36.99	79.77	57.63	45.79	40.81	54.68	29.93	60.41	61.54
物种入侵	Ⅵ	5.12	3.63	8.52	15.05	20.55	33.42	23.14	11.30	6.11	17.53
退化总面积(km²)		72.00	63.39	565.52	1 045.07	411.84	11.75	434.98	38.51	24.57	204.46
退化面积占比(%)		10.56	11.34	41.38	57.64	43.22	70.94	22.19	40.25	24.05	25.57

注:Ⅰ表示天然湿地→非湿地;Ⅱ表示人工湿地→非湿地;Ⅲ表示天然湿地→土壤盐化;Ⅳ表示人工湿地→功能衰化;Ⅴ表示天然湿地→人工湿地;Ⅵ表示米草入侵。

16.4 苏北海岸带湿地生态系统主要退化特征

(1)1980—2014年主要景观及生境类型的结构转型

①苏北沿海区域

根据转移矩阵统计,1980—2014年期间,整个苏北沿海区域[指包括苏北沿海盐城市及南通市所属响水、滨海、射阳、大丰、东台、海安、如东、通州、海门、启东等

10个县(市、区)行政单元的空间区域]各主要景观及植被/生境类型的转型面积总计 5 570.39 km²(表16.5)。

表16.5 苏北沿海区域湿地转型面积统计　　　　　　单位:km²

湿地转型		转移后(2014年)			
		天然湿地	人工湿地	非湿地	合　计
转移前 (1980年)	天然湿地	1 717.95	1 812.94	879.21	4 410.10
	人工湿地	0.12	37.97	434.80	472.89
	非湿地	6.22	104.32	576.86	687.40
	合　计	1 724.29	1 955.23	1 890.87	5 570.39

全部转型面积中,天然湿地的合计转型面积最大(4 410.10 km²),占全部转型面积(5 570.39 km²)的79.17%。可见,在整个苏北沿海区域,天然湿地的转型变化是最显著的。而人工湿地的合计转型面积(472.89 km²)仅占全部转型面积(5 570.39 km²)的8.49%。

在天然湿地的转型类型中,天然湿地向人工湿地的转型面积最大(1 812.94 km²),占全部天然湿地合计转型面积(4 410.10 km²)的41.11%。而天然湿地向天然湿地的转型面积次之(1 717.95 km²),只占全部天然湿地合计转型面积(4 410.10 km²)的38.95%。可见,在整个苏北研究区域,天然湿地的转型变化,尤以天然湿地向人工湿地的转型最为明显。

在人工湿地的转型类型中,人工湿地向非湿地的转型面积最大(434.80 km²),占全部人工湿地合计转型面积(472.89 km²)的91.95%。可见,在整个苏北研究区域,人工湿地的转型变化,以人工湿地的丧失最为明显。

②海岸滩涂区域

根据转移矩阵统计,1980—2014年期间,苏北海岸带滩涂区域各主要景观及植被/生境类型的转型面积总计 4 263.20 km²(表16.6)。

全部转型面积中,天然湿地的合计转型面积最大(4 092.15 km²),占全部转型面积(4 263.20 km²)的95.99%。可见,在苏北海岸带滩涂区域,天然湿地的转型变化是最显著的。而人工湿地的合计转型面积(65.79 km²)仅占全部转型面积(4 263.20 km²)的1.54%。

在天然湿地的转型类型中,天然湿地向人工湿地的转型面积最大(1 745.44 km²),占全部天然湿地合计转型面积(4 092.15 km²)的42.65%。而天然湿地向天然湿地的转型面积次之(1 708.42 km²),只占全部天然湿地合计转型面积(4 092.15 km²)的

41.75%。可见,在苏北海岸带滩涂区域,天然湿地的转型变化,尤以天然湿地向人工湿地的转型最为明显。

表 16.6　海岸滩涂区域湿地转型面积统计　　　　单位:km²

湿地转型		转移后(2014 年)			
		天然湿地	人工湿地	非湿地	合　计
转移前 (1980 年)	天然湿地	1 708.42	1 745.44	638.29	4 092.15
	人工湿地	0.06	20.36	45.37	65.79
	非湿地	0.14	56.25	48.87	105.26
	合　计	1 708.62	1 822.05	732.53	4 263.20

在人工湿地的转型类型中,人工湿地向天然湿地及人工湿地向人工湿地的转型面积都比较小。可见,在苏北海岸带滩涂区域,人工湿地的转型变化并不明显。

(2) 1980—2014 年湿地系统的逆向退化与正向演进

①苏北沿海区域

a. 逆向退化特征

根据转移矩阵统计,1980—2014 年期间,整个苏北海岸带研究区域湿地类型的主要结构性退化表现为(表 16.7):

表 16.7　苏北沿海区域湿地系统结构性退化状况统计

湿地退化类型		退化面积(km²)	退化比例(%)
绝对丧失 (面积减少)	天然湿地——非湿地	879.21	24.15
	人工湿地——非湿地	434.80	11.94
渐进丧失	天然湿地——土壤盐化	16.46	0.45
	人工湿地——功能衰化	15.02	0.41
生境丧失	天然湿地——人工湿地	1 812.94	49.79
物种入侵	米草、互花米草入侵	482.88	13.26
退化特征	退化总面积(km²)	3 641.31	
	占区域面积比例(%)	11.84	
	占前期湿地面积比例(%)	21.14	

退化面积达 3 641.31 km²,占整个苏北沿海研究区域面积(30 752.40 km²)的 11.84%,占该研究区域前期(1980 年)湿地面积总和(17 223.35 km²)的 21.14%。

在 3 641.31 km² 的区域湿地系统结构性退化面积中,生境丧失退化类型(天然湿地向人工湿地转型)所占比例最高,面积达 1 812.94 km²,占该研究区域湿地系统结构性退化面积的 49.79%。这表明整个苏北海岸带研究区域湿地系统的结构性退化,主要以生境丧失即天然湿地向人工湿地转型类型为主,人类干扰对苏北海岸带研究区域湿地系统结构性退化的影响最为显著。

天然湿地的土壤盐化发展以及人工湿地服务功能衰化发展的渐进丧失过程,其面积所占比例分别为 0.45% 和 0.41%,是整个湿地系统结构性退化类型中占比最小的两种类型,表明在苏北海岸带研究区域,现代湿地生态的退化过程,渐进性退化类型所带来的湿地退化程度相对偏低,自然过程所导致的湿地系统退化的影响并不显著。

b. 正向演进特征

根据转移矩阵统计,1980—2014 年期间,整个苏北海岸带研究区域湿地类型的主要正向演进特征表现为(表 16.8):

表 16.8　苏北沿海区域湿地系统结构性正向演进状况

湿地正向演进类型		演进面积(km²)	正向演进比例(%)
绝对增长 (面积增加)	非湿地——→天然湿地	6.22	1.89
	非湿地——→人工湿地	104.32	31.62
渐进恢复	天然湿地——→土壤去盐	196.34	59.51
	人工湿地——→功能强化	22.95	6.96
生境优化	人工湿地——→天然湿地	0.12	0.04
正向演 进特征	正向演进总面积(km²)	329.95	
	占区域面积比例(%)	1.07	
	占前期湿地面积比例(%)	1.92	
	与退化面积的比例(%)	9.06	

湿地系统结构性正向演进面积达 329.95 km²,占整个苏北海岸带研究区域面积(30 752.40 km²)的 1.07%,占该研究区域前期(1980 年)湿地面积总和(17 223.35 km²)的 1.92%。

在 329.95 km² 的区域湿地系统结构性退化面积中,天然湿地的土壤去盐化渐进恢复,以及非湿地向人工湿地转型的绝对面积增加所占比例最高,两项面积分别为 196.34 km² 和 104.32 km²,占该研究区域湿地系统结构性正向演进面积的 59.51% 和 31.62%。这表明整个苏北海岸带研究区域湿地系统的结构性正向演进,主要以天然湿地的土壤去盐化渐进恢复为主,人工湿地的形成为辅,自然过程对苏北海岸带研究区域湿地系统结构性正向演进的影响最为显著。

与湿地系统结构性退化相比,湿地系统结构性正向演进面积(329.95 km²)仅占湿地系统结构性退化面积(3 641.31 km²)的9.06%。可见,整个苏北海岸带研究区域,现代湿地系统的演化过程仍然是以退化过程为主导,正向演进及湿地恢复的程度相对偏低。正向演进由于主要依赖天然湿地的土壤去盐化渐进恢复为主,因此现代湿地系统的恢复过程必然是漫长的。

②沿海滩涂区域

a. 逆向退化特征

根据转移矩阵统计,1980—2014年期间,苏北沿海滩涂区域湿地类型的主要结构性退化表现为(表16.9):

表16.9 沿海滩涂区域湿地系统结构性退化状况统计

湿地退化类型		退化面积(km²)	退化比例(%)
绝对丧失(面积减少)	天然湿地——非湿地	638.29	21.79
	人工湿地——非湿地	45.37	1.55
渐进丧失	天然湿地——土壤盐化	15.23	0.52
	人工湿地——功能衰化	1.82	0.06
生境丧失	天然湿地——人工湿地	1 745.44	59.59
物种入侵	米草、互花米草入侵	482.88	16.49
退化特征	退化总面积(km²)	2 929.02	
	占区域面积比例(%)	35.09	
	占前期湿地面积比例(%)	36.39	

结构性退化面积达2 929.02 km²,占苏北海岸带滩涂区域面积(8 347.60 km²)的35.09%,占该研究区域前期(1980年)湿地面积总和(8 048.10 km²)的36.39%。

在2 929.02 km²的区域湿地系统结构性退化面积中,生境丧失退化类型(天然湿地向人工湿地转型)所占比例最高,面积达1 745.44 km²,占该研究区域湿地系统结构性退化面积的59.59%。这表明苏北沿海滩涂区域湿地系统的结构性退化,主要以生境丧失即天然湿地向人工湿地转型类型为主,其次是天然湿地的绝对丧失,占滩涂区域湿地系统结构性退化面积的21.79%。

人工湿地的非湿地化转型以及人工湿地服务功能的衰化发展过程,其面积所占比例分别为1.55%和0.06%,是沿海滩涂区域湿地系统结构性退化类型中比例较小的两种类型,表明在苏北沿海滩涂区域,现代湿地生态的退化过程,人工湿地退化类型所带来的湿地退化程度相对偏低,影响也并不显著。

b. 正向演进特征

根据转移矩阵统计,1980—2014 年期间,苏北沿海滩涂区域湿地类型的主要正向演进特征表现为(表 16.10):

表 16.10 沿海滩涂区域湿地系统结构性正向演进状况

湿地正向演进类型		演进面积(km²)	正向演进比例(%)
绝对增长(面积增加)	非湿地 → 天然湿地	0.14	0.05
	非湿地 → 人工湿地	56.25	21.38
渐进恢复	天然湿地 → 土壤去盐	188.05	71.50
	人工湿地 → 功能强化	18.54	7.05
生境优化	人工湿地 → 天然湿地	0.06	0.02
正向演进特征	正向演进总面积(km²)	263.02	
	占区域面积比例(%)	3.15	
	占前期湿地面积比例(%)	3.27	
	与退化面积的比例(%)	8.98	

湿地系统结构性正向演进面积达 263.02 km²,占苏北海岸带滩涂区域面积(8 347.60 km²)的 3.15%,占该研究区域前期(1980 年)湿地面积总和(8 048.10 km²)的 3.27%。

在 263.02 km² 的区域湿地系统结构性正向演进面积中,天然湿地的土壤去盐化渐进恢复以及非湿地向人工湿地转型所占比例最高,两项面积分别为 188.05 km² 和 56.25 km²,占该研究区域湿地系统结构性正向演进面积的 71.50% 和 21.38%。这表明海岸带滩涂区域湿地系统的结构性正向演进,主要以天然湿地的土壤去盐化渐进恢复为主,同时,人类活动干预下的人工湿地面积增加也是苏北沿海滩涂区域湿地系统结构性正向演进的重要原因之一。

与湿地系统结构性退化相比,湿地系统结构性正向演进面积(263.02 km²)仅占结构性退化面积(2 929.02 km²)的 8.98%。可见,苏北沿海滩涂区域,现代湿地系统的演化过程仍然是以退化过程为主导,正向演进及湿地恢复的程度相对偏低。正向演进由于主要尚依赖天然湿地的土壤去盐化渐进恢复,因此,必须加强人类活动干预下的人工湿地面积恢复建设。

16.5 苏北自然保护区生态退化过程与退化特征

根据上述建立的湿地生境演替模式与生态系统退化分析方法，通过对江苏盐城湿地珍禽国家级自然保护区 1980—2014 年 6 个时期(图 16.4)以及 3 个阶段(1980—1992 年、1992—2000 年、2000—2008 年)(图 16.5)湿地景观生态退化过程及退化特征分析，对盐城自然保护区湿地生态系统的退化特征、退化幅度、变化速率等特征形成了以下认识：

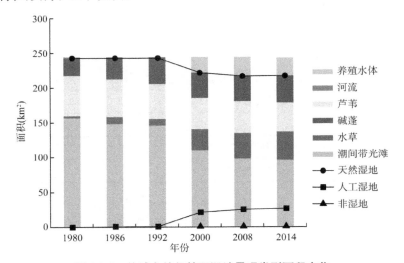

图 16.4 盐城自然保护区湿地景观类型面积变化

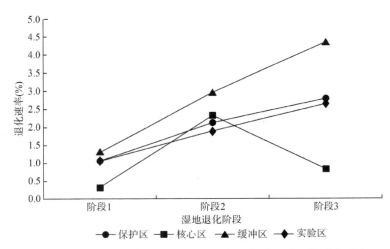

图 16.5 盐城自然保护区不同区域三个阶段的湿地退化速率对比

（1）从1980到2008年，苏北盐城自然保护区退化面积达39.39%，退化形式以生境转型为主，占退化面积的62.96%，主要特点是自然湿地以转出为主，人工湿地和非湿地以转入为主。

（2）保护区湿地退化的面积比例及其退化的主要表现形式具有时空差异性。从退化面积比例来看，保护区湿地退化面积比例在三个时段都表现为先增加后减少的趋势。核心区、实验区和保护区三阶段退化面积比例从大到小的顺序依次为第2阶段、第3阶段和第1阶段；而缓冲区则是第3、2、1阶段。对于保护区内部三个区域而言，缓冲区在各阶段退化面积比例都是最大的，核心区（除第2阶段外）都是最小的。

（3）湿地退化速率可以很好地反映各区域湿地退化的趋势，保护区三阶段退化速率（年退化面积占区域总面积的百分比）分别为1.06%/a、2.12%/a和2.78%/a，可知保护区湿地退化有加速趋势，斜率为0.86。核心区湿地退化速率有先增大后减小的趋势；缓冲区和实验区呈加速趋势（斜率分别为1.51和0.78）。阶段2是退化开始加速的阶段，退化形式以绝对丧失和生境性丧失为主，这可能与20世纪90年代初期提出的"海上苏东"跨世纪海洋经济发展工程，大力开发湿地发展经济有关。

（4）在类型转型方面，缓冲区和实验区与保护区基本一致，都以自然湿地转出为主，以人工湿地和非湿地转入为主，退化面积占各自面积的49.49%和38.46%，且湿地退化形式也以生境转型为主（分别为75.25%和60.94%）。核心区则有所不同，自然湿地转入转出都占优势地位，转入转出率分别为75.72%和97.57%，退化面积为25.80%，以生物入侵为主要退化形式（56.98%）。可见，保护区退化较为严重，且其内部以缓冲区退化最为严重，其次为实验区，最后为核心区，各区域退化形式有所差异。

（5）从湿地退化形式上看，保护区及其内部三区各阶段的主要退化形式也不同：保护区三阶段的主要退化形式分别是生境转型、绝对丧失和生境转型、生境转型；核心区则为生物入侵、生境转型和生物入侵、生物入侵；缓冲区则是生物入侵和渐进丧失、生境转型、生境转型；实验区则为生境转型、绝对丧失、生境转型和生物入侵。

第十七章

苏北海岸带湿地生态系统脆弱性评价

17.1　海岸带湿地生态系统脆弱性评价方法

（1）海岸带湿地生态系统脆弱性的科学内涵

脆弱性是生态系统的一种固有属性，它是指生态系统在面临外界压力干扰时，可能导致系统出现"损伤"或退化过程（即偏离"常态"）等级程度的一个度量。通俗地讲，即当生态系统抗干扰能力强时，脆弱性就低，否则，脆弱性就高。广义上说，在一定时空尺度上，任何一个生态系统都具有脆弱性的一面。

生态系统脆弱性存在与否以及大小不取决于生态系统是否暴露于干扰之下，即生态系统的脆弱性与环境因子之间并不存在必然的因果关系。但是，生态系统脆弱性通常只有在干扰（即暴露）的情况下才会显现出来。

（2）海岸带湿地生态系统脆弱性的评价方法

海岸带湿地生态系统脆弱性评价的主要技术体系和步骤，采用国际主流建议，包括调查和描述研究区域现有的生态和社会系统状况、识别相关发展因素、分析理解现有及未来可能存在的压力、确定各种压力下的生态敏感性及其影响和适应能力、建立脆弱性分析矩阵、评估未来情景下的脆弱性、确定适应性战略管理目标和响应机制等（图17.1）。

滨海盐沼湿地系统的生态脆弱性评价方法将采用指标体系法，基于 ESA 模型的脆弱性评价思路，构建滨海盐沼湿地系统的生态脆弱性评价指标体系和评价方法技术体系。分析研究区域湿地生态系统退化的主要影响因子，从暴露程度、敏感性、适应能力三个层面以及退化湿地生态系统状态、环境质量状况、敏感性湿地生境因子、系统演化驱动因子等方面提出描述滨海盐沼湿地系统生态脆弱性的表征

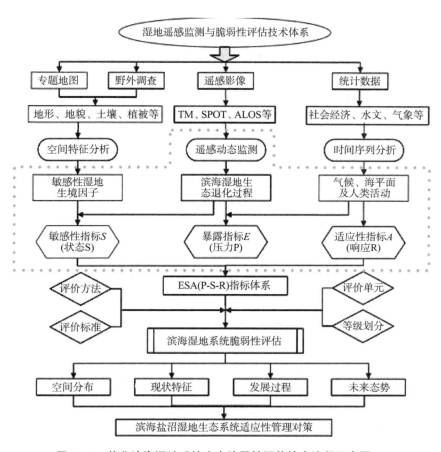

图 17.1 苏北滨海湿地系统生态脆弱性评估技术流程示意图

指标,确定湿地系统生态脆弱性的不同等级划分阈值。构建气候变化、海平面上升及人类活动背景下的滨海湿地系统生态脆弱性评价指标体系和评价方法技术体系,评估研究区域生态脆弱性的现状、变化过程及未来发展态势。

(3) 海岸带湿地生态系统脆弱性的评价模型

根据海岸带湿地生态系统脆弱性的科学内涵,从评价生态系统脆弱性的角度,海岸带湿地生态系统的脆弱性可表达为:生态系统脆弱性 = 风险暴露程度(E) × 系统敏感性(S)/ 适应能力(A),即

$$V = f(E \times S/A) \tag{17.1}$$

式中:V 为滨海湿地系统的生态脆弱性指数,该指数越大,则湿地的生态脆弱性就

越大；E 为暴露程度指数；S 为系统敏感性指数，即系统对外界因子变化的响应程度；A 为适应能力指数。

上述 ESA 评价模型中，暴露程度指数（E）、敏感性指数（S）和适应能力指数（A）的计算方法基本一致：

$$VI = \frac{1}{n}\sum_{i=1}^{n} A_{ij}, \quad A_{ij} = \frac{5(X_{ij} - X_{\min})}{X_{\max} - X_{\min}}, j = 1, 2, \cdots, 45 \qquad (17.2)$$

式中：VI 可代表暴露程度指数（E）、敏感性指数（S）和适应能力指数（A）；n 表示（E、S、A）中包含的评估因子个数；A_{ij} 表示第 j 评估区第 i 因子的相对分值。评估计算过程中，每个评价指标在标准化分值后，取整数分为 5 个等级（1,2,3,4,5），每个等级的评分赋值分别对应为 1,3,5,7,9；X_{ij} 表示第 j 评估区第 i 因子的评分统计值。

在此基础上，采用等权重方法，对 $V = f(E \times S/A)$ 进行计算赋值。并根据计算结果，按照取整标准进行脆弱性等级划分，将滨海湿地系统生态脆弱性划定为"高"、"较高"、"中等"、"较低"和"低"五个等级。

17.2　海岸带湿地系统脆弱性评价指标体系

根据海岸带湿地生态系统脆弱性的科学内涵，结合苏北海岸带湿地生态系统所面临的风险以及人类活动和社会经济发展现状，从"暴露程度（系统风险胁迫）"、"敏感程度"和"适应能力（系统恢复能力）"三个层次，结合生态系统脆弱性的"压力 P-状态 S-响应 R"原理，构建苏北海岸带湿地生态系统脆弱性的指标体系。

为了科学诊断影响苏北滨海湿地生态系统脆弱性的敏感要素，有效提炼与海岸带湿地生态系统脆弱性评价相关的人类活动/社会经济指标及敏感性生境因子指标，结合区域特征以及数据收集的可行性，采用典型相关分析（CCA）及冗余排序分析（RDA）方法，对海岸带湿地生态系统脆弱性评价指标体系进行了诊断和遴选。

（1）生态脆弱性评价指标的敏感性分析变量设计

根据 1980—2014 年遥感动态监测及野外调查分析表明，苏北海岸带滨海湿地生态系统演变特征受到其独特的自然条件和人类活动双重因素的影响。在典型相关分析（CCA）中，鉴于典型相关两组变量地位相等，如有隐含的因果关系，可令一组为自变量，另一组为因变量。因此，设计因变量组 Y 为研究区内的湿地系统演变特征，自变量组 X 为研究区内的自然条件和人类社会经济活动（表 17.1）。

表 17.1　生态脆弱性评价指标的敏感性分析变量设计表

主题	自变量	因变量
气候变化	温度、降水、风暴潮、海平面	湿地面积变化 湿地转型变化 湿地退化面积 人工湿地变化 生境演替变化
人类活动	人口增长、经济发展、城市扩张、土地压力、科技水平	
生境因子	土壤盐分、土壤水分、土壤养分、pH 值	
自然条件	水文状况、地质地貌、植被土壤	
环境质量	水质条件、污染状况	

（2）脆弱性评价体系中社会经济指标的诊断和遴选

为了科学选取脆弱性评价体系中的人类活动和社会经济发展状况指标,根据遥感动态监测分析苏北海岸带湿地演变特征,利用 GIS 技术对 1980 年、1986 年、1992 年、2000 年、2008 年及 2014 年的湿地动态变化数据按照 10 个县(市、区)进行空间分割,获得 1980—1986 年、1986—1992 年、1992—2000 年、2000—2008 年、1980—2008 年、2008—2014 年 6 个时间段各市(县)的湿地总面积变率、湿地转型面积比例、围垦面积比例等。同时,收集获取 1980—2014 年 10 个县(市、区)的社会经济统计指标数据,计算获得相应年份的指标。

用于典型相关分析(CCA)的初始社会经济数据有 6 组,主要包括人口状况、土地面积、经济指标、财政收支等,共计 27 个社会经济因子和 2 个人类活动指标:

①人口指标:总人口、人口密度、人口增长速率;

②经济指标:GDP、人均 GDP、GDP 增速、第一产业产值、第二产业产值、第三产业产值、财政收入、全社会固定资产投资;

③农业生产指标:农林牧渔业总产值、粮食播种面积、人均耕地面积、粮食产量、粮食单产、棉花产量、农作物播种面积、水产品产量、养殖业产值;

④产业结构指标:第一产业比重、第二产业比重、第三产业比重;

⑤消费能力指标:农民人均纯收入、城乡居民人均存款和社会消费品零售总额;

⑥城镇化指标:城镇建成区面积、城市化水平。

通过对 10 个县(市、区)1980—2014 年社会经济数据进行自相关分析,排除自相关变量,选择与其他自变量相关性较小且与因变量的相关性大的变量作为设计变量。最终选择入围分析的社会经济要素包括:人口增长速率($X1$)、人口密度($X2$)、GDP 增速($X3$)、人均 GDP($X4$)、固定资产投资总额($X5$)、围垦面积($X6$)、城镇建成区面积($X7$)、人均耕地面积($X8$)、农村人均纯收入($X9$)、农林牧渔产值

（X10）、第一产业比重（X11）。

作为因变量,湿地演变特征选择了①湿地面积变化(Y1):湿地总面积减少比例;②湿地转型变化(Y2):湿地转型面积比例;③湿地退化面积(Y3):湿地退化面积占研究区前期湿地面积的比例;④人工湿地面积增长率(Y4)。

从自变量组与因变量组的相关性分析结果(表17.2)可以看出,人类活动/社会经济发展状况指标与湿地演变特征指标之间存在着较强的相关关系,总体上能够用自变量组的指标来解释因变量组。从典型相关系数及典型相关显著性检验结果来看(表17.3),前4个典型相关系数均较高,表明相应的典型相关变量之间关系密切;通过比较他们各自的 χ^2 统计量计算值、临界值及 p 值,在0.05的显著水平下,通过了 χ^2 统计量检验,这表明前两对典型变量之间相关关系显著,能够用自变量组人类活动变化来解释因变量组湿地生态系统演变特征。相关系数达到0.995、0.992,典型相关系数的平方为0.990和0.984,则前两组的有99%和98.4%的信息可由相应的自变量组变量予以解释。

表17.2　脆弱性评价自变量组与因变量组相关性分析

	X1	X2	X3	X4	X5	X6	X7	X8	X9	X10	X11
Y1	−0.086 0	−0.263 4	0.188 6	0.212 6	0.381 0	0.168 0	0.193 0	−0.018 7	0.292 3	0.036 9	0.077 7
Y2	−0.237 9	−0.506 6	−0.202 9	0.349 8	0.086 9	0.616 7	0.331 6	0.341 0	0.579 8	0.162 7	0.206 4
Y3	−0.668 2	−0.090 7	−0.082 9	0.647 8	0.523 3	0.113 4	0.607 0	0.140 7	0.467 7	0.597 7	0.599 2
Y4	0.224 9	−0.086 8	−0.155 4	−0.184 2	−0.382 1	0.172 7	0.233 8	0.116 1	−0.120 0	−0.085 2	−0.142 1

表17.3　脆弱性评价典型相关系数及其显著性检验

序号	典型相关系数	Wilk's	Chi-SQ	DF	Sig.
1	0.995	0.000	106.887	56.000	0.000
2	0.992	0.001	62.253	39.000	0.010
3	0.888	0.095	22.337	24.000	0.559
4	0.741	0.451	7.556	11.000	0.752

根据典型变量的重要程度及系数大小,从建立的典型相关变量可以看出,苏北沿海的湿地系统演变与人类和社会经济发展之间存在着显著的相关性。湿地面积减少、人工湿地面积增加以及湿地退化面积比例的变化,与人口增长、经济发展、城镇扩张以及土地压力等因素呈显著正相关。因此,在湿地生态系统脆弱性评价指标体系设计中,主要选择了与人口增长、经济发展、城镇扩张以及土地压力相关联的11个社会经济及人类活动指标。

（3）脆弱性评价体系中生境因子指标的诊断和遴选

为了科学识别、诊断和选取海岸带湿地生态系统脆弱性评价体系中的敏感性湿地生境因子指标，采用群落尺度敏感性湿地生境因子分析方法，分析现场采集的98组天然湿地样本（包括芦苇、碱蓬/盐蒿、米草、光滩等）的敏感性生境因子［包括0～30 cm土层的土壤温度（ST）、含水量（SW）、体积电导率（ECb）、孔隙电导率（ECp）、pH值、总碳（TC）、总氮（TN）和碳氮比（C/N）等］数据，进行冗余排序分析（RDA）。

研究区天然湿地敏感性生境因子的RDA排序分析结果表明，前两排序轴包含的生态信息量较大（方差累计解释百分比分别为56.6%和100%），具有重要的生态意义，因此采用了第一和第二排序轴作为湿地生境因子的二维排序图。从湿地生境因子的RDA排序图（图17.2）及相关系数（表17.4）分析中，可以看出：

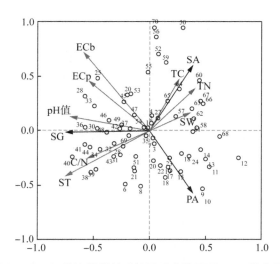

图17.2　江苏海岸带敏感性湿地生境因子RDA排序图

表17.4　敏感性湿地生境因子与RDA排序轴的相关系数

湿地生境因子	第一排序轴	第二排序轴
土壤温度（ST）	−0.579 6	−0.292 0
土壤含水量（SW）	0.283 4	0.114 3
土壤酸碱度（pH值）	−0.543 8	0.088 2

湿地生境因子	第一排序轴	第二排序轴
土壤体积电导率（ECb）	−0.450 4	0.502 1
土壤孔隙电导率（ECp）	−0.416 8	0.319 5
土壤总氮（TN）	0.310 3	0.271 6
土壤总碳（TC）	0.203 9	0.332 5
土壤碳氮比（C/N）	−0.431 0	−0.178 5

①第一排序轴中,ST、pH 值、ECb、ECp、C/N 与第一排序轴均呈负相关关系,相关系数分别为−0.579 6、−0.543 8、−0.450 4、−0.416 8 和−0.431 0。TN、SW、TC 与第一排序轴均呈正相关关系,相关系数分别为 0.310 3、0.283 4 和 0.203 9,相关系数绝对值均小于 ST、pH 值、ECb、ECp、C/N 绝对值。

②第二排序轴中,ST 和 C/N 与第二排序轴呈负相关关系,相关系数为−0.292 0 和−0.178 5。ECb、TC、ECp、TN、SW 与第二排序轴呈正相关关系,相关系数分别为 0.502 1、0.332 5、0.319 5、0.271 6 和 0.114 3。沿第二排序轴从下到上,ST 和 C/N 逐渐变小,ECb、TC、ECp、TN 和 SW 逐渐变大。

③8 个生境因子的边际效应均对样本分布有影响,且影响大小顺序是 ECb>ST>pH 值>ECp>C/N>TN>TC>SW。去除前置环境因子的共线性作用后,8 个环境因子的条件效应大小顺序发生了变化,而且只有 ECb、ST 和 C/N 的条件效应对样本分布有显著影响($p<0.05$)。

因此,在湿地生态系统脆弱性评价指标体系设计中,生境因子指标主要选择了与第一排序轴中 ST、pH 值、ECb、ECp、C/N 等要素有关的土壤盐分(与 ECb、ECp 关联)、土壤养分(与 TN、TC 及 C/N 关联)以及土壤 pH 值等指标。同时,考虑到面上数据的可获取性,增加了土壤水分(与 SW 关联)要素,而剔除了土壤温度(ST)要素。

（4）苏北海岸带湿地生态系统脆弱性评价指标体系

根据上述分析,从"暴露程度(系统风险胁迫)"、"敏感程度"和"适应能力(系统恢复能力)"三个层次,同时借鉴参考"压力 P-状态 S-响应 R"原理,设计构建了苏北海岸带湿地生态系统脆弱性的评价指标体系(表 17.5),包括了 7 个主题层(气候变化、人类活动、生境因子、自然条件、环境质量、系统响应和适应能力)45 个指标。其中:

①暴露程度:指标体系包括气候变化(温度变化、降水变化及风暴潮事件

等)、海平面变化、人类活动(人口增长、经济发展、城市扩张、土地利用压力等)等。

②敏感程度:指标体系包括湿地生境因子(土壤盐分、土壤水分、土壤养分、土壤 pH 值等)、湿地系统的自然条件(水文状况、地质地貌、植被土壤等)、区域环境质量(水质条件、污染状况等)、湿地系统响应(面积变化、景观转型、生境演替、景观变化、多样性变化等)。

③适应能力:主要指标包括经济能力、环境保护、自然保护、堤防实施、工程投入以及科技投入等。

表 17.5 苏北海岸带湿地生态系统脆弱性评价指标体系设计

E-S-A 体系	主题	要素	指标 名称	P-S-R 体系	
暴露程度	系统风险胁迫	气候变化	温度变化	多年平均温度	压力	自然压力
			降水变化	多年平均降水量		
			风暴潮	风暴潮频率(1%)		
		海平面变化	海平面上升	海平面上升速率		
暴露程度	系统风险胁迫	人类活动	人口增长	人口密度	压力	社会压力
				人口增长速率		
			经济发展	GDP 增速		
				人均 GDP		
				固定资产投资		
				产业结构		
			城市扩张	城镇建设用地增速		
				城市化水平		
			土地利用压力	人均耕地面积		
				土地垦殖率		
				滩涂围垦强度		
				湿地利用比例		

海平面上升对沿海地区水安全与生态系统的影响与应对

E-S-A 体系	主题	要素	指标名称	P-S-R 体系
敏感程度	基础影响要素	湿地生境因子	土壤盐分 — 土壤平均含盐量	生境状态
			土壤水分 — 土壤平均含水量	
			土壤养分 — 土壤平均有机质量	
			土壤 pH 值 — 土壤平均 pH 值	
		湿地系统自然条件	水文状况 — 单位面积径流补给	状态 / 自然状态
			单位面积水分耗散	
			最高潮潮位	
			最大潮差	
			地质地貌 — 海岸线长度	
			侵蚀/淤积速率	
			土壤质地	
			滩涂平均坡度	
			植被土壤 — 土壤盐渍化面积比例	
			植被覆盖率/度	
	区域环境质量	水质条件	地表径流水质等级	环境状态
		污染状况	单位面积污染物负荷	
	影响结果表现	湿地系统响应	面积变化 — 湿地面积及生境损失比例	响应 / 生态退化响应
			景观转型 — 湿地景观转型面积占比	
			生境演替 — 重要竞争性植被群落面积占比	
			景观变化 — 重要指示性景观指数	
			多样性变化 — 生物多样性指数	

E-S-A体系	主题	要素	指标名称	P-S-R体系
适应能力	系统恢复能力	响应适应能力	经济能力：人均财政收入	响应 社会经济适应
			环境保护：单位 GDP 环境保护财政投入	
			废水处理率	
			自然保护：保护区面积占土地面积之比	
			堤防实施：护岸护堤工程占岸线长度之比	
			堤防工程标准	
			工程投入：岸堤工程投入占财政收入之比	
			科技水平：R&D 占财政收入之比	

17.3 苏北海岸带湿地系统脆弱性示范评价

以 1980—2010 年为时间基准参考时段，以江苏苏北盐城地区和南通地区所属的 10 个沿海行政单元（包括响水、滨海、射阳、大丰、东台、海安、如东、通州、海门、启东）作为评估对象（评估单元），以 7 大类（气候变化、人类活动、生境因子、自然条件、环境质量、系统响应、适应能力）45 个指标为评价指标体系，开展了江苏滨海湿地生态系统脆弱性评价示范。

评价过程中，所有 1980—2010 年为基准时段内的 7 大类 45 个指标评价参数都进行栅格化处理，并将所有评价指标项的计算结果汇总到县（市、区）行政单元中。其中，社会经济数据直接以行政单位统计汇总，空间数据（站点、栅格等）采用空间插值后，按照县（市、区）行政单元面积求平均再空间叠加后获得。各个指标项经聚类分析标准化评分定级，划分为轻微、轻度、中度、强度以及极度脆弱 5 个脆弱等级。

在上述各指标项数据分析处理基础上，基于 ESA 评价方法所进行的湿地系统脆弱性评价，得出苏北海岸带地区，湿地系统生态脆弱性评价的初步结果。

（1）苏北滨海湿地系统生态脆弱性暴露程度指数

苏北海岸带滨海湿地系统脆弱性评价中的暴露程度指数，由多年平均温度、多年平均降水量、风暴潮频率（1%）、海平面上升速率、人口密度、人口增长速率、GDP增速、人均 GDP、固定资产投资、产业结构、城镇建设用地增速、城市化水平、人均耕地面积、土地垦殖率、滩涂围垦强度(围垦面积比例)、湿地利用比例 16 个指标,通过暴露程度综合指数评估模型计算获得。

对苏北沿海 10 个行政单元的各项暴露性评估因子指标进行权重分级、评分,计算统计出苏北海岸带滨海湿地系统的暴露程度指数见表 17.6 和图 17.3。

暴露程度指标反映湿地生态系统所面临的生态压力,阐明湿地生态系统所受压力风险的程度。从区域分布来看,苏北滨海湿地系统脆弱性暴露程度指数中,"高"等级地区出现在如东(7.63)和启东(6.75)地区,主要与这两个区域的风暴潮频率(1%)较高、城镇建设用地增速快、滩涂围垦强度大以及沿海湿地利用比例较高等因素有关。

从上述结果来看,暴露程度指数与人类活动的相关性很强,表明滨海湿地系统的风险暴露程度主要是由人类活动干扰所造成,而与气候变化及海平面变化的相关性并不非常强。

表 17.6　苏北海岸带滨海湿地系统生态脆弱性暴露程度指数(等级/评分)

评估单元(区域)	响水	滨海	射阳	大丰	东台	海安	如东	通州	海门	启东
多年平均温度	2/3	2/3	3/5	3/5	4/7	4/7	4/7	5/9	5/9	5/9
多年平均降水量	4/7	4/7	4/7	3/5	4/7	4/7	5/9	5/9	5/9	5/9
风暴潮频率(1%)	1/1	2/3	3/5	3/5	4/7	4/7	5/9	5/9	3/5	5/9
海平面上升速率	3/5	3/5	3/5	3/5	3/5	3/5	4/7	4/7	3/5	1/1
人口密度	2/3	3/5	2/3	1/1	2/3	3/5	3/5	4/7	4/7	3/5
人口增长速率	5/9	5/9	1/1	1/1	1/1	4/7	2/3	1/1	4/7	4/7
GDP 增速	5/9	4/7	3/5	3/5	3/5	3/5	4/7	4/7	3/5	3/5
人均 GDP	2/3	2/3	2/3	4/7	3/5	4/7	3/5	5/9	5/9	4/7
固定资产投资	2/3	1/1	1/1	3/5	4/7	4/7	2/3	3/5	3/5	3/5
产业结构	4/7	3/5	2/3	3/5	2/3	2/3	4/7	5/9	5/9	4/7
城镇建设用地增速	1/1	1/1	2/3	2/3	2/3	2/3	5/9	4/7	1/1	5/9
城市化水平	3/5	3/5	3/5	3/5	3/5	3/5	4/7	3/5	3/5	3/5
人均耕地面积	4/7	3/5	5/9	5/9	4/7	1/1	4/7	2/3	2/3	2/3
土地垦殖率	3/5	3/5	3/5	4/7	2/3	3/5	5/9	2/3	3/5	4/7

评估单元(区域)	响水	滨海	射阳	大丰	东台	海安	如东	通州	海门	启东
滩涂围垦强度	2/3	2/3	3/5	3/5	3/5	4/7	5/9	3/5	3/5	3/5
湿地利用比例	2/3	2/3	3/5	3/5	3/5	5/7	5/9	4/7	1/1	4/7
暴露程度综合指数	4.63	4.38	5.50	5.88	5.25	4.75	7.63	5.63	6.00	6.75

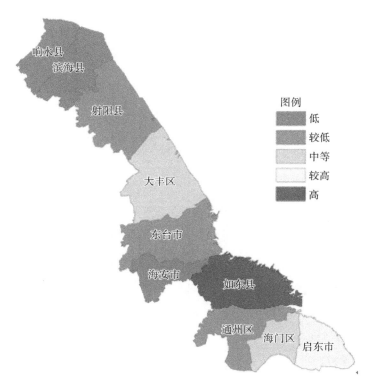

图 17.3 苏北滨海湿地系统脆弱性暴露程度指数等级分布

(2)苏北滨海湿地系统生态脆弱性敏感程度指数

苏北海岸带滨海湿地系统脆弱性评价中的敏感程度指数,由土壤平均含盐量、土壤平均含水量、土壤平均有机质量、土壤平均 pH 值、单位面积径流补给、单位面积水分耗散、最高潮潮位、最大潮差、海岸线长度、侵蚀/淤积速率、土壤质地、滩涂平均坡度、土壤盐渍化面积比例、植被覆盖率、地表径流水质等级、单位面积污染物负荷、湿地面积及生境损失比例、湿地景观转型面积占比、重要竞争性植被群落面积占比、重要指示性景观指数、生物多样性指数 21 个指标,通过敏感程度综合指数评估模型计算获得。

对苏北沿海 10 个行政单元的各项敏感性评估因子指标进行权重分级、评分,计算统计出苏北海岸带滨海湿地系统的敏感程度指数,见表 17.7 和图 17.4。

表 17.7　苏北海岸带滨海湿地系统生态脆弱性敏感程度指数(等级/评分)

评估单元(区域)	响水	滨海	射阳	大丰	东台	海安	如东	通州	海门	启东
土壤平均含盐量	5/9	4/7	3/5	2/3	1/1	4/7	5/9	5/9	5/9	3/5
土壤平均含水量	1/1	2/3	4/7	4/7	3/5	3/5	4/7	5/9	5/9	4/7
土壤平均有机质量	2/3	3/5	2/3	3/5	4/7	4/7	4/7	5/9	3/5	3/5
土壤平均 pH 值	5/9	5/9	5/9	5/9	4/7	3/5	5/9	5/9	5/9	5/9
单位面积径流补给	5/9	5/9	5/9	4/7	5/9	5/9	5/9	2/3	1/1	1/1
单位面积水分耗散	2/3	2/3	2/3	1/1	1/1	1/1	3/5	3/5	5/9	5/9
最高潮潮位	3/5	2/3	3/5	2/3	3/5	5/9	4/7	5/9	5/9	5/9
最大潮差	3/5	3/5	3/5	3/5	3/5	3/5	4/7	4/7	5/9	5/9
海岸线长度	3/5	4/7	5/9	4/7	1/1	5/9	3/5	3/5	3/5	5/9
侵蚀/淤积速率	1/1	1/1	2/3	5/9	5/9	4/7	4/7	5/9	1/1	2/3
土壤质地	5/9	4/7	1/1	1/1	1/1	1/1	5/9	2/3	4/7	4/7
滩涂平均坡度	5/9	5/9	4/7	1/1	2/3	4/7	5/9	4/7	5/9	2/3
土壤盐渍化面积比例	3/5	3/5	1/1	1/1	4/7	2/3	5/9	5/9	5/9	3/5
植被覆盖率	4/7	5/9	4/7	2/3	2/3	1/1	4/7	5/9	2/3	3/5
地表径流水质等级	3/5	3/5	2/3	2/3	3/5	3/5	3/5	3/5	3/5	3/5
单位面积污染物负荷	4/7	3/5	5/9	2/3	1/1	1/1	5/9	3/5	4/7	1/1
湿地面积及生境损失比例	2/3	2/3	3/5	5/9	3/5	1/1	3/5	1/1	1/1	2/3
湿地景观转型面积占比	3/5	3/5	3/5	5/9	4/7	1/1	3/5	2/3	1/1	5/9
重要竞争性植被群落面积占比	3/5	3/5	3/5	5/9	4/7	1/1	3/5	1/1	1/1	3/5
重要指示性景观指数	1/1	2/3	3/5	3/5	3/5	4/7	4/7	3/5	2/3	3/5
生物多样性指数	5/9	5/9	5/9	5/9	3/5	3/5	3/5	2/3	3/5	2/3
敏感程度综合指数	5.67	5.57	6.33	7.19	5.29	3.76	7.48	5.38	5.38	5.57

234

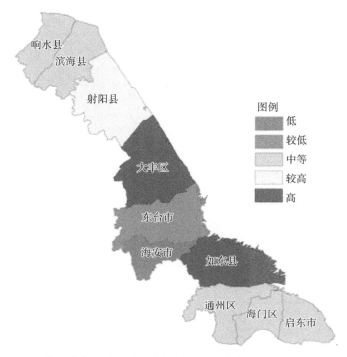

图 17.4　苏北滨海湿地系统脆弱性敏感程度指数等级分布

图例
　低
　较低
　中等
　较高
　高

敏感性指标反映湿地生态系统在遭遇外在干扰时,发生生态退化问题的难易程度和可能性的大小,表征外在干扰对生态系统可能造成影响的难易程度。从区域分布来看,苏北滨海湿地生态系统脆弱性敏感程度指数中,"高"等级地区出现在如东(7.48)和大丰(7.19)地区,主要与这两个区域的海岸线长度较长、高潮潮位偏高、海岸侵蚀速率较快,以及湿地面积及生境转型面积占比高等因素有关。

(3) 苏北滨海湿地系统生态脆弱性适应能力指数

苏北海岸带滨海湿地系统脆弱性评价中的适应能力指数,由人均财政收入、单位 GDP 环境保护财政投入、废水处理率、保护区面积占土地面积之比、护岸护堤工程占岸线长度之比、堤防工程标准、岸堤工程投入占财政收入之比、R&D 占财政收入之比 8 个指标,通过适应能力指数评估模型计算获得。

对苏北沿海 10 个行政单元的各项适应能力评估因子指标进行权重分级、评分,计算统计出苏北海岸带滨海湿地系统的适应能力指数见表 17.8 和图 17.5。

表 17.8　苏北海岸带滨海湿地系统生态脆弱性适应能力指数（等级/评分）

评估单元（区域）	响水	滨海	射阳	大丰	东台	海安	如东	通州	海门	启东
人均财政收入	2/3	1/1	2/3	3/5	3/5	3/5	3/5	3/5	4/7	4/7
单位 GDP 环境保护投入	2/3	1/1	3/5	3/5	1/1	2/3	2/3	2/3	3/5	4/7
废水处理率	4/7	4/7	1/1	2/3	3/5	2/3	5/9	5/9	5/9	2/3
保护区面积占土地面积之比	3/5	4/7	3/5	5/9	1/1	2/3	2/3	1/1	1/1	2/3
护岸护堤工程占岸线长度之比	3/5	2/3	2/3	1/1	1/1	2/3	3/5	2/3	1/1	2/3
堤防工程标准	4/7	4/7	1/1	1/1	1/1	2/3	2/3	2/3	2/3	2/3
岸堤工程投入占财政收入之比	4/7	2/3	2/3	3/5	4/7	1/1	2/3	2/3	1/1	1/1
R&D 占财政收入之比	4/5	5/9	4/5	2/3	1/1	2/3	5/7	3/5	3/5	2/3
适应能力指数	5.25	4.75	3.25	4	2.75	3	4.75	4	3.75	3.75

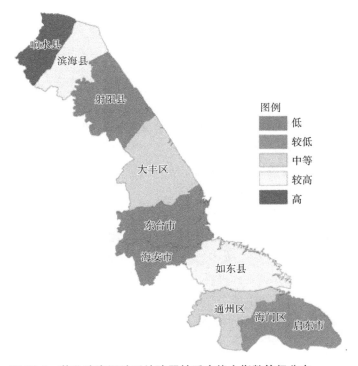

图 17.5　苏北滨海湿地系统脆弱性适应能力指数等级分布

适应能力指数反映各个评估单元抵抗生态系统风险的能力。沿海地区抵抗生态系统风险的适应能力整体上与区域经济实力以及海防工程建设投入有明显相关性,海防建设较多较好的区域,其适应能力普遍较好较高。从区域分布来看,江苏沿海湿地系统脆弱性适应能力指数,"高"等级地区出现在响水(5.25)地区,这主要与该区域的堤防工程标准高、岸堤工程投入大等因素有关。

(4) 苏北滨海湿地系统生态脆弱性指数分布

根据 ESA 脆弱性评价模型,在对江苏沿海滩涂湿地生态脆弱性暴露程度、敏感程度及适应能力评估的基础上,对江苏沿海地区滩涂湿地系统的生态脆弱性进行评估,计算获得了各评估单元的脆弱性指数,见表 17.9 及图 17.6。并对脆弱性指数分等定级,分为高脆弱、较高脆弱、中等脆弱、较低脆弱和低脆弱五个等级。

表 17.9　苏北海岸带滨海湿地系统生态脆弱性指数(评分)

行政区	响水	滨海	射阳	大丰	东台	海安	如东	通州	海门	启东
指数值	4.99	5.13	10.72	10.56	10.09	5.96	12.00	7.57	8.61	10.03

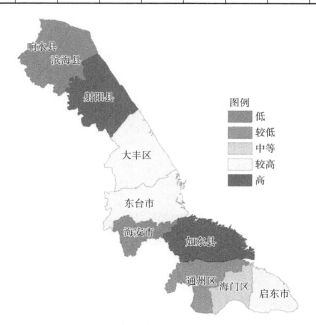

图 17.6　苏北滨海湿地系统脆弱性指数等级分布

初步评估结果表明:江苏沿海湿地生态系统的现势脆弱性,以如东县脆弱等级程度最高;射阳县、大丰区、东台市和启东市次之,脆弱程度较高;海门区脆弱程度中等;通州区脆弱程度较低;响水县、滨海县、海安市脆弱程度最低。如东县脆弱性等级程度最高,主要与该地区暴露程度指数(7.63)及敏感程度指数(7.48)均为区域最高,而适应能力(4.75)只为中等水平有关。

从分布面积来看,江苏沿海地区滩涂湿地脆弱性分布相对较低等级的面积占全区域面积的 22.56%;脆弱性较低等级的面积占全区域面积的 7.02%;中等等级面积占 5.29%;较高等级的面积占 51.29%,高等级的面积占全区域面积的 13.81%。总体来看,研究区有 65.13%存在偏高程度的脆弱性,轻度脆弱和中度脆弱的滩涂湿地分别占 29.58%和 5.29%,总体上以较高、高度脆弱为主。

第十八章

退化湿地系统生态修复关键技术构建

　　湿地系统退化是指湿地系统受各种自然或人为因素的干扰,当这些干扰超过一定的限度(即系统的本身的适应能力),湿地系统必然会在某些方面表现出相对于"常态"不可逆转的偏离,主要体现在种群、群落、生态系统和景观4个层次。与自然系统相比,退化的生态系统在生物的种类组成、群落或系统结构等方面发生了改变,生物的多样性减少,生物生产力降低,沉积物和微环境恶化,生物间相互关系改变。

　　退化湿地的生态恢复、重建是经济可持续发展的需要,更是人类生存的需要。由于湿地退化严重影响了区域生态、经济和社会的可持续发展,自20世纪70年代开始,西方发达国家就开展了有关退化湿地生态恢复、重建的研究与实践,以保护并恢复退化的自然湿地生态系统。20世纪90年代以来,随着全球范围内生物多样性保护意识的增强,国际上受损湿地植被恢复与重建的研究工作大量涌现。目前国内外对湿地退化及退化湿地生态恢复、重建的研究主要集中在内陆沼泽湿地和湖泊湿地领域,对滨海湿地的退化及其生态恢复与重建的研究还很少,对滨海湿地的退化过程和机制还不甚清楚,在退化滨海湿地的生态恢复和重建的实践方面的力量还很薄弱。在滨海湿地生态重建方面,目前已有的成功案例中最具代表性的是荷兰。近20年来,荷兰运用生态系统演替理论、生态系统自我设计理论、相对设计理论,采取少量的人工措施或完全没有人为干预,对已退化的围垦区湿地生态系统进行恢复重建,使曾经荒芜的围垦土地出现了面积达数万公顷的自然保护区。国内对退化湿地生态恢复、重建的研究与实践开始于20世纪70年代,研究主要集中在富营养化湖泊和滩涂的生态恢复方面,尤其是退化红树林湿地恢复和湿地综合利用。2000年,山东东营市开展的黄河三角洲湿地生态恢复工程,是国内近年来较为成功的海岸带生态恢复项目,工程包括引灌黄河水、沿海修筑围堤和增加湿地淡水存量,同时强化生态系统的自身调节能力。但总体来看,海岸带退化湿地系统的生态修复工作,目前仍少有可借鉴的成功实践经验。

18.1 苏北海岸带湿地系统的主要退化问题

江苏省沿海湿地面积约占全国滨海湿地总面积的五分之一,主要分布在连云港、盐城、南通三市,其中以盐城区域内湿地面积最大,约占整个江苏省滨海湿地总面积的 60%,该区域内有目前中国沿海最大的连续性滩涂生态系统、是亚洲最大的淤泥质海岸和盐沼湿地分布区,为江苏沿海滩涂资源开发利用提供了重要的物质基础。

苏北海岸带湿地系统 1980—2014 年演变特征的动态监测及野外调查结果表明:

苏北滨海湿地的现代演替过程存在着共同的结构性退化形式,具体表现为以下四种类型:①湿地景观的绝对丧失(面积减少,天然湿地/人工湿地——→非湿地);②湿地景观的渐进丧失(天然湿地——→土壤盐化、人工湿地——→功能衰化);③生境性丧失(天然湿地——→人工湿地);④生物入侵(种群竞争性替代)。

苏北沿海滩涂区域天然湿地减少了 2 384 km²,占滩涂区域面积的 28.55%,年平均减少速率为 70.10 km²/a。滩涂区域人工湿地总共增加 1 756 km²,占滩涂区域面积的 21.04%,年平均增长速率为 51.66 km²/a。苏北海岸带滩涂区域湿地系统结构性退化面积达 2 929.02 km²,占滩涂区域面积的 35.09%以及该区域前期湿地面积总和的 36.39%。湿地系统正向演进面积为 263.02 km²,仅占滩涂区域面积的 3.15%以及该区域前期湿地面积总和的 3.27%。可见,目前苏北海岸带地区现代湿地系统的演化过程主要是以退化过程为主导。

苏北沿海滩涂区域:①天然湿地的累计丧失大于人工湿地面积的增长;②现代湿地演化以退化过程为主导,正向恢复过程程度偏低;③沿海滩涂区域湿地系统的结构性退化,主要以生境丧失即天然湿地向人工湿地转型类型为主,占结构性退化面积的 59.59%,其次是天然湿地的绝对丧失,占退化面积的 21.79%,以及米草、互花米草入侵,占退化面积的 16.49%,自然过程所导致的现代湿地系统退化并不显著。

可见,大规模的兴海围垦对苏北沿海滩涂区域湿地系统结构性退化的影响最为显著,是造成苏北沿海地区湿地生态格局剧烈变化的主要原因。

滩涂围垦是促进沿海地区经济发展和保持用地动态平衡的有效途径。江苏作为我国海洋大省,沿海滩涂资源丰富,围垦历史悠久,经历了兴海煮盐、垦荒植棉、围海养殖、临港工业等多个发展阶段。从 11 世纪范公堤修筑以来,共匡围开发了近 2 万 km² 沿海滩涂。1949 年以来,经历了四次较大规模的滩涂围垦开发活动,20 世纪五六十年代建设国有农场、七八十年代发展粮棉种植、"九五"期间建设海上苏东、2007 年以来发展临港工业。据统计,1949—2004 年共围垦沿海滩涂 2 524 km²。1951—2008 年累计匡围 412 万亩,占滩涂区 33.15%。20 世纪的后 20 年,江苏每年新围滩涂 20~26.67 km²。2006 年围垦 73.2 km²,2013 年达 260 km²。滩涂围垦开发建设在有效增加后备土地资源、促进沿海农业发展、推进港口建设和临港产业发展、改善基础设施条件、推进沿海城镇建设等方面做出了积极贡献。但随着对土地的迫切需求,围垦速度加快,围垦高程越来越低,外堤高程逐渐降低,堤外盐沼湿地面积越来越少。江苏省新一轮的沿海滩涂围垦开发,部分海岸带滩涂区域围垦的形式已从高、中滩围垦发展到 2 m 以下的低滩围垦,围垦对自然生态的影响超出了其生态承载力的范围。

江苏沿海滩涂区域大规模的兴海围垦,不仅造成湿地生态格局的变化,而且导致湿地系统物质循环、能量流动和信息传递发生量到质的变化。具体表现在:

(1)围垦等堤防建设工程修建后,海陆间的水文联系被阻隔,潮汐的侵入减少甚至完全丧失,同时堤防内因排水的需要建立的排水系统,导致地下水位降低,从而导致滨海滩涂地区固有的自然湿地发育过程被阻断,湿地生态系统结构和演替方向发生变化,发育模式变为浅海湿地→淤泥质光滩→盐田或养殖水面→农田,湿地发育模式被简化,且人工湿地逐渐替代天然湿地。已围垦开发的滩涂中,仍以种植业和海(淡)水养殖业为主要方式,大多数为中低产田、低标准鱼虾池和低产盐田,开发层次低、产业规模小,对生态退化影响大。

(2)大规模围垦活动下,显著改变滨海湿地上游入海河流的流向和流量,阻断了海水向内陆地区物质的正常输送,从而改变了围填海地区的土壤理化性质,滩涂湿地对海水的净化功能无法发挥,致使近海水环境恶化。围垦通过改变滩涂高程、水动力、悬浮物及沉积物特征等,使围垦后各种水生生物种数、物种组成、生物密度、生物量及多样性均发生一定程度的变化。同时在围垦新形成的湿地区域,生物种类难以形成和恢复,导致沿海湿地环境的自然平衡机制难以维持。例如,江苏射阳河口至东沙港口一带,1996 年文蛤的平均密度为 40 只/m²,而实行围垦造地后的 2002 年已不足 4 只/m²。

(3)围垦的速度已超过了湿地的自然增长速度,围填海造地工程实施前后,海洋近岸动力场会受到影响,改变原有的水文动力和泥沙冲淤动态平衡,导致近岸区域侵蚀加剧。

(4)为护滩促淤所引进的米草、互花米草等外来物种,逐步以先锋植物群落的形式取代碱蓬群落在滨海滩涂迅速扩散,导致原始生态区域快速萎缩,对一些局部区域的生态环境构成难以逆转的影响。

因此,如何降低滩涂围垦对沿海生态的破坏并对退化湿地进行修复,重建滩涂区域的湿地生态系统结构和功能,协调江苏沿海滩涂围垦开发和生态环境的和谐发展,是江苏省沿海生态建设及滩涂围垦工作中亟待解决的关键技术问题之一。

18.2　苏北海岸带退化湿地系统的修复目标

退化湿地的生态恢复与重建是要在遵循自然规律的基础上,贯彻技术上适当、经济上可行、社会能够接受的原则,通过人类作用使受害或退化的湿地生态系统重新获得健康,并使有益于人类生存与生活的湿地生态系统得到重构或再生。滨海湿地的生态修复是针对退化的滨海湿地生态系统而进行的,因而相关修复工作取决于湿地生态特征的变化。湿地恢复的目标不同,所采用的策略、关键技术也不完全相同。迄今为止,国内针对滩涂围垦所导致的退化湿地生态恢复技术的研究并不多见。同时,由于地域、社会经济、生态与环境要素等状况的差异,国内已有经验也难以直接引入并应用。

滨海典型退化湿地系统生态修复的根本目的,是要依据生态学基础,通过一定的生物、生态以及工程的技术与方法,在人为控制下,改变或切断生态系统退化的主导因子或过程,调整、配置和优化系统内部及其与外界的物质、能量和信息的流动过程,以及其时空秩序,使生态系统的结构、功能和生态学潜力、被扰动和损害的生态系统恢复到接近于受干扰前的自然状态乃至更高的水平,重建生态系统干扰前的结构、功能及其有关的物理、化学和生物特性,最终达到湿地生态系统的自我持续状态。

18.3　滨海湿地系统生态修复关键技术构建

实施海岸带退化湿地系统生态修复必须根据生态退化的原因开展。不同的退化原因,湿地修复与重建应采取不同的针对性措施。海岸带退化湿地系统生态修复的关键,是在对区域湿地生态演替规律研究的基础上,基于近现代以来海岸带湿地系统面临的主要退化问题、退化原因和退化过程的分析,寻找生态系统退化的关键因子,并依据滨海湿地系统生态修复的目标,在考虑生态学原则、系统性原则、社会经济原则、地域性原则以及可行性原则的基础上,构建积极的生态修复技术与生态工程干预措施,为本区域海岸带湿地生态演替与恢复创造良好的外在环境,促进海岸带退化湿地生态系统向着正向及良性方向发展。

为此,根据上述苏北海岸带湿地系统面临的主要退化问题分析,在技术及工程层面恢复和重建苏北海岸带区域典型退化湿地系统,重点应该实施以下四个方面的生态修复关键技术与措施:①围垦海堤堤外潮滩区域的原生湿地促淤;②围垦海堤堤内天然-人工植被系统恢复;③围垦海堤堤内人工湿地系统的功能修复;④米草以及互花米草的生物入侵阻断控制。

(1)围垦海堤堤外潮滩区域的原生湿地促淤技术

江苏沿海由于受到逆时针旋转潮波和后继前进潮波控制,形成了独有的近海潮流潮波系统,其水文、泥沙运动规律非常复杂,潮滩区域地理条件十分独特。据前人研究和实地测量的数据分析,苏北沿海滩涂淤蚀总的趋势是射阳河口以北冲蚀后退,斗龙港口以南淤积淤涨,射阳河口至斗龙港口岸段北冲南淤,蚀淤转折点逐渐南移,海岸线趋于平直。由于不同地区滩涂的自然状况不同,苏北沿海不同地区围垦时往往选择不同的起围高程。近年来围垦活动的起围高程均有所降低,围垦活动在各岸段已经不同程度地超出了滩涂自然淤长所能承受的强度。由于围垦后滩涂恢复到原有状况(可以在同样起围高程条件下继续围垦相同的宽度)的年限取决于滩涂自然淤积速率和围垦的起围高程,根据江苏滩涂的实际淤蚀状况,淤长型的潮间带滩涂向海淤进和淤高并存,侵蚀型潮间带滩涂蚀退与下蚀作用并存,且速率基本一致,潮间带滩涂在淤蚀过程中的平均坡度变化并不明显。因此,大型项目在严格控制起围高程的同时,围垦后围垦岸段的堤外潮滩区域必须实施必要的原生湿地促淤技术和工程,以确保滩涂湿地的长期动态平衡。

围垦海堤堤外潮滩区域的原生湿地促淤技术和工程,基本做法可以利用围垦海堤的自然缓坡,在堤外中潮带至围垦海堤的坡顶地带,以自然滩涂为对照,以芦苇等乡土植物为材料,在试验研究不同种植方式对堤外滩涂淤积效果的基础上,获得促淤效果明显的种植方式。在堤外中潮带浅海区域修建缓坡状的"梯状湿地",并在其上覆盖种植芦苇等乡土湿地植被,以减弱海浪冲击、促使泥沙沉积、保护海滩,同时也可以为海洋生物提供栖息地,并加以集成示范。

同时,对于风浪冲刷强烈的海岸区域,可以考虑构筑潜坝工程以修复围垦海堤堤外潮滩区域的基底条件,尽可能使原来易侵蚀的围垦海堤堤外潮滩区域平缓化、稳定化,消减波浪的侵蚀作用,以适合上覆盖种植植物的生存和定居。

(2)围垦海堤堤内天然-人工植被系统恢复技术

植物群落是湿地生态系统的重要组成部分,是湿地系统生物多样性的基础,是湿地生态系统物质循环和能量流动的中枢,退化湿地生态系统恢复与重建的首要工作是植被的恢复。围垦海堤堤内,许多原生植物群落如芦苇群落、碱蓬群落等,它们适应性强,对湿地的健康和生态功能的良好发挥有重要作用。但是,随着围垦活动的加剧,围垦筑堤等活动阻断了海陆之间物质的正常输送,滩涂植物的生长受到威胁,使这些原生植物群落受到不同程度的破坏,导致植被覆盖率降低。因此,一方面要采取严格措施,对这些原生植物群落进行保护。同时,要选择适宜的目标生态系统,按照生态演替趋势确定湿地生态恢复途径,有选择地引入适宜当地生长的沼泽植物,逐步恢复退化的植被与湿地生态系统,这是围垦海堤堤内天然-人工植被系统恢复的关键技术途径之一。

植物修复技术是滨海湿地天然-人工植被系统生态修复经常采用的方法之一,主要包括物种选育和培植、物种引入、群落结构优化配置、群落演替控制与恢复技术等。根据生物群落演替理论,滨海盐渍地的生态恢复的顺序一般为:先锋植物—当地草种—灌木—乔木。在人工湿地建设的基础上,更广范围内采取引种技术,直接引种先锋耐盐植物,有计划地种植适宜当地生长的耐盐植物,使其形成群落、增加覆盖,再逐步引进其他植物,恢复滨海植被,形成生态景观,实现滨海生态重建。

江苏沿海滩涂围垦区域海堤内部的土壤理化性质十分独特,可耐重度盐土的植物寥寥无几,寻找能够适合海堤内部滨海湿地环境并且能耐受重盐的滨海湿地植物品种是植物修复的关键所在。因此,围垦海堤堤内天然-人工植被系统构建的关键是要选育出适合当地生长、同时具有经济价值的耐盐植物,以盐土植物品种筛选、培育管理等关键技术为依托,在滩涂垦区海堤内侧等部位进行选育植被的重建试验与示范。在降低种植养护成本,实现经济效益的同时,提升天然-人工植被系统的修复效果。

江苏沿海盐沼湿地的植被组成主要有白茅、芦苇、盐蒿以及大米草和互花米草人工盐沼群落。白茅群落是海滨沼泽演化到最末阶段的产物,通常出现在土壤已脱盐或基本脱盐的极大潮高潮位附近或以上。盐蒿(盐地碱蓬)是江苏沿海滩涂盐渍裸地上的先锋群落,滩涂普遍分布。盐地碱蓬在海岸滩涂区域与土壤盐分及种群之间的关系十分明显,在盐分含量愈高的地方它的生长愈发达,而在盐分被淋洗的地方,分布得较为稀疏。国内研究工作表明,利用碱蓬种植对滨海盐碱地进行生物修复,使得碱蓬种植区的根基土壤盐度大幅下降,土壤有机质、总氮含量、微生物数量明显增加,表明碱蓬等盐碱类植物用于修复和改善滨海湿地盐碱化效果显著。目前,江苏沿海地区对围垦海堤堤内盐地碱蓬湿地、盐地碱蓬-獐毛湿地等湿地类型中的建群种碱蓬仍没有大规模的直接利用,碱蓬等盐碱类植物资源利用方式均存在不合理或不能大规模有效利用的情况,而且伴随滩涂围垦,盐地碱蓬、碱蓬等均作为薪柴被破坏或砍伐。碱蓬是一种极具发展前景的油料植物。碱蓬籽油中,所含亚油酸与亚油酸含量最高的红花籽油相当,高于其他常用食用油;所含亚麻酸与大豆油和小麦芽油相当,远高于其他常用食用油。种子中粗脂肪中含有的较高含量的亚油酸和α-亚麻酸,具有降低血脂和降低胆固醇的独特功能,被医学界和营养学界高度重视。另外,碱蓬籽提取油酸后的籽饼含有较高的蛋白质,是一种很好的饲料蛋白源。因此,当前恢复江苏沿海滩涂地区围垦海堤堤内天然-人工湿地植被最可行的措施就是加快盐地碱蓬、碱蓬等种子的产业化开发,使当地居民能够在保护现有的自然湿地过程中获得经济效益,同时又能在被围垦的盐沼湿地上通过种植碱蓬、盐地碱蓬而扩大盐沼湿地面积。通过加强湿地植物的可持续利用开发研究,保护与利用相结合,合理利用自然湿地植物资源来实现有效地恢复围垦海堤堤内天然-人工植被系统的目的。

同时,由于盐地碱蓬的脱盐效果十分显著,利用盐地碱蓬对滨海盐渍土进行生物修复,对土壤性状有着明显的改善作用,如降低土壤的盐度,增加土壤有机质和总氮含量,增加土壤微生物的数量,对土壤微生物群落的组成产生影响等。因此,可以利用盐地碱蓬的耐受能力,以及对其他无机或有机物质的迁移转化等能力来改善围垦海堤堤内天然-人工湿地系统的土壤性质,并通过构建盐地碱蓬湿地植被群落来改善退化的湿地生境。同时,利用湿地盐生植物的吸盐功能,使土壤发生脱盐,通过反复脱盐改变土壤盐度,最终改善植物群落组成及结构,实现围垦海堤堤内天然-人工湿地植被系统的修复。

(3)围垦海堤堤内人工湿地系统的功能修复技术

围垦海堤堤内的人工湿地系统,由于围垦的原因,生态系统结构和功能大多遭受破坏和退化。退化湿地生态系统结构与功能恢复技术既是湿地生态恢复研究中的重点,又是难点,主要包括生态系统总体设计技术、生态系统构建与集成技术等。目前退化湿地生态系统结构与功能恢复技术尚未形成一套比较完整的理论体系,仍在不断的试验探索和发展中,亟须针对不同类型的人工湿地系统,对退化湿地生态系统结构与功能恢复的实用技术进行系统性研究。

海滨湿地生态系统的自然演替与水分、盐度、土壤养分条件都有明显的相关关系,物种之间的竞争也在其中起了非常重要的作用。水分和盐度无疑是海滨湿地演替过程中重要影响因素,微地貌及水文要素通过改变土壤盐度、水分等影响植被演替的主要因子,促进盐沼植被演替朝系统恢复的方向发展,表明生态工程方法促进围垦海堤堤内人工湿地系统的功能修复具有科学性和可行性。

在江苏沿海滩涂地区,海滨湿地的自然演替是从淤泥质光滩开始,随着泥沙沉积淤涨滩面不断下延。湿地先锋植物碱蓬入侵滩面后形成以碱蓬为优势种的单一优势种群落,碱蓬群落的建立加速了滩面淤积,滩面继续抬高,在碱蓬上部高程较高的滩面湿地植物芦苇定居,随着时间推移,高程逐渐改变,导致植物土壤、水文环境发生改变,从而发生植被演替的过程。碱蓬带和芦苇带都不断扩大,逐渐形成碱蓬-芦苇交错带。由于互花米草的种子随海水进入该生态系统以后,凭借其高抗逆性和顽强生命力在原有的光滩上入侵定居,形成互花米草带,并向上扩展,出现了碱蓬与互花米草的交错带,于是形成了目前的五条地带性明显的植物群落带。

因此,围垦海堤堤内人工湿地系统功能修复技术的关键,是在区域植物群落演替格局的基础上,根据垦区内地形、水资源等条件,设计最合理的湿地地域分布格局,提出合理地构造人工地形的方法,根据新围垦区内土壤盐分含量,研究湿地植物的选择和配置方式。即在江苏沿海滩涂地区的潮上带和潮间带中潮滩上部,通过种植、保护与产业化利用最大限度地恢复潮上带盐地碱蓬、碱蓬湿地;在潮上带的盐地碱蓬-芦苇湿地、盐地碱蓬-獐毛湿地等区域,通过控制围垦和盐田建设恢复以上湿地类型。对高潮位及潮上带区域严重退化了的茅草湿地,应通过充分利用雨后自然排放的微咸水逐步恢复为自然盐沼湿地。

同时,由于沿海湿地长期的水淹伴随着土壤的脱盐过程,土壤的含盐量由高到低。在此过程中,由于芦苇的广适盐性和耐水性,芦苇沼泽生境将最终将成为适应此生态环境植被演替的优势群落。因此,可以采用自然-人工相结合的方式,通过实施微地貌和水文调节等具体的生态工程措施,营造有利于当地湿地植被(芦苇等)生长发育的水盐环境,促进交错带中植物群落向当地湿地植被顶级群落(芦苇群落等)的演替,最终实现当地湿地植被顶级群落(芦苇群落等)对围垦海堤堤内人工湿地系统的生态工程替代。在涵沟系统辅以养殖鱼类等水产,使该生态工程产生可观的生态经济效益,进一步有效提升围垦海堤堤内人工植被系统生态功能的修复效果。

通过采取以上措施,沿海滩涂地区围垦海堤堤内平行于海岸线的湿地地域分布格局将进一步得到强化,自海向陆的湿地格局将更明显地表现为各种湿地类型带状分布,五条地带性明显的植物群落带将逐步得以恢复,滨海湿地的芦苇和碱蓬等植物群落逐步呈现正向演替,湿地生态服务功能将有明显提高。通过种植、保护与产业化利用,在最大限度地恢复湿地植被的基础上,逐步实现围垦海堤堤内人工湿地系统向平行于海岸线的地域性自然湿地生境及其空间格局的转变。

(4)米草以及互花米草的生物入侵阻断控制技术

大米草原产于英国,生长于泥质海岸的中潮带上部至高潮带下部,不仅在形态构造上有特殊性,而且具有耐盐、耐淹等生理生态学特征。互花米草原产于大西洋沿岸,植株比大米草更粗壮,高度常为1 m以上,根系发达。大米草和互花米草分别于1963年和1982年被人为引种到江苏潮间带,在江苏沿海的分布愈来愈广,在一些岸段甚至已演化为优势种群,对保滩护岸、促淤造陆起到积极作用。米草、互花米草的种子随海水进入沿海湿地生态系统以后,凭借其高抗逆性和顽强生命力在光滩上入侵定居,形成米草、互花米草带向上扩展,逐步以先锋植物群落的形式取代碱蓬群落在滨海滩涂上迅速扩散,出现碱蓬与互花米草的交错格局,并逐渐在当地形成优势单一植被群落。

近年来,米草、互花米草的扩散机制,动态变化及其对环境的影响等方面的研究受到广泛重视。大量研究工作表明,在上述过程中,水分、盐度以及滩涂微地貌无疑成为植物群落演替过程的重要影响因素,其中微地貌通过改变水文及土壤盐度条件等间接影响植被演替过程。2001年南京大学盐生植物实验室与苏北大丰滩涂开发公司在大丰川东港滩涂选取了一块 0.5 km² 的互花米草-芦苇交错带作为实验场地,开展了滩涂微地貌及水文条件变化促进芦苇替代互花米草的生态工程试验。该项研究通过改变滩涂微地貌和水文条件等生态工程措施,营造了有利于芦苇生长发育的水盐环境,促进植物群落向芦苇群落演替,经过5年的试验过程,最终实现了本地物种芦苇对互花米草的生物替代,从而寻到了一条利用本地植物控制米草、互花米草外来入侵的新途径。

因此,应用生态工程方法促进芦苇替代米草、互花米草,从而控制米草、互花米草过度繁殖扩张对湿地生态系统带来的负面退化效应具有科学性和可行性。在厘清米草、互花米草植物群落演替的机理的基础上,通过改变滩涂微地貌和水文条件等生态工程方法,促进盐沼植被演替朝芦苇群落的方向发展,形成米草-互花米草群落──→碱蓬-互花米草交错群落──→碱蓬群落──→碱蓬-芦苇交错群落──→芦苇群落的演替过程和发展,可望实现在江苏沿海滩涂地区米草以及互花米草的生物入侵阻断控制。

18.4　构建生态修复关键技术应注意的问题

苏北海岸带地区退化湿地系统生态修复过程中应注意的问题有:

(1)湿地生态修复的实施要明确其修复的目标和方向。湿地是经济-社会-生态综合体,滨海湿地生态系统因其组分的多样化,以及组分之间相互作用的复杂化,当实施湿地生态修复时,新的生态环境会改变原有的生态演替方向,对新条件下生态演替的方向要有科学的预测,以便生态演替向着预定的目标和方向发展。因此,湿地修复应当全方位地理解修复区域的经济、社会、生态条件和控制变量,预测恢复的效果,尽可能地避免由于片面性而影响最终的修复效果。

(2)生态修复的实施虽然以关键技术及工程措施为保障,但其技术及工程设计要以生态学基本原理为指导,实现湿地生态的综合效益。应加强工程技术措施与生物技术相结合的研究,使滨海湿地的生物修复突出实效性,同时加强监测评估技术的研究,兼顾生态安全性,开展与植物、微生物相关的修复技术研究,充分发挥生物修复技术以及与其他修复技术的联合修复作用。

(3)湿地修复工作的开展不应局限于湿地生态系统本身,而应同时考虑更大尺度上毗邻集水区以及湿地所处整个流域生态系统结构和功能的完整性,单个湿地的生境退化发生在小尺度区域上,而其修复应从关注湿地生态系统本身扩展到集水区乃至整个流域系统的尺度上,在这一尺度上寻求构建湿地修复与区域社会经济发展的良性循环机制。

(4)滨海退化湿地的修复是一项难度大、涉及范围广的复杂系统工程,生态修复要面对一系列不容忽视的困扰,如湿地的水源供给等,既需要创新性的技术措施,还要有强有力的当地行政管理组织的配合。应加强各级地方政府的结合、部门之间的协作、企业和社会团体的参与、多学科的交叉渗透等多方面的合作。

第五篇

沿海地区应对海平面上升的技术应用

第十九章

海平面上升背景下沿海地区水安全综合评价

　　海平面上升已对我国沿海地区防洪、水资源及生态环境等产生重要影响，并且随着全球逐渐变暖和海平面逐步上升，这种影响会越来越明显。沿海地区水安全问题已经成为 21 世纪社会经济发展的严重制约因素。在第二、三、四篇海平面上升对沿海地区防洪、水资源、生态环境影响评估的基础上，以海平面上升为驱动，从保障沿海地区防洪安全、水资源安全和水生态安全三个方面构建具有层次结构的沿海地区水安全综合评价体系，进而以江苏沿海为例，对海平面上升背景下的沿海地区水安全进行综合评价。

　　所谓评价是指参照一定的标准（包括客观的、主观的；比较明确的、相对模糊的；定性的、定量的）对某一个或某一些特定事物、行为、认识、态度（一般统称为"评价客体"）就其价值高低或优劣状态进行各种各样的评价，从而实现对事物尽量准确与客观的认识，进而为决策提供科学有效的指导。因此，"评价"就是人们参照一定标准对客体的价值或优劣进行评判比较的一种认知过程，同时也是一种决策过程。它是人们认识事物的重要手段之一。海平面上升背景下沿海地区水安全综合评价反映了海平面上升对沿海地区水安全的综合影响，是减少洪涝损失、保障沿海地区淡水资源供给和生态环境可持续发展的一项重要指标。可持续发展是一个涉及经济、环境、生态、社会、物理的多目标函数，综合评价不可避免地涉及在多学科和多人参与决策的多目标之间的权衡。考虑到不同地区海平面上升对防洪、供水和生态方面的影响可能不同，为使评价结果有针对性地指导区域应对不同方面的水安全问题，应当基于模糊层次分析法构建海平面上升背景下沿海地区水安全综合评价体系。

19.1　水安全评价指标体系构建原则与框架

构建水安全评价指标体系,主要遵循以下原则:

(1)科学性与可操作性相结合原则。在设计指标体系时,要考虑理论上的完备性、科学性和正确性,即指标概念必须有明确的科学内涵,数据选取应客观、真实,计算与合成等要以公认的科学理论为依托,同时又要避免指标间的重叠和简单罗列。指标还应具有可操作性,既要有可取性,又要有可测性。

(2)定性与定量相结合原则。衡量应对气候变化能力的指标要尽可能量化,但对于一些在目前认识水平下难以量化且意义重大的指标,可以用定性指标来描述。

(3)特色与共性相结合原则。一方面指标体系要尽可能采用国内外普遍采用的综合指标,以便全面反映气候变化影响涉及的各个领域;另一方面也要兼顾区域自身生态环境特点,突出区域特色。

(4)可达性与前瞻性相结合原则。指标体系要考虑目标的近期可达性和远期的前瞻性。一方面指标要考虑社会经济的发展进步而具有一定的前瞻性,另一方面也要考虑在近期是可实现的。

水安全涉及范围较广,涵盖内容较多,既有动态性指标又有静态性指标,既有定性指标又有定量指标等。结合海平面上升对水安全的影响的各方面,参照海平面上升影响防洪、供水和生态安全的有关研究成果,并征求专家意见,综合考虑上述原则,将水安全评价体系分为目标层、系统层和指标层。

目标层为单一目标,即总目标,表达的是水安全的综合安全度,水安全评价的目的在于综合评价某区域的水安全水平,根据评价出的水安全真实状态采取相应的措施,以缓解沿海地区因海平面上升带来的水安全问题。

系统层是目标层的有机组成部分,分为4方面:气候与社会条件、防洪安全、水资源安全、生态环境安全。气候与社会条件是共性指标,主要是影响防洪安全、水资源安全和生态环境安全的气候要素和社会经济等指标。防洪安全是指针对海平面上升对风暴潮的影响,结合现有的防洪工程体系和非工程措施,应对沿海地区风暴潮灾害,使洪水灾害对社会影响降到最低。水资源安全是指针对海平面对咸水上溯的影响,结合现有供水工程和水量调度方案,应对咸潮上溯对水质的影响,保障沿海地区供水安全。生态环境安全是指较少因海平面上升引起的沿海地区生态退化,保障良好的生态环境。

指标层为反映系统层的影响因素,评价体系中四个层次选取了42个指标来描述水安全状态,见表19.1。

表 19.1　海平面上升背景下沿海地区水安全评价指标体系

目标层	系统层	指标层	指标说明
沿海地区水安全	气候与社会条件	温度变化	多年平均温度变化趋势(℃/10a)
		降水量变化	多年平均降水变化趋势(mm/10a)
		风暴潮频率	风暴潮发生频率(%)
		海平面上升速率	多年平均海平面变化趋势(mm/a)
		最高潮潮位	统计历史最高潮位(m)
		最大潮差	统计历史最高与最低潮位差(m)
		人口密度	单位面积人口数量(人/m²)
		人口增长速率	区域人口增长速率(%)
		GDP 增速	区域 GDP 增长速率(%)
		人均 GDP	区域 GDP 总量/人口数量(万元/人)
		水利基础设施投资比例	水利基础设施投资/水利总投资(%)
		水利应对知识普及率	对水利应对知识有所了解的人数/总人口(%)
		应急预案比例	已建保障水安全应急预案数量/应急预案总数(%)
	防洪安全	堤防达标率	达标堤防长度/堤防总长度(%)
		海堤长度比例	不同防洪标准海堤长度/海堤总长度(%)
		监测站网密度	单位面积监测站数量(个/km²)
		洪灾损失率	洪灾损失 GDP 占总 GDP 比例(%)
		受灾人口百分比	受灾人口/总人口(%)
		受灾面积百分比	受灾面积/总面积(%)
		单位面积闸站的排涝流量	闸站排涝设计流量/面积[m³/(s·km²)]
		洪涝预测预警预报完备率	洪涝预测预警预报准确所占比例(%)
		城市排涝管网达标率	达标城市排涝管网所占比例(%)

目标层	系统层	指标层	指标说明
沿海地区水安全	水资源安全	水资源开发利用率	当地水资源总供水量/当地水资源总量(%)
		供水工程可供水量	区域供水工程可供水总量(万 m³)
		人均水资源量	区域水资源量/人口(m³/人)
		人均用水量	区域用水总量/人口(m³/人)
		最大上溯距离	咸潮最大上溯距离(km)
		最大上溯距离内可供水量	咸潮最大上溯距离内供水水源可供水量(万 m³)
		连续不可取水日数	因咸潮影响供水水源连续不可取水日数(d)
		盐度预测预警预报完备率	供水水源盐度预测预警预报准确所占比例(%)
		供水管网应急能力	应急水源供水能力占受影响水源供水能力比重(%)
		受咸潮影响人口百分比	受咸潮影响的人口占区域总人口比例(%)
	生态环境安全	侵蚀/淤积速率	海岸带侵蚀/淤积变化率(km²/a)
		滩涂平均坡度	滩涂平均坡度(°)
		土壤盐渍化面积比例	盐渍化土壤所占比例(%)
		植被覆盖率/度	植被面积占总面积的比例(%)
		水功能区水质达标率	水功能区水质达标所占比例(%)
		污径比	污水排入量与河流径流量之比
		湿地面积及生境损失比例	湿地面积及生境损失比例(%)
		湿地景观转型面积占比	湿地面积转型成景观面积的比例(%)
		重要指示性景观指数	重要指示性景观指数
		生物多样性指数	生物多样性指数

水安全程度按照 5 个级别划分:

①非常安全:防洪、供水、生态环境系统与社会、经济健康协调高效发展,满意程度很高。

②安全:防洪、供水、生态环境系统与社会、经济健康协调发展,满意程度较高。

③基本安全:防洪、供水、生态环境系统与社会、经济能协调发展,满意程度一般。

④不安全:防洪、供水、生态环境系统不能与社会、经济协调发展,已威胁到社

会、经济的可持续发展。

⑤极不安全:防洪、供水、生态环境系统全面恶化,已严重阻碍了社会、经济可持续发展。

水安全指标评价标准是将各指标量化分级,参照国内外的研究成果,考虑到目前的社会经济发展水平,确定各因素隶属不同等级的范围。

19.2　水安全评价指标权重确定方法

采用定性与定量综合集成的方法来确定权重。定性评价主要结合海平面上升对沿海地区水安全影响的分析结果,定量评价主要通过层次分析法(AHP)计算。

针对研究建立的多层次指标体系,主要采用层次分析法确定权重,其基本步骤如下:

(1)建立层次结构模型

在深入分析所研究的问题后,将问题中所包含的因素划分为不同层次,如目标层、系统层和指标层等,并画出层次结构图表示层次的递阶结构和相邻两层因素的从属关系(见前面建立的层次结构模型指标体系)。

(2)构造判断矩阵

从第二层开始,针对上一层某个目标,对下一层与之相关的元素,即层间有连线的元素,进行两两对比,并按其重要程度评定等级。记 a_{ij} 为 i 元素比 j 元素的重要性等级。

按两两比较结果构成的矩阵 $\boldsymbol{A}=[\,a_{ij}\,]$,称作判断矩阵。易见 $a_{ij}>0$, $a_{ii}=1$ 且 $a_{ij}=\dfrac{1}{a_{ji}}$,即 $\boldsymbol{A}$ 是正互反矩阵。多位相关学科专家填写咨询表之后形成判断矩阵群,设专家数为 m,则将产生 m 份同一类型的判断矩阵群。

(3)计算权重向量

为了从判断矩阵群中提炼出有用的信息,达到对事物的规律性认识,为评价提供科学的依据,就需要计算每个判断矩阵的权重向量和全体判断矩阵的合成权重向量。特征值方法是 AHP 的一种基本算法,课题组建议采用两种求判断矩阵最大特征值所对应的特征向量的简易算法:乘积方根法和列和求逆法。

①乘积方根法(几何平均值法)

设 m 阶判断矩阵为

$$\boldsymbol{A} = \begin{bmatrix} a_{11} & a_{12} & \cdots & a_{1m} \\ a_{21} & a_{22} & \cdots & a_{2m} \\ \vdots & \vdots & & \vdots \\ a_{m1} & a_{m2} & \cdots & a_{mm} \end{bmatrix} \tag{19.1}$$

先按行将各元素连乘并开 m 次方，即求各行元素的几何平均值

$$b_i = (\prod_{j=1}^{m} a_{ij})^{1/m} , \quad i = 1, 2, \cdots, m \tag{19.2}$$

再把 $b_i (i = 1, 2, \cdots, m)$ 归一化，即求得表 19.1 中所列的水安全评价指标 x_j 的权重系数

$$\omega_j = b_j / \sum_{k=1}^{m} b_k , \quad j = 1, 2, \cdots, m \tag{19.3}$$

乘积方根法的合理性可由 $\boldsymbol{A}$ 的一致性条件来解释。

②列和求逆法（代数平均值法）

仍设 m 阶判断矩阵如 $\boldsymbol{A}$ 所示，列和求逆法的计算分两步。

a. 将判断矩阵的第 j 列元素相加，并取

$$c_j = 1 / \sum_{i=1}^{m} a_{ij} , \quad j = 1, 2, \cdots, m \tag{19.4}$$

b. 将 c_j 归一化后即得指标 x_j 的权重系数：

$$\omega_j = c_j / \sum_{k=1}^{m} c_k , \quad k = 1, 2, \cdots, m \tag{19.5}$$

这种方法的合理性，仍可以从判断矩阵的一致性条件中得到解释。

③ $\lambda_{\max}$ 的近似计算

为了检验判断矩阵的一致性，在一致性指标 CI 中用到判断矩阵 $\boldsymbol{A}$ 的最大特征值 $\lambda_{\max}$，这就需要计算 $\lambda_{\max}$。

设 m 阶判断矩阵如 $\boldsymbol{A}$ 所示，假定已求出 $\boldsymbol{A}$ 的归一化特征向量为

$$\boldsymbol{\omega}_j = (\omega_1, \omega_2, \cdots, \omega_m)^{\mathrm{T}}$$

又设判断矩阵 $\boldsymbol{A}$ 的最大特征值为 $\lambda_{\max}$，将矩阵 $\boldsymbol{A}$ 的特征方程

$$\boldsymbol{A}\boldsymbol{\omega} = \lambda_{\max}\boldsymbol{\omega} \tag{19.6}$$

展开，得

$$\sum_{j=1}^{m} a_{ij}\boldsymbol{\omega}_j = \lambda_{\max}\boldsymbol{\omega}_i \ , \ i=1,2,\cdots,m \tag{19.7}$$

两边同除以 ω_i 并对 i 相加,即得

$$\lambda_{\max} = \frac{1}{m}\sum_{i=1}^{m}\frac{\displaystyle\sum_{j=1}^{m} a_{ij}\boldsymbol{\omega}_j}{\boldsymbol{\omega}_i} \tag{19.8}$$

④群组判断

所谓群组判断,就是指有 $L(L>1)$ 位专家,同时(各自独立地)对各项评价指标间(关于某目标的)相对重要程度,给出两两比较判断,从而构成 L 个判断矩阵,再由这 L 个判断矩阵计算出各元素排序权重的过程。

对完整的 $k(1 \leqslant k \leqslant L)$ 个判断矩阵,应用乘积方根法或列和求逆法,分别求出 k 个排序权重 $\omega^{(j)} = (\omega_1^{(j)}, \omega_2^{(j)}, \cdots, \omega_m^{(j)})^{\mathrm{T}}$ ($j=1,2,\cdots,k$)后,再将 $\omega^{(j)}$ 算术平均,即得所求的权重系数 ω_j ($j=1,2,\cdots,m$)。

(4) 判断矩阵的一致性检验

①单个判断矩阵的一致性检验

单个判断矩阵一致性检验的算法如下:

a. 计算 CI 值

求矩阵的最大特征值 $\lambda_{\max}$,并按下式计算一致性指标 CI 值:

$$CI = \frac{\lambda_{\max} - n}{n-1} \tag{19.9}$$

b. 定义随机一致性指标 RI

按矩阵阶数 n 从表 19.2 中查出随机一致性指标 RI 值。

表 19.2　平均随机一致性指标 RI

n	1	2	3	4	5	6	7	8	9
RI	0	0	0.58	0.90	1.12	1.24	1.32	1.41	1.45

c. 计算 CR 值

按下式计算 CR 值:

$$CR = \frac{CI}{RI} \tag{19.10}$$

如 $CR < 0.1$,检验通过;否则需对判断矩阵进行某些调整,再返回最初步骤。

②判断矩阵的分层整体一致性检验

设已知以第 $k-1$ 层第 j 元素为准则的 $CI_j^{(k)}$，$RI_j^{(k)}$ 与 $CR_j^{(k)}$，$j=1,2,\cdots,$ n_{k-1}，则第 k 层以上判断矩阵群的整体一致性检验可按下式计算：

$$CI^{(k)} = (CI_1^{(k)}, CI_2^{(k)}, \cdots, CI_{n_{k-1}}^{(k)})\omega^{(k-1)} \tag{19.11}$$

$$RI^{(k)} = (RI_1^{(k)}, RI_2^{(k)}, \cdots, RI_{n_{k-1}}^{(k)})\omega^{(k-1)} \tag{19.12}$$

$$CR^{(k)} = \frac{CI^{(k)}}{RI^{(k)}}, \quad k=3,4,\cdots,s \tag{19.13}$$

如 $CR^{(k)} < 0.1$，则认为层次结构模型在第 k 层以上的所有判断矩阵满足整体一致性。

19.3　基于模糊层次分析的水安全综合评价模型

模糊层次综合评价是以模糊数学为基础，应用模糊关系合成的原理，将一些边界不清，不易定量的因素定量化，从多个因素对被评判事物隶属等级状况进行综合评价的一种方法。模糊层次分析综合评价模型的优点：首先是引入模糊理论，使得权重的计算过程更加简捷；其次，该模型把模糊层次分析法和隶属度结合起来研究问题，使得综合评价结果客观、公正和准确；最后，该模型的评价过程使得对问题的研究更加全面和合理，便于发现问题和解决问题。

模糊层次综合评价包含六个基本要素：①评价因素论域 U。U 代表综合评价中各评价因素所组成的集合；②评语等级论域 V。V 代表综合评价中评语所组成的集合，它实质是对被评事物变化区间的一个划分；③模糊关系矩阵 $\boldsymbol{R}$。$\boldsymbol{R}$ 是单因素评价的结果，模糊综合评价所综合的对象正是 $\boldsymbol{R}$；④评价因素权向量 $\boldsymbol{A}$。$\boldsymbol{A}$ 代表评价因素在被评事物中的相对重要程度，它在综合评价中用来对 $\boldsymbol{R}$ 作加权处理；⑤合成算子，指合成 $\boldsymbol{A}$ 与 $\boldsymbol{R}$ 所用的计算方法；⑥评价结果向量 $\boldsymbol{B}$，它是对每个被评价对象综合状况分等级的程度描述。

模糊综合评价包括六个基本步骤：

（1）确定评价对象的因素论域 U，$U=(u_1,u_2,\cdots,u_n)$。

（2）确定评语等级论域 V，$V=(v_1,v_2,\cdots,v_n)$，即等级集合，每一个等级可对应一个模糊子集。

（3）进行单因素评价，建立模糊关系矩阵 $\boldsymbol{R}$。

$$\boldsymbol{R} = \begin{bmatrix} r_{11} & r_{12} & \cdots & r_{1m} \\ r_{21} & r_{22} & \cdots & r_{2m} \\ \vdots & \vdots & & \vdots \\ r_{n1} & r_{n2} & \cdots & r_{nm} \end{bmatrix}, \quad 0 < r_{ij} < 1 \qquad (19.14)$$

其中，r_{ij} 为 U 中因素 u_i 对应 V 中等级 v_i 的隶属关系，即从因素 u_i 着眼被评对象能被评为 v_i 等级的隶属关系，因而 r_{ij} 是第 i 个因素 u_i 对该事物的单因素评价，它构成了模糊综合评价的基础。

（4）确定评价因素权向量 $\boldsymbol{A}$ ，$\boldsymbol{A} = (a_1, a_2, \cdots, a_n)$。

$\boldsymbol{A}$ 是 U 中各因素对被评事物的隶属关系，它取决于人们进行模糊综合评价时的着眼点，即评价时依次着重于哪些因素。可以通过统计法、层次分析法、专家评定法等得到评价因素权向量 $\boldsymbol{A}$ 。

（5）选择合成算子，将 $\boldsymbol{A}$ 与 $\boldsymbol{R}$ 合成得到各被评事物的模糊综合评价结果向量 $\boldsymbol{B}$ 。

模糊综合评价的基本模型为 $\boldsymbol{B} = \boldsymbol{A} \circ \boldsymbol{R} = (b_1, b_2, \cdots, b_m)$ ，b_j 是由 $\boldsymbol{A}$ 与 $\boldsymbol{R}$ 的第 j 列运算得到的，它表示被评事物从整体上看对 v_i 等级模糊子集的隶属程度。常见的模糊合成算子有 $M(\wedge, \vee)$、$M(\bullet, \vee)$、$M(\wedge, \oplus)$ 和 $M(\bullet, \oplus)$ 四种。

在应用模糊综合评价时，由于指标较多，信息量大，常用的取大取小算法容易导致结果不易分辨的情况，加权平均算法即 $M(\bullet, \oplus)$ 可以很好地解决这个问题。

（6）对模糊综合评价结果向量进行分析。

由于每个被评对象的评价结果都是一个模糊向量，不能直接用于被评对象间的排序评优，因而还要作进一步分析处理。处理的方法主要有最大隶属度原则、加权平均原则、模糊向量单值化、计算隶属度对比系数等。

在处理模糊综合评价结果向量时，最大隶属度原则存在有效性问题，评价结果向量在各等级上的隶属度必须要有较大的级差时才有效。例如，评价等级为 5 级，评价结果向量为 $(0, 0.8, 0.2, 0, 0)$，运用最大隶属度原则是有效的；综合评价结果为 2 级，而对于结果向量为 $(0.2, 0.2, 0.2, 0.2, 0.2)$，则最大隶属度原则完全失效，无法判断综合结果。加权平均原则则可以很好地解决这一问题。加权平均原则的思想是：将等级看作一种相对位置，使其连续化。为了能定量处理，用"$1, 2, 3, \cdots, m$"依次表示各等级，并称其为各等级的秩，然后用结果向量中各对应分量将各等级的秩加权求和，等到被评事物的相对位置。可表示为

$$B = \frac{\sum_{j=1}^{m} b_j^k \cdot j}{\sum_{j=1}^{m} b_j} \tag{19.15}$$

式中：b_j 为结果向量中隶属于第 j 等级的隶属度；k 为待定系数（$k=1$ 或 $k=2$），目的是控制较大的 b_j 所起的作用。

（7）综合评价

归一化处理得到指标层综合评价矩阵 B，准则层评价

$$S = R \times B \tag{19.16}$$

对 S 归一化处理，得到 S^*。

确定评价等级的加权向量，并计算目标层的综合评价值，一般情况下，评价集 $V = \{V1(非常安全), V2(安全), V3(基本安全), V4(不安全), V5(极不安全)\}$ 对应的分值集是 $\{80\sim100, 60\sim80, 40\sim60, 20\sim40, 0\sim20\}$，加权向量赋值为 D，$D = (90, 70, 50, 30, 10)$。

目标层综合评价

$$N = S^* \times D \tag{19.17}$$

19.4 沿海地区应对海平面上升的水安全评价系统

海平面上升将对沿海地区水安全产生重要影响。基于未来我国海平面上升、风暴潮变化趋势分析方法以及海平面上升、风暴潮变化对防洪安全、水资源安全、生态安全影响评价方法，整合 GIS 空间分析，集成沿海地区应对海平面上升技术，构建综合海地系统变化模拟、未来预测及影响评估模型系统平台，实现海平面上升背景下对水安全影响时空格局的模拟，为海面变化对社会经济的影响研究以及海岸带管理、开发与决策提供新的思路与应用工具。

系统集成的实现一方面是海平面变化及其影响基础研究的深化和应用研究的拓展，另一方面是研究区自然背景与人类活动相互作用机制的重要实践。系统不仅为研究人员提供反演海平面和风暴潮历史变化及海平面上升对水安全影响的方法，也为政府决策部门提供了海面变化未来发展趋势及可能影响的直观演示，且能够给出契合实际的监测、预测、统计数据，进而实现海平面上升影响分析与灾害防御工作的有机结合。

19.4.1　平台选择和设计原则

沿海地区应对海平面上升技术集成系统平台需支持多源数据的集成和管理，支持属性数据和空间数据的关联，支持传统社会经济要素数据的空间化表达及分析，支持海面上升模拟及影响评估数据二维、三维的可视化表达。系统采用 Arc-GIS Engine 作为开发平台，基于 Browser/Server 结构模式、应用 ORACLE 数据库管理系统进行实现，空间数据库采用文件管理形式，支持矢量数据和栅格数据的存储，主要考虑海平面上升影响分析的决策者、研究者以及系统开发维护人员三类目标用户，构建人机交互、模型库和数据库三大子系统，建成具有系统可靠性、可维护性、可扩展性的用户友好型集成系统。

系统设计原则根据系统工程的设计思想，GIS 应用系统的总体设计应遵循系统性、可靠性、实用性、可扩充性等基本原则，具体如下。

实用性：系统设计及功能实现应以实用为出发点，最大可能满足海平面变化模拟及影响评估流程中涉及数据的处理、分析及可视化要求。

规范性：一方面，系统处理数据的数据类型、采集及处理流程都应符合国家行业规范，另一方面，系统的设计要符合 GIS 的基本标准，为后期系统的维护、兼容和扩充提供便利。

开放性：随着科学技术的快速发展，学科知识融合的步伐日益加快。海平面变化研究领域的新成果日益增多，现有计算机软硬件产品更新换代异常迅速，已有的或是正在建构的海平面变化模型面临不完全符合现有研究需求，需要进行修改和扩充的尴尬，因此在硬件配置和系统设计时要充分考虑系统的发展和升级，使系统具有一定的扩展能力。

良好交互性：系统界面设计过程中应该考虑到菜单的灵活性和层次性，设定的命令术语应具有通用性和可读性，另外系统应能及时提供诸如提示、帮助、报错等反馈信息以满足用户需求。

19.4.2　系统架构与功能模块

（1）网络架构

沿海地区应对海平面上升技术集成系统旨在通过对海平面和风暴潮历史变化的分析，预测未来海平面上升情况，研究未来海平面上升对防洪、供水和生态环境的影响及适应，为相关部门提供应急处理和决策信息。

由此可见，海平面上升的影响评估及适应服务的对象既有相对固定的用户群体，又有相对分散的用户，系统宜采用 B/S 架构。在这种模式下，系统软件结构分为前台系统和后台系统两大部分。前台系统是整个软件系统的主要部分,用于处理用户的功能需求,达成用户业务目标;授权用户通过 Internet/Intranet 进入系统,可完成权限范围内的工作任务。后台系统为系统的辅助支撑系统,是系统管理员对软件系统进行控制的功能界面,用于支持配置系统运行的基本参数和设置项,在业主单位的局域网内运行。整个系统跨业主单位内、外两个网络空间,对多个信息产生点的数据进行收集、统一进行处理与保存。系统网络结构如图 19.1 所示。

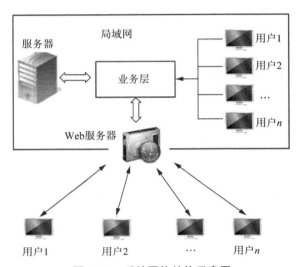

图 19.1　系统网络结构示意图

（2）体系架构

沿海地区应对海平面上升技术集成系统建设旨在实现海平面上升背景下区域受影响状况的分析与可视化表达,因此整个系统的设计应该以虚拟实验过程为主线,为每个过程提供数据处理的工具和方法。根据系统设计目标和原则,系统自下而上分为数据层、中间层、业务层和表现层。业务层面向用户提供功能接口;中间层在数据层和业务层之间,利用数据层进行数据相关的访问调用并提供上层的应用服务给业务层使用;数据层是整个信息系统的基础平台,该层优化并封装所有可能的数据访问操作,并在此之上提供高层的数据操作相关的功能实现和接口定义。系统的技术保障措施包括 Web Service、AJAX、FLEX 及持久层框架等核心技术,在保证技术先进性的同时应兼顾技术的实用性。同时,采用组件式开发技术,使彼此独立的组件通过 Web Service、XML 等松耦合的通信方式组织在一起,形成完整的评价系统,实现了海平面变化和风暴潮变化的模拟以及受影响区域的影响评估等任务。系统体系架构见图 19.2。

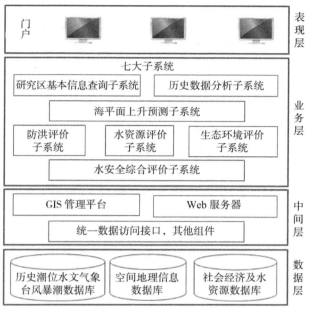

图 19.2　系统体系架构图

（3）功能模块

①七大子系统建设方案

a. 研究区基本信息查询子系统

研究区基本信息查询子系统的主要功能包括历史潮位、水文、气象、台风、风暴潮信息查询、基础信息查询、方案评价结果查询等。通过统一的数据接口在历史数据库中查询所选时段的相关要素的历史数据，并以过程线和列表的方式进行显示；通过选择设置查询范围，包括图类（点图、线图、面图）、区域（流域水系、行政区域）和实时勾画（在 GIS 中实时圈画多边形），查询下垫面条件、社会经济及供用水等基础信息。

b. 历史数据分析子系统

历史数据分析子系统的主要功能包括历史海平面、风暴潮等指标演变趋势分析（年、月、日）、突变诊断分析、不同历史时期对比分析、多站对比分析等。其中趋势分析选用方法包括线性回归法、滑动平均法、Mann-Kendall 秩次检验相关法、Spearman 秩次检验相关法等，变异点诊断方法包括有序聚类分析法、Mann-Kendall 突变检验法等，周期性分析方法包括功率谱分析法、小波分析法等。分析结果采用柱状图、过程线或列表等方式显示。

c. 海平面上升预测子系统

海平面上升预测子系统的主要功能包括模型选择、参数率定、模型评价、海平面上升模拟等。根据模型结构、区域适应性、模型的可利用性等因素,可选择随机动态模型、半经验预测模型、西北太平洋潮波数学模型等,实现不同地区海平面上升过程动态模拟。

d. 防洪评价子系统

防洪评价子系统主要包括西太平洋风暴潮数学模型、感潮河段潮汐与河口相互作用数学模型、海平面上升对海堤高程设计计算模型等,实现海平面上升对风暴潮最高水位和最大增水的影响评价、海平面上升对典型地区感潮河段防洪的影响评价、海平面上升对堤防设计的影响分析等功能。

e. 水资源评价子系统

水资源评价子系统主要包括历史盐度上溯分析模型、中国东部平面二维潮波运动数学模型、珠江口一维动态潮流数学模型等,实现历史咸潮上溯/盐水入侵分析、海平面上升对长江口和珠江口咸潮上溯的影响分析及对供水水源地的影响分析等。

f. 生态环境评价子系统

生态环境评价子系统主要包括生态系统退化甄别分析模型、湿地生态系统脆弱性评价模型等,实现基于湿地生境演替模式的生态系统退化甄别及退化特征分析,海岸带湿地系统脆弱性评价等。

g. 水安全综合评价子系统

水安全综合评价子系统基于海平面上升对防洪、水资源和生态环境的影响,以及构建的模糊层次综合评价模型,实现对典型区域防洪安全、水资源安全和生态环境安全的单一评价和综合评价功能。

②数据库建设方案

数据库建设内容包括数据库库表结构设计、数据库实体建设、数据库管理系统建设三个方面。在库表结构设计方面,设计历史潮位水文气象台风暴潮数据库、下垫面条件数据库(植被、土壤等)、空间地理信息数据库(DEM、高分辨率遥感影像数据等)、社会经济及水资源供用水信息数据库等库表结构,对表、字段、单位、精度、数据类型和字段说明等内容进行定义。在数据库实体建设方面,根据系统的数据类型,将数据划分为输入数据、模型中间变量数据和结果数据,完成研究区数据的收集、整理、审核与入库。在数据库管理系统建设方面,开发 SQL Server 数据库管理维护系统,功能包括数据库管理和数据管理两大类。数据库管理主要包括数据库的备份、恢复、数据同步、数据交换等,数据管理主要包括数据录入、数据查询、数据统计、数据导入、数据导出等。

③系统界面设计

界面设计是为了满足软件专业化、标准化的需求而产生的对软件的使用界面进行美化、优化、规范化的设计。本系统界面设计要求如下：一是采用直观的图形用户界面技术（GUI），使信息的表达形象、直观；二是以 GIS 中的电子地图作为系统背景，实现系统的分布式表达和查询；三是系统操作以菜单、图形、图标等形象化的界面元素为基础，大多数操作可以通过鼠标点击完成。

④系统集成方案

除了界面设计和各种接口的开发，沿海地区应对海平面上升技术集成的七大子系统，即研究区基本信息查询子系统、历史数据分析子系统、海平面上升预测子系统、防洪评价子系统、水资源评价子系统、生态环境评价子系统、水安全综合评价子系统的集成工作，同时还面临着与已有系统结合的问题，如防汛抗旱指挥系统、海洋灾害风险评价系统等。因此，在网络和系统数据库的支持下，通过中间件技术，构建上述各子系统之间的中间层服务应用系统，实现本次开发的新系统与已有平台异构、服务对象分离的旧系统间的有机耦合与衔接，最大程度地优化资源配置、提高运行速度，为不同层面水资源开发利用、规划、管理及减灾等提供科学服务。

19.4.3 空间分析功能实现与界面设计

（1）基本功能模块的实现框架

①系统主界面：用户通过登录界面输入用户名和密码后进入主界面。主要包括菜单栏、常用工具栏、数据控制栏、数据显示区、鹰眼图以及状态栏。

②GIS 基本工具：GIS 基本工具模块不仅包括通用 GIS 系统中常用的地图操作功能，还包括与海平面变化虚拟实验过程密切相关且经常使用的诸如空间查询、属性数据与空间数据的关联、数据格式的转换等功能。

a. 地图操作基本功能

地图操作主要包括地图浏览、图层控制、鹰眼图联动，供用户方便地浏览和操作图件，提高系统适用性。

地图浏览功能：利用工具栏上的按钮能够实现主窗体地图的放大、缩小、固定放大、固定缩小、全图显示、漫游、前一视图、后一视图及基本查询功能。

图层控制功能：通过图层控制窗口可以实现图层标注、图层透明度设置、图层符号化、图层元数据信息查看、图层顺序调整、图层移除、图层标注、图层属性表浏览等功能，用户通过点击鼠标左右键调用相应菜单即可在主窗体中实现对应效果。

鹰眼图联动功能：鹰眼图窗口位于界面左下角，能够与主窗体背景图层保持双向联动。主窗口视图范围改变后，鹰眼窗口即时绘制一个矩形边框显示当前区域；主地图比例尺发生改变后，鹰眼地图的比例尺也随之发生改变；另外，用户通过移动、缩放鹰眼图的矩形边框也可实现主窗体背景图层对应区域的快速更新。

b. 系统常用功能

空间查询功能：用户根据实际需求既可以选择单个字段进行模糊快速查询，也可自己定义 SQL 语句进行查询。考虑到单个图层的多个选择要素或多个图层间存在相交、包含、被包含等位置关系，系统提供了位置查询功能。当用户查询到符合给定条件的记录时，除支持生成新的数据集外，还可将前次查询结果作为中间数据参与新一次的查询过程。

数据的转换：应对海平面上升技术集成系统需要处理以不同格式存储的输入数据，不同格式的数据各具特点和适用性，在实际操作中，往往需要实现数据间格式的相互转换。数据转换模块提供了矢量数据与栅格数据、栅格数据与 ASCII 文件的相互转换功能。

属性表的 JOIN 功能：现有的社会经济要素数据多是以表格方式存储的，实际操作中往往需要将现有的社会经济要素的统计报表追加到对应的矢量数据中，以便进一步实现要素的空间分析、符号化及要素查询功能。用户通过调用 GIS 基本工具菜单下的属性表 JOIN 的子菜单，指定关联的数据表及公共字段，即可实现属性表的连接。

③社会经济要素数据处理功能

本模块的作用是对输入数据进行统计分组、筛选、标准化和数据变换等处理，使其适用于相关时空特征模块的解析。本模块实现的功能如下。

a. 行列转置：可对导入系统数据显示窗口的数据进行行列转置，转置的结果可用于社会经济要素数据的时空特征提取与解析，也可直接生成图表类结果。

b. 数据标准化：数据标准化处理主要包括数据同趋化处理和无量纲化处理两个方面。数据同趋化处理主要解决不同性质数据问题，数据无量纲化处理主要解决数据的可比性。数据标准化的方法有很多种，常用的有"最小-最大标准化"、"Z-Score 标准化"和"按小数定标标准化"等。经过上述标准化处理，原始数据均转换为无量纲化指标测评值。考虑到用户的实际需求，本系统提供了数据均值比、数据中心化、标准差标准化、极差正规化、数据百分比等多种标准化方法，处理结果介于 0 和 1 之间。

c. 数据变换

地理数据的变换,是将原始数据的每个数值通过某种特定的运算转换成一个新值,且数值的变化不依赖于数据集合中其他数据的值。通过数据变换可达到去伪存真、减小变幅和便于建模的目的。常用的地理数据变换有对数变换、开(立)方变换、取倒数变换等。

④数据可视化表达模块

该模块主要用于可视化展示海面-地面系统变化模拟及影响评估过程中的中间数据和结果数据,支持打印输出各种类型的图件和表单。

对于报表数据,系统提供了多种数据统计分析功能,并支持用户调用柱状图、曲线图等菜单实现社会经济要素统计数据的图表化显示,支持分析结果导出到指定格式的报表中;对于空间数据,系统提供了包括图层符号化、地图整饰等多种功能。

(2) 空间分析模块的实现框架

空间分析是基于地理对象的位置和形态特征的空间数据分析技术,其目的在于提取和传输空间信息,是进行综合性地学分析的基础,为人们建立复杂的空间应用模型提供了基本方法。

系统涉及的空间数据包含矢量数据和栅格数据两类空间数据结构,针对矢量数据结构的特点,系统实现了包括多个图层的擦除与叠加等叠置分析功能;针对栅格数据,系统实现了包括距离制图、密度制图、表面生成与分析、栅格重分类、栅格计算等多种功能,用以快速获取所需信息。

①矢量数据的叠置分析

叠置分析是提取空间隐含信息的方法之一,基本思想是按照一定的数学模型综合计算不同主题的多个数据层的属性数据,最终生成一个新的数据层面。叠置分析不但实现了新的空间关系的生成,还将多个输入数据层的属性联系起来,产生了新的属性关系。系统实现了多边形的擦除和图层合并功能。

a. 多边形与多边形的图层擦除

根据擦除图层的范围,从原始图层中去掉相应的覆盖要素即为图层擦除。通过 ArcEngine 提供的 GeoProcessor 对象类调用 Erase 操作类,可以实现多个图层的擦除。

b. 多边形与多边形的合并

图层合并是指联合输入图层和叠加图层的区域范围,并以此为依据保存两个图层的所有地图元素。图层合并将原来的多边形要素分割成新要素,新要素综合了原来两层或者多层的属性。进行图层合并时要求两个图层的集合特性必须全部是多边形。系统通过调用 IBasicGeoProcessor 接口的 Union 方法实现两个图层要素的叠加求和。

②栅格数据的空间分析

依据处理图层的个数,本文将栅格数据的空间分析分为两类,单图层的空间分析和多图层的空间分析。前者包括密度制图、表面生成与分析、重分类功能和部分距离分析功能,实现数据的再加工和重分类,便于挖掘数据隐含的空间信息。后者包括分类区统计、栅格计算、部分距离分析功能,以某种规则实现多个图层的运算,用以生成新的数据集。

在进行栅格数据的空间分析时,往往需要先设定空间分析环境,如工作空间、单元大小,分析范围等信息,来获取符合指定规格的数据。密度制图、空间内插、距离制图、表面分析、分类区统计的实现思路基本一致。

19.5 江苏典型沿海地区水安全综合评价

根据构建的沿海地区应对海平面上升技术集成系统,针对沿海地区海平面上升、防洪、水资源、生态环境问题开展了应用。以 1980—2010 年为时间基准参考时段,以江苏苏北盐城地区和南通地区所属的 10 个沿海行政单元(包括响水、滨海、射阳、大丰、东台、海安、如东、通州、海门、启东)作为评估对象(评估单元),以 4 大系统层(气候与社会条件、防洪安全、水资源安全、生态环境安全)共计 42 个指标为评价指标体系,开展了江苏典型沿海地区水安全综合评价。

在评价过程中,对所有 1980—2010 年基准时段内的 4 大系统层 42 个指标评价参数都进行了栅格化处理,并将所有评价指标项的计算结果汇总到县(市、区)行政单元中。其中,社会经济数据直接以行政单位统计汇总,空间数据(站点、栅格等)采用空间插值后,按照县(市、区)行政单元面积求平均再空间叠加后获得。水安全程度按非常安全、安全、基本安全、不安全和极不安全 5 个等级划分。

在上述各指标项数据分析处理基础上,基于模糊层次分析综合评价方法对海平面上升背景下江苏典型沿海地区水安全进行评价,在海平面上升最高值 50 cm 情景下的评价结果如图 19.3 至图 19.6 所示。

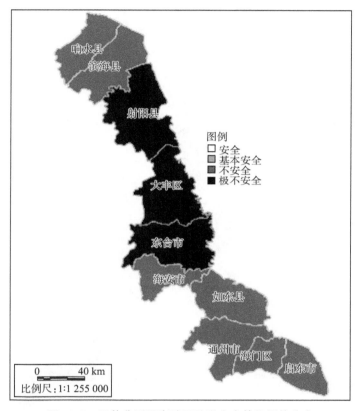

图 19.3　江苏典型沿海地区防洪安全等级评估分布

图 19.4　江苏典型沿海地区水资源安全等级评估分布

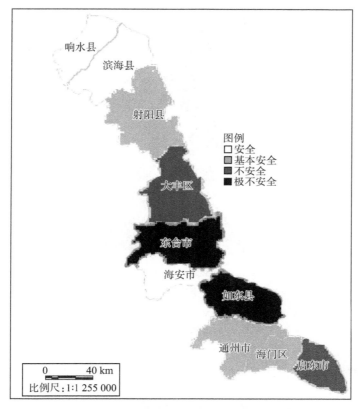

图 19.5　江苏典型沿海地区生态环境安全等级评估分布

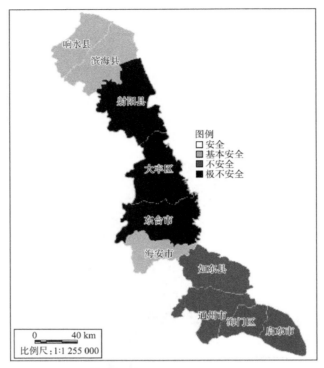

图例
□ 安全
▨ 基本安全
▨ 不安全
■ 极不安全

0   40 km

比例尺 1:1 255 000

图 19.6　江苏典型沿海地区水安全等级综合评估分布

　　评估结果表明:江苏沿海典型地区,包括废黄河三角洲以南至长江三角洲平原整体地势低平,相当部分地面高程低于当地平均高潮位,完全靠海堤保护,而一线海堤常以防潮标准不高的土堤为主,起围高程一般也在平均高潮位附近,而且所修筑的护坡工程顶高相对偏低。在未来海平面上升 50 cm 的情景下,对水安全影响严重的即防洪安全,整体表现为不安全,其中,以中部海积平原的射阳、大丰、东台影响最为严重,表现为极不安全;其他县(市、区)也有较大影响,表现为不安全。对水资源安全的影响,主要考虑长江口盐水入侵对长江北支江苏沿海城市的影响,在海平面上升 50 cm 的情景下,以海门和启东影响最为严重,为极不安全,其他地区相对安全。对生态环境的影响,以东台和如东影响最大,极不安全;大丰、启东次之,相对不安全;射阳、通州、海门相对安全;响水、滨海、海安影响程度最低。对综合水安全的影响,考虑到防洪安全是海平面上升影响整个江苏沿海典型地区的重要方面,综合水安全仍以中部海积平原的射阳、大丰、东台市影响最为严重,表现为极不安全;长江三角洲平原地区如东、通州、海门和启东次之,表现为不安全;响水、滨海、海安相对安全。

第二十章

沿海地区应对海平面上升策略与技术应用

20.1　沿海地区应对海平面上升的指导思想和原则

20.1.1　海平面上升带来的系列问题

海岸带在自然属性上是海-陆-气相互作用最为剧烈的地区,也是受气候变化影响最敏感的地带。中国东部沿海地区既是中国对外开放的前沿,也是中国经济发展最快和水平最高的地区。沿海地区的气候变化适应问题对中国社会经济可持续发展具有重要的现实意义。海平面上升对沿海地区带来的系列问题突出表现在以下方面。

(1)海平面上升对东部沿海沿岸低洼地区威胁加大:气候变化引起的海平面上升将使沿岸地区淹没范围扩大,尤其是渤海湾沿岸、长江三角洲和珠江三角洲。根据模拟结果,在现状堤防条件下,海平面若上升 95 cm,长江三角洲海拔 2 m 以下的 1 500 km² 低洼地将受到严重影响甚至被淹没。

(2)风暴潮、巨浪强度和频度增大,防洪压力增加:20 世纪 50 年代以来,风暴潮灾害损失整体呈上升趋势并具有 7~8 年的准周期变化。近几十年登陆和近岸台风强度明显增大,受此影响沿海巨浪明显增加,风暴潮最高水位的增加幅度往往超过相应海平面上升的幅度,最大变幅可达 20%,对沿岸工程具有毁灭性的破坏。

(3)咸潮沿河流上溯的强度和频率增加,水资源安全受到严重威胁:受海平面上升、风暴潮加剧等因素的共同影响,东部海岸带地区咸潮沿河流上溯的强度和频率明显增加,对长江和珠江河口地区大中城市自来水厂取水产生直接威胁。2006年长江入海径流减少,盐水入侵时间从往年的 12 月提前到汛期 9 月。近年来珠江口咸潮越来越频繁,持续时间增加,上溯影响范围越来越大。

(4) 海水入侵使土壤盐渍化加重,海岸带和近海生态系统退化:海平面上升使潮间带上部产生侵蚀,海水入侵,使土壤盐渍化加重。黄河三角洲、苏北滨海、长江三角洲、珠江三角洲等湿地都会受到海平面上升的严重影响,引起湿地面积大幅度缩减。同时,由于人为修建的防潮堤、防波堤等海防工程设施将限制向陆湿地发展,部分滨海湿地将因此消失,沿海潮滩和海岸湿地生态系统遭到破坏。

20.1.2　应对海平面上升的指导思想和原则

海平面上升已对我国沿海地区防洪、水资源及环境等产生重要影响,同时对国家经济社会的可持续发展产生了重要的影响,并且随着全球逐渐变暖和海平面逐步上升,这种影响会越来越明显。如何在气候变化的情况下,确保区域防洪安全,对中国水资源开发和保护领域提高气候变化适应能力提出了长期的挑战。

应对海平面上升的总体指导思想为:以全面贯彻科学发展观为统领,以保障区域经济发展为核心,以科技进步为支撑,以完善水利基础设施建设和强化监测、预警、预报、模拟、评估技术及科学进行区域发展规划为重点,全面提升沿海地区应对海平面上升的能力,保障沿海地区的防洪安全、水资源安全和生态安全,实现经济社会的可持续发展。

沿海地区是受气候变化和海平面上升影响最为敏感和直接的地区,需要充分认识到应对海平面上升的重要性、紧迫性和可持续性,通过采取更加有力的政策措施和行动,切实增强应对海平面上升的能力建设。根据应对海平面上升指导思想,应对的原则集中体现在以下方面。

(1) 以人为本和可持续发展的原则

着力解决沿海地区在极端干旱和海水入侵条件下的水资源安全问题,有足够水源来确保城乡居民的饮用水安全,保障工业、农业的生产用水和生态用水。重点解决以水资源的可持续开发利用支撑经济社会可持续发展问题。

(2) 多部门统筹协调、公众参与和因地制宜的原则

适应海平面上升需要大力整合资源、进行有效的统筹协调和社会公众广泛参与。不同部门需要在此基础上根据趋利避害、成本-效益最大化的要求,有针对性地、因地制宜地制定地方适应气候变化方案,实施可操作性强的适应气候变化的相关行动,甄别适应优先事项和优先区域,加强生态脆弱地区、欠发达地区的适应能力。

(3) 主动适应和无悔适应相结合的原则

需要在考虑未来海平面上升不确定性分析的基础上制订确定的适应对策,所

谓的无悔是指在不增加额外成本的前提下，尽量采取那些考虑了海平面上升因素的措施，做到无论未来是否变化以及怎样变化，都不后悔。基于现有的科学认识，本着无悔、双赢的甄选标准，筛选适应的优先事项，实施有计划的、积极主动的适应行动，有效减轻海平面上升带来的不利影响，取得长远的经济、社会和生态效益。

（4）科学适应与规划适应相结合的原则

科学技术在应对海平面上升方面发挥至关重要的先导作用，通过构建适应海平面上升的技术集成体系，加大适应技术研发、推广和应用力度，全面提升不同地区应对海平面上升的能力。同时要把适应海平面上升纳入区域的整体发展战略，结合适应行动的中长期规划，突出重点、分步实施、循序渐进地开展适应工作。

总之，要在适应的指导思想上，坚持"主动适应、无悔适应、科学适应、规划适应"的原则。适应的重点任务是生态保护、防灾减灾、民生安全和抓住机遇，能力建设是贯穿全部适应过程、保障适应行动成功的必要措施。

20.2　沿海地区应对海平面上升的策略和目标

沿海地区应对海平面上升的策略和目标主要包括以下几个方面。

（1）加强海岸带防护，提高设计标准，提高区域防洪能力

针对未来沿海区域海平面上升的不同特点，提高沿海城市和重大工程设施的防护标准，特别是重要岸段、脆弱区、重要产业区等地区的防护设施建设标准、核定防护工程设计参数，加强海岸带和沿海地区适应气候变化和海平面上升的基础防护工程和海岸防护设施建设。为沿海城市发展规划、区域防洪能力建设等提供决策依据。

（2）加强风暴潮的监测、预警预报能力，保护经济活动和人民财产安全

提高和完善对台风、风暴潮、巨浪等海洋灾害的观测能力，建设国家、省（自治区、直辖市）、市、县四级海洋灾害预警预报服务体系；加强海洋灾害预警预报业务化流程的能力建设，包括监测数据服务，台风、风暴潮的预警、预报技术，预警预报产品服务等环节，进一步建立健全台风、风暴潮的应急预案体系和响应机制，针对未来海平面上升和风暴潮变化引起的海洋灾害加剧，以及沿海社会经济发展的现状，开展重点地区警戒潮位的核定，为沿海重点地区和重大工程应对海平面上升提供支撑和保障。

（3）加强海岸带淡水资源综合管理，保障区域水资源安全

建立长效科学用水和咸潮防范机制，加快流域控制性工程建设，加强流域水资源综合调配管理能力，以淡压咸，应对咸潮上溯和海水入侵的威胁。增强河口区的

行洪排涝能力建设,建设坚固耐用的闸门,预先规划、设计和建立好行洪水道和行洪区,保持城市排水系统的畅通,防止海水倒灌。沿海城市群要立足于本区域水资源的开发、利用、节约和保护,加强应急供水能力建设,保障城市自来水供给安全。

（4）推进滨海保护区建设和沿海湿地生态系统修复,保障区域生态安全

进一步加强对海岸带生态系统的监测,建成海岸带的立体化观测网络。总结国内外现有滨海湿地生态修复工程的成功经验,制定典型海岸带及近海生态系统的修复和建设规划与技术规范,推进对滨海生态系统的保护区的建设与管理,选取不同受损类型的滨海湿地,开展湿地生态恢复工程建设,提高近海和海岸带生态系统抵御和适应气候变化的能力。

（5）科学进行区域发展规划,保障社会经济的稳定发展

系统评估未来海平面上升和风暴潮变化对沿海地区的可能影响,明晰沿海地区受海平面上升影响的脆弱区、敏感区,确定应对海平面上升的优先区域。根据模拟结果,充分论证海平面上升对取水口盐度的影响,必要时进行取水口位置规划,适度上移取水工程。在海平面上升高风险区,通过统筹土地用途,规划社会经济活动位置,有效避让高风险区;同时通过有计划搬迁、预留后退空间等措施应对海平面上升。

在我国东部沿海区域,风暴潮是形成海岸洪灾的主要因素。受气候变化的影响,未来我国海平面有上升的趋势。为应对气候变化下我国海平面变化带来的不利影响,必须从法律建设、区域规划、工程措施和非工程措施相结合的多种途径着手,提高应对海平面上升能力,保障沿海地区的防洪安全、供水安全和生态安全。沿海地区应对海平面上升的关键技术包括:

（1）海岸带环境的监测技术和灾害预警技术

构建完善的观测体系,基于航空遥感、遥测等手段,提高应对海平面变化的监测技术;建立主要江河中下游感潮河段潮汐与河口相互作用数学模型,完善风暴潮及其影响数学模拟技术;加强沿海潮灾预警技术和预警产品的制作与分发,建立较为完善的沿海潮灾预警和应急系统,提高海洋灾害预警能力。

（2）海平面、台风及风暴潮演变趋势分析技术

基于历史潮位站、台风和风暴潮观测的系列资料,诊断历史演变规律和变异特征;结合全球气候模式预估结果,建立海平面、台风、风暴潮未来演变趋势分析技术,科学预估东部沿海可能遭遇的海平面上升等要素的情势。

（3）风暴潮及其影响的数学模拟技术

基于西太平洋天文潮模型,构建高分辨率的西太平洋风暴潮数学模型,结合海岸带社会经济发展布局,模拟不同海平面上升情景下风暴潮对沿海地区的可能影

响,明确海岸带受海平面上升影响的敏感区和脆弱区。

（4）沿海城市和重大工程设施的防护标准修订技术

针对海平面上升和风暴潮变化的影响,在沿海地区全面普查防洪和防风暴潮的能力,提出海平面上升背景下沿海地区海堤设计标准和技术要求,修订海堤设计技术规范,全面提高海岸防护设施的防范标准;全面推行沿海地区防台风、防风暴潮基础设施建设。

（5）咸潮盐水入侵模拟与信息预警技术

基于河口平面二维水动力学模型,建立主要江河中下游感潮河段潮汐与河口相互作用数学模型,模拟不同海平面上升和河道上游来水情景下的咸潮入侵历时、范围及强度,完善咸潮盐水入侵预警技术,构建咸潮入侵信息发布平台。为保障沿海地区水源地的饮用水安全提供支撑。

（6）陆地河流与水库调水相结合压咸补淡技术

加强取水口防潮能力建设,必要时调整取水口,提出陆地河流与水库调水相结合的技术体系,压咸补淡,防止咸潮上溯;控制沿海地区地下水超采和地面沉降,对已出现地下水漏斗和地面沉降区进行人工回灌;保障沿海地区水源地的安全。

（7）考虑海平面上升的海岸带规划与生态修复技术

制定海岸带开发利用和治理保护的总体规划和功能区划,考虑海平面上升情势,对已有的海岸带规划进行适当调整,以适应海平面上升的影响。加强海岸带生态系统的保护和恢复技术研发与应用,提高沿海湿地的保护和恢复能力,降低海岸带生态系统的脆弱性,提高滨海及沿海地区生物多样性,保障生态安全。

20.3　应对海平面上升技术的可行性和适用性

根据海平面上升对沿海地区防洪、水资源及生态安全的可能影响,研究提出了七大应对关键技术。然而沿海不同区域发展程度不一样,可能面临的因海平面上升引发的问题也存在差异,因此,在进行应对技术的推广应用时,非常有必要因地制宜地进行应对海平面上升技术的可行性和适应性分析。

（1）应对海平面上升关键技术的可行性分析

应对海平面上升技术的可行性分析包含三个方面的含义:技术可行性、经济可行性与社会可行性。只有在技术、经济、社会三个层面具有可行性,应对技术才能够真正推广应用。

①技术可行性是应对海平面上升关键技术推广应用的基础

不同区域面临的气候变化和海平面上升引发的关键问题不相同,因此适应技术也是千差万别,有些技术成熟完善,有些技术仅在理论上是可行的。一项适应技术要在实践中推广应用,必须具有较好的可操作性与实用性。例如,气候变化导致热带气旋活动强度加大,台风对海岸带地区带来的危害也越来越大,因此台风预测预报技术显得尤为重要,是沿海地区适应气候变化的关键技术,但现阶段该技术的准确率与精度还有很大的提升空间。其实用性不强,因此该技术还有待进一步的完善。

②经济可行性是应对海平面上升关键技术推广应用的保障

任何技术要在实际生产中推广应用,必须具备经济可行性,适应气候变化技术也不例外,若应对技术的成本远超过目前地方经济承载能力,那么就会给技术的推广应用带来较大的困难,因此,应该把一些高成本应对技术纳入区域发展规划,通过长期的建设逐步实施。例如,增建大型水利工程实现多库联调进行压咸补淡,无疑也是适应海平面上升、缓解咸水入侵最直接的技术,虽然技术可行,但不具备经济可行性,现阶段很难在一些河口地区大规模推广应用,这需要将国家规划、区域规划和流域规划结合起来逐步完成。

③社会可行性是应对海平面上升关键技术推广应用的重要推动力

适应是通过调整自然和人类系统以应对实际发生的或预估的海平面上升及其影响,其出发点和落脚点都是为了人类社会的可持续发展。适应海平面上升技术的推广应用,不仅要在技术方面和经济方面具有可行性,还需要具备社会可行性。如果适应技术不被社会群体所接受,那么该适应技术的推行将十分困难,很难达到预期的效果。反之,适应技术被社会群体广泛认知和接受,那么往往起到事半功倍的效果。例如,工矿企业的搬迁以避让高风险地区,无疑也是适应海平面上升最直接的技术措施,虽然技术可行,但不具备经济可行性,现阶段并不能在中国大规模推广应用,这需要将国家规划和区域规划结合起来,逐步完成。

（2）应对海平面上升关键技术的适用性分析

应对海平面上升的适应技术的适应内涵、适应种类、适应领域具有多样性特点,因此适应技术也具有多方向和多用途的适用性。总体上可以归纳为以下若干类型。

①特定地域空间方向的适用性

不同区域受海平面上升影响范围和程度不同,适应技术具有特定地域空间和范围的适用性。适应技术选择要因地制宜,根据目前和未来可能存在的问题,遴选具体的技术进行有效应对。例如,苏北地区湿地生态受海平面上升影响较大,如何应对海平面上升对苏北生态的影响可能是未来面临的主要问题之一。

②特定时间空间方向的适用性

不同区域受海平面上升影响时间阶段和时间长度不同,适应技术具有特定时间空间的适用性,适应技术选择要因时制宜。例如,珠江口地区经济发达,枯水季节咸水入侵将影响数百万人的引水安全。海水入侵可能是未来面临的主要问题之一,利用珠江已建水利工程进行水资源优化配置及压咸补淡的水库联调技术可能是该地区应对海平面上升的重要工作。

③在灾害防治方向的适用性

主要是在气候变化过程中所研发和实施的具体工程技术措施,适用于应对各类频发灾害,具有较强的可操作性和针对性,能够及时降低灾害所产生的风险和影响程度。例如,在沿海地区受到台风及风暴潮的影响较为严重,所产生的海平面升高、海水倒灌等自然灾害问题突出,因此沿海地区适应的技术措施主要包括建立海堤、海闸、加强和提高基础防潮设施的建设标准,提高对台风和风暴潮的监测和预警能力,减少季节性极端灾害天气的影响。

20.4　典型地区应对海平面上升技术应用

20.4.1　江苏南通适应海平面上升技术应用

南通地区地处亚热带湿润季风气候区,地形相对平坦,地势自西向东微倾,北部里下河、南部沿江地区地势稍低,地面高程 1.8~6.3 m。南通年均水资源总量为 69.1 亿 m³,其中,年地表水资源量为 25.6 亿 m³,浅层地下水资源可利用量为 5.9 亿 m³,引用长江过境水 37.6 亿 m³。

南通市长江主堤上起如靖交界,东至启东寅阳入海口,全长 167.31 km,港支堤长 45.0 km,洲堤 84.7 km,防洪标准为 50 年一遇。南通市黄海堤防从海安东台交界的老坝港至启东的东南圆陀角,全长为 212.77 km,海堤的设计防洪标准为抵御 50 年一遇高潮位加 10 级风风浪爬高。海安里下河圩区现有防洪圩堤 750.52 km,形成独立防洪圩区 95 个,圩堤防洪标准为 1991 年雨情不破圩。

长江干流南通段长 87 km,长江水源是南通市的主要供水水源。长江北支是长江口的一级汊道,岸线总长 83 km,该汊道已逐渐演变为涨潮流占优势的河道,目前分流比已不足 5%。

南通市沿江共有大小涵闸 98 座(其中大中型涵闸 8 座),沿海共有涵闸 36 座(其中大中型涵闸 11 座),内河节制闸 87 座,船(套闸)59 座,里下河圩口闸 544 座,主要抽水站为贾家集提水站和二案抽水站。

南通市洪涝灾害的特征主要表现为台风、暴雨、天文大潮或长江下游大流量洪峰过境这四个要素或四个要素的多重组合影响。一般情况下,台风、暴雨、天文大潮的多发季节在汛期5—10月,这期间还有梅雨的影响。如果以上四个要素中有两个、三个或者四个要素共同作用,极易发生特大洪涝灾害,给当地人民生命财产带来极大的危害。

南通最高潮位的出现是台风、天文潮和径流二者或三者之间的汇合,其中台风、大潮相遇型,是南通市汛期防洪的最大威胁。由于南通地处长江和黄海的"T"字形交汇处,台风和风浪的作用比较强烈,可使局部海域、长江水面抬高约1.0 m,如果再碰上天文大潮,往往会出现历史最高潮位。因此,影响南通防洪的主要因素即台风和天文大潮叠加的影响。

南通市整体防洪体系还难以适应经济社会发展的要求。随着城市建设发展,已逐步形成了市区人口超过200万的特大城市,对南通江海堤防的标准有了更高的要求。目前,江海堤防堤身质量不高,经过1999年堤防达标建设后,现有堤防市区基本为100年一遇,其他县市为50年一遇标准,堤身断面、顶高程、当廊桥高程等关键参数均低于新标准,已不能满足南通建设特大城市的要求。同时,由于历史上堤防由农民逐年逐次加宽加高形成,筑堤无统一规划和标准,加上堤防堤身和堤基大部分为沙壤土,局部地段还有粉砂土,渗透系数大,根据地质普查数据,压实度普遍达不到2级堤防的要求,未实施灌砌护坡的堤防或护坡高度不够的堤防,在遭受台风、高潮、风浪袭击时,挡潮、抗冲击性能差,防护能力弱,受风浪冲刷后土方流失严重,容易发生块石坍落、跌塘;局部地区堤防未形成封闭或封闭能力弱,如开发区部分挡浪墙采用砖砌围墙,通州局部海堤堤顶较低、外坡无砌石防护等。

部分涵闸设计标准不足,随着江海堤防标准的提高,穿堤建筑物挡潮标准没有相应提高,涵闸结构、闸门高度、消力池长度等不能满足新的防洪标准,部分老旧涵闸由于运行年代较长,闸室老化、闸门破损,已不能满足现状水情、工情下的洪水考验,抵御高潮位时,险情频发。

基于南通地区精细化地形资料、水利工程资料和社会经济布局资料,利用风暴潮数学模型,模拟了0012号(Prapiroon)台风情况下不同海平面上升对南通地区的可能影响。结果表明,风暴潮作用下,潮水位非线性增水明显,增水幅度在0.15～0.20 m;海平面上升30 cm的情况下,模拟的影响面积约增加70%,50年一遇的设防工程标高不到20年一遇的设防标高。目前堤防工程对于防护一些重点区域能够起到非常重要的作用,然而,对于防洪内封闭圈尚未完成的工程,其防护作用捉襟见肘。九圩港河口两侧、桃园、二十八丈、八十六丈、姚港河口、新开闸上游、二号滩,这些区域将是南通地区防洪的重点和优先区域。

利用平面二维咸潮入侵水动力学模型模拟了枯水季节不同海平面上升情况下咸潮入侵对长江北支的影响。结果表明,不同海平面上升幅度对盐水入侵距离和作用时间具有明显的差异。2014 年 2 月,因受长历时高潮位影响,海门长江水厂停产达半月之久;若海平面上升 30 cm 情况下,不宜引水区将上延 28 km 左右,枯水季节海门长江引水厂可能面临着关闭的危险。

未来南通地区洪水灾害特征主要表现为海平面上升一定幅度情景下台风、暴雨、天文大潮、上游洪水四个要素或四个要素的多重组合影响。海平面上升和上游来水丰枯直接影响着盐水入侵的程度和强度,根据可能的影响,同时综合考虑区域经济发展状况,分两个阶段进行应对。

(1) 近期(2030 年之前)应对策略及措施

①完成重点防护区防洪内封闭圈工程,使之能够尽快起到洪水防护作用;对九圩港河口两侧、桃园、二十八丈、八十六丈、姚港河口、新开闸上游、二号滩地区,尽快完善防护工程的达标建设,减轻洪水灾害损失。

②依托流域性和区域性河道堤防,通过加固堤防以及控制建筑物构筑城市外围防洪屏障和保护圈;拓浚城区及其周边河道,增设排涝泵站,合理布置排水管网;加快低洼地区改造,控制建设项目竖向标高,逐步形成与城市规模、功能相适应的防洪排涝体系。

③完善区域性台风、暴雨和洪水预报预警系统建设,明晰极端暴雨洪涝及破堤情景下的高风险区及规避场所和路径,建设信息发布平台,对极端洪水情景下采取避让策略,保障人民生命安全。

④以社区和村庄为单元,建设小型雨水洪水收集、净化和储蓄系统,增加非常规水源的利用率。南通地区降水较为充沛,据测算,良好的雨水收集系统可以占目前饮用水供水的 5%~8%,在高潮位情况下,能够较好地缓解供水压力,在一定程度上提高供水保障率。

⑤利用咸潮盐水入侵模拟与预警技术,动态模拟盐水入侵状况,适时调整取水口的运行方案,并动态发布水质不同程度的预警信息。

(2) 中远期应对策略及措施

①根据 21 世纪中期 2050 年前后海平面可能上升幅度的影响,采用提出的重大工程设施的防护标准修订技术对南通地区的长江堤防、黄海堤防的防御标准进行系统修订和工程建设,形成完整的防御风暴潮和暴雨洪水的工程体系。

②基于现状防洪防台工程布局,综合考虑未来海平面上升可能的影响,科学进行区域城市发展规划和经济发展规划,未来发展重点尽可能避开海平面上升引起的高风险区,使经济发展格局与防洪工程的防护区域具有空间上的一致性。

③进行多水源工程及输水工程的规划建设,如扩大九圩港闸、节制闸、营船港闸、焦港闸引江能力,增建如东、启东两座滨海平原水库增加调蓄水能力;加快海

门、启东送水通道建设,建设海门市疏港运河,作为海门沿海开发的专用送水通道。

20.4.2 上海青草沙水库供水适应海平面上升技术应用

青草沙水库位于长江河口南北港分汊口水域,由长兴岛西侧和北侧的中央沙、青草沙和附近水域组成。青草沙水库于 2007 年 6 月 5 日开工建设,于 2010 年 10 月并网供水,覆盖中心城区、浦东新区、南汇区的全部和宝山、普陀、崇明、青浦、闵行的部分区域。青草沙水库属于河口江心蓄淡避咸水库,是目前上海市最大的供水水源地,供水规模约占上海市原水供应总规模的 50%,与现有的黄浦江上游水源地、陈行水库联合形成了以青草沙为主导的"两江并举、多源互补"的上海市供水格局,保证了上海市优质水源的供给。青草沙水库面积 66.26 km²,总库容 5.27亿 m³,有效库容 4.38 亿 m³,设计供水规模 719 万 m³/d,受益人口超过 1 000万人。

长江河口潮汐特性为非正规半日浅潮,属于中等强度潮汐河口,在枯水季节易受到咸潮入侵的影响,局部水体枯水季含氯度超标,因此通过水库调蓄来满足咸潮入侵期间原水供应的需求。

青草沙水库是河口蓄淡避咸型水库,取水口设置在水库西北端的新桥通道中南部,枯水期水库供水能力是关系到青草沙水源工程供水目标能否实现的关键因素之一。青草沙水库盐度更易受长江来水和海平面上升的影响。青草沙水库出库水水质符合《地表水环境质量标准(GB 3838—2002)》Ⅱ类标准,水库输水氯化物不超过 250 mg/L。按 1978—1979 年长江最不利水文条件计算,水库设计连续不宜取水天数为 68 d。

利用构建的咸潮入侵二维水动力学模型模拟了不利水文条件下不同海平面上升情景对取水天数的影响,结果表明,1978—1979 年长江最不利水文条件下,若海平面上升 30 cm,青草沙水库的不宜取水天数将扩大到 146 d,取水保证率由原来的 80% 下降到 60%。海平面上升将严重影响到上海地区供水安全。

长江口咸潮倒灌是威胁青草沙水库供水的重要因素,在海平面上升的背景下,因咸潮倒灌进一步威胁青草沙水库的供水保证率。为保障上海地区水资源安全,建议的策略和措施如下。

(1)根据咸潮的周期性变化特点,科学优化青草沙水库取水调度方式,适度延长取水时间。青草沙水库 −2 m 死水位以下仍有近 1 亿 m³ 的较大体积淡水;采用青草沙水库"低谷低盐"取水调度方式为:在长江口咸潮入侵期氯化物过程线的周期性峰谷变化过程中,在每次咸潮来临前夕,水库连续不间断取水,取水口氯化物浓度大于 300 mg/L 时停止取水;待咸潮消退至氯化物浓度低于 300 mg/L 时再继续取水。分析表明,在海平面上升 30 cm 情况下,采用取水调度方式可以将青草沙水库的取水保证率提高 7% 左右。

(2) 完善咸潮监测网络,提高咸潮预报精度。在现有监测站点基础上整合归并及新建站点,形成覆盖整个长江口的完整的咸潮监测站网。建立长江河口氯度同步监测系统,加强咸潮入侵预报技术研究,进一步提高咸潮的预报精度,为青草沙水库的精细化调度提高支撑。

(3) 由于海平面上升对取水安全造成严重影响,因此,必须对全民进行节水意识教育和节水技术的推广。同时根据未来海平面上升情景下的咸潮入侵情势,加快长江口水源地和备用水源地的规划和建设(东风西沙水源地等),以保障上海在枯水季节的水资源安全。

20.4.3 广州市适应海平面上升技术应用

相对海平面上升的社会影响和经济损失与经济社会发展水平密切相关。经济发达地区人口集中,经济产值高,相对海平面上升的风险性大,社会、政治影响广,破坏损失程度严重,对广州市沿海高风险地区采取有效的防护措施具有现实的战略意义。

基于广州市精细化地形资料,采用风暴潮数学模拟技术和咸潮入侵二维水动力学模型,模拟了不同海平面上升情景下广州市可能面临的防洪压力和水资源安全情势,结果表明:

(1) 海平面上升使水深增加,海面单位面积的波能增大,从而导致风浪的波高增大,这种影响在近岸地带尤为明显。沿海 12 个站的计算结果,海平面上升 0.2 m,设计波高增大值一般为 0.15~0.19 m;海平面上升 0.3 m,增大值一般为 0.23~0.27 m。根据珠江口岸段 2030 年海平面上升的幅度,可取 0.23~0.27 m 的加大值。由于海平面上升后,波高增大,故堤防的原设计波高应适当加大。

(2) 海平面上升会使盐度增大,珠江河口区海平面上升 0.25 m 使盐度增大 20%~40%,但是珠江河口区水环境的边界条件有其特殊性,如珠江来水每年约增加 51 m³/s 等因素使盐度减小 30%~70%,因此盐度下降的值可能略大于海平面上升使盐度增大的值,因此,从正、负两种效应考虑,海平面上升 0.3~0.5 m 使盐水入侵的咸害加重程度并不大。然而,在目前的海平面状况下,珠江三角洲经常受咸的农田面积为 453 km²,占围内耕地总面积 3 660 km² 的 12.4%,可见咸害是珠江三角洲的主要自然灾害之一,海平面上升将使咸害加重,故仍需采取适当的工程措施拒咸压咸。

根据海平面上升对广州市的潜在影响,为保障区域的防洪安全和水资源安全,根据广州市的经济基础,建议采用工程措施和非工程措施相结合的应对策略。

(1)按新标设计标准培修江海堤围,提高堤围的抗御能力。首先要使堤围达到原有的设计标准,再根据海平面上升 30 cm 后洪潮水位的抬高幅度,加高加固堤围。新增工程量估算结果,珠江三角洲 89 条 6.67 km² 以上堤围为 1 435.5×10⁴ m²,需投资 14.9 亿~15.6 亿元。但是,如果能够使这些堤围培修达到 1995 年所颁布的新的设计标准,也就基本上可以防御海平面上升 30 cm 的影响。例如,珠江三角洲 34 条 6.67 km² 以上的海堤,其中有 24 条只要按新标准达标,便无海平面上升灾害之虞。

(2)提高沿海工程的设计潮位和设计波高。海平面上升会使基面升高、沿海工程被淹没的概率增加、城市洪涝频率增加,因此应考虑平均海平面的上升幅度,相应提高工程设计的基准。即使是目前的情况,由于设计标准偏低,洪涝灾害已出现日益加重之势。工程设计的最高潮位都已被证实的最高潮位所超越,如 1998 年广州市排水口高程即使按最新标准 2.75 m,也比最高水位 2.96 m 低。由于海平面上升后,最高潮位的重现期缩短,因此设计最高潮位的标准要提高。据计算,为了在海平面上升 30 cm 后至少能维持目前最高潮位设计标准,珠江口设计最高潮位所选的重现期为 200 年一遇。

(3)引淡拒咸压咸。珠江三角洲各站的盐度与上游淡水流量有较好的相关性,流量增大,盐度呈幂函数规律减小,因此调节淡水流量在一定程度上可以控制盐水入侵。思贤滘水利枢纽工程应早日建成,可以对枯水期西江、北江的水量进行合理调配,起到抗拒咸潮入侵和改善水环境的积极作用。此外,联围筑闸、引淡拒咸也是有效措施之一,与此同时,引淡拒咸还需合理调度上游水库的压咸流量。

(4)提高治涝标准,增加电排装机容量。广州围内土地约有 50% 面积的高程小于 50 cm,围内有 27% 的面积处于平均海平面以下。广州沿海地区 86% 的耕地有堤围保护,但是围里耕地之中,易涝的面积占 82.8%。这些易涝耕地的 62% 已有电排设施,但排涝标准偏低。海平面上升 30 cm 以后,易涝面积还将扩大。

(5)加强水源地的保护。重点保护对象是北江水系,保护饮水水源的主要工程措施包括:兴建思贤滘水利枢纽工程,使北江枯水流量归槽,增加北江下游网河区的设计枯水流量;治理北江三角洲围内河桶,改善水流条件,促进水体交换。

(6)增加滩涂垦区堤围和排涝的投资:海平面上升条件下滩涂开发利用的主要防灾减灾对策在于防潮、排涝和防咸。当海平面上升 10 cm、20 cm、30 cm 时,按堤围在达标的基础上进行培厚加固,其投资估算,参考已达标的万顷沙联围的指标,因海平面上升而需增加的投资,分别为 9.07 亿元、10.40 亿元、12.08 亿元,每公顷投资分别为 4 470 元、5 130 元、5 955 元。按广东滩涂开发利用规划,如需新增海堤,当海平面上升 30 cm 时,按典型指标计算,每公顷新增海堤需投资 5 505 元。

(7) 兴建珠江三角洲的大型控制性工程:珠江三角洲地区洪涝灾害严重,受海平面上升的影响明显。为了适应经济发展的要求,保障防洪防潮安全,近期规划应加快提高堤围的防御标准;远期规划应兴建控制性工程,形成防洪防潮体系。为了减轻海平面上升后风暴潮和咸潮的影响,确保泄洪安全,调控北江和西江洪季和枯季水源,引淡压咸冲污,改善水环境,改善航运条件,保证东江干流沿江洪水安全泄涝,应将珠江三角洲大型控制性工程规划继续逐步付诸实施。这些工程主要有伶仃洋和磨刀门的整治,思贤滘水闸、马口水闸、南华水闸、鸡啼门水闸、石龙水闸的建设。

(8) 建立海平面上升预报和预警系统:对气候变化、海平面上升、地面沉降、地下水资源开发利用等进行全面监测,建立海平面上升预测预报模型和预警系统,并建立与海平面上升有关的资源、环境、经济和社会影响以及对策评价支持系统。

(9) 加强海平面上升战略与政策研究:海平面上升是制约我国沿海地区经济和社会可持续发展的重大问题之一,必须从战略角度加大投入,对海平面上升进行全面、系统的研究。在此基础上,提出防治海平面上升的技术对策、管理策略、经济政策等,以确保 21 世纪中国沿海地区资源和环境持续利用及经济和社会可持续发展。

第二十一章

沿海城市群防洪、抗旱、防台的现有
管控措施和未来挑战

21.1 变化环境下沿海地区产汇流特征

受全球气候变化和快速城市化的双重影响,城市洪涝灾害的频率、规模和影响日益加剧,成为影响中国城市公共安全与区域高质量发展的突出瓶颈。沿海城市群是中国经济、产业发展的核心区域,全球气候变化和快速城市化通过改变降雨及产汇流规律,加剧了沿海城市群洪涝灾害过程的复杂性和不确定性,沿海城市群的防洪排涝压力在变化环境下将更加凸显。

综合来看,全球气候变化和城市雨岛效应引起城市降水输入增强,特别是短历时强降水事件呈显著增多态势,是城市洪涝问题频发的根本原因。此外,城市化进程导致下垫面逐渐从"天然态"向"人工态"转变,原有的森林、草地、裸土、水域等天然下垫面被破坏,进而演变为房屋、道路、广场等城市下垫面,不透水面急剧增加且空间特征日益复杂,房屋和道路等城市建筑重塑了地表形态格局并形成大量微地形,从而对城市地表产汇流过程产生重要影响。

不透水率增加是城市化进程最直接的表现之一,不透水率增加使得截留和下渗量显著减少,净雨量增加;同时,城市地表糙率变小,地表汇流速度加快,流量增加,洪峰加大,峰现时间提前,径流过程线从"矮胖"变得"尖瘦"。大量研究证实,城市区域的径流系数与不透水面呈显著的正相关关系,但径流系数变化阈值与降雨强度存在一定关系,通常随降雨强度而变化。在城市下垫面扩张的影响下,地表产流过程与土壤水动态响应模式直接关联,植被覆盖率较低的城镇用地的土壤含水率呈现出陡涨陡落现象。当不透水率从 11% 增长到 44%,相应的峰值流量可增加

400％。诸多研究证实了不透水率增加可引起径流系数、洪峰流量和峰现时间的改变,但是其影响程度在不同研究中存在一定差异。除此之外,不透水面的空间分布(如不透水面与绿色空间的连通性、不透水面的相对位置等)通过影响下渗过程,也会对城市产汇流过程产生重要影响。城市和天然下垫面径流过程理论曲线对比示意如图 21.1 所示。

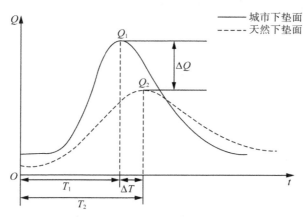

图 21.1　城市和天然下垫面径流过程理论曲线对比示意图

　　微地形导致城市地表的水文连续性发生变化,对城市地表产汇流过程产生了重要影响。对于以不透水地表为主的城市区域来说,复杂微地形还可能会加剧城市局部积水程度,增加城市洪涝的过水和致灾范围。Bruwier 结合城市形态模拟和洪涝数值模拟,发现建筑物空间分布参数与积水量、积水面积等洪涝特征值呈显著正相关,且不同空间分布参数对洪涝结果的影响程度达 10％以上。总体上,城市地表微地形对暴雨情景下的城市积水深分布具有重要影响,但对径流峰值影响不大;Ferreira 基于降雨径流实验对城市建筑布局形成的微山坡、微河道水文过程进行了研究,结果表明合理的城市建筑布局可以有效减少城市积水程度,维持城市下垫面的自然水文功能。杨冬冬等基于产汇流数值模拟对小区尺度路网布局进行了优化,发现环尽型城市路网布局的洪涝灾害最严重,说明城市路网空间布局对城市内涝存在较大影响,图 21.2 和表 21.1 分别列出了 4 种典型居住小区道路布局模式和相应的汇流模拟结果。

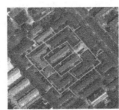  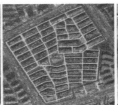 

环尽型-正兴里　　　尽端型-明华里　　　网格型-玉水园　　　环网型-美墅金岛

图 21.2　4 种典型居住小区道路布局模式（杨冬冬等，2019）

表 21.1　10 年一遇降雨事件下模型汇流特征

类型	峰值大小（CMS）	峰值开始时间（h）	持续时间（min）	排尽时间（h）
网格型	0.150 4	3.0	60	31.00
尽端型	0.063 1	2.0	195	31.00
环网型	0.142 9	3.0	45	32.50
环尽型	0.070 0	2.5	180	32.25

此外，沿海城市群独特的地理位置和气候条件，使得沿海地区易受到潮位变化的剧烈影响，从而影响产汇流过程，并加剧城市防洪（潮）排涝压力。沿海地区的高潮位叠加温带气旋与热带气旋等极端天气过程带来的巨大风暴潮增水引起极端海水位，由此引发的海岸洪水是沿海城市群面临的主要自然灾害之一，每年造成近百亿元的直接经济损失，严重损害沿海城市群经济社会的高质量和可持续发展。随着全球海平面的上升，日常海水位与海岸洪水阈值的差距在不断缩小，一种常发生在高潮位附近、淹没地面数厘米到分米、持续时间数小时之久的小型海岸洪水逐渐盛行，这种海岸洪水被称为高潮位洪水。在全球气候变化背景下，高潮位洪水的发生频次、淹没深度和影响程度呈现快速增长和扩大的趋势。频繁发生的高潮位洪水威胁城市交通系统、排水系统、生态环境、个人财产和公共安全设施等，带来的累积损失甚至不亚于一次极端风暴潮灾害。

近年来，高潮位洪水灾害已引起政府与学术界的高度关注，IPCC 第六次报告指出，发生于高潮位附近的长期慢性水患是人类面临的最为紧迫的挑战之一。中国沿海地区多个城市群饱受由风暴潮引起的极端海岸洪水灾害影响和困扰，也多次经历了频率高、危害小的高潮位洪水事件。在山东青岛市澳门路、福建厦门沙坡尾地区、福建泉州滨江公园、广州珠江沿岸、广西北海海堤街、台湾高雄等沿海地区都已经观测到了高潮位洪水事件，受到了社会的广泛关注。

高潮位洪水对沿海城市群洪涝风险的影响主要分为 3 类：①海水直接淹没沿

海地面,这种情况发生在直接与海水相连的地方;②海水通过地下排水管道倒灌进沿海城市,这种情况发生在沿海低洼地区;③海水将地下水位抬升至高于地表的高度,此种情况通常也发生在沿海低洼地区。城市排水管道通常是基于重力的原理将水从高处排放至低处,排水的性能部分取决于陆地与海水之间的高度差异。在地势低洼的沿海地区,涨潮会减小这些高度差异,并可能减缓或逆转排水速度。因此,高潮位洪水会进一步加剧中国沿海城市群,尤其是长三角、珠三角、粤闽浙沿海、北部湾等地区的防洪排涝压力。随着全球气候变暖以及沿海地区城市化进程加快,过去需要风暴潮才能触发的小型海岸洪水,现在或不远的将来仅需天文大潮就能触发。在海平面持续上升的情景下,高潮位洪水的发生频次、强度、持续时间、影响程度等将会变得更强,沿海城市群的防洪排涝问题将更加严峻。

值得注意的是,沿海城市群的防洪(潮)排涝问题并非短时强降水、下垫面变化、微地形及高潮位等因素单独作用的结果,而是台风、暴雨和高潮位"三碰头"或台风、暴雨、洪水和高潮位"四碰头"的复合灾害事件。这种复合洪涝事件在我国东南沿海地区尤为凸显。

以珠三角城市群为例,陈文龙等把大湾区城市洪涝主要成因概括为"天-地-管-河-江"5个方面,认为极端降雨频发、城镇化造成的下垫面"硬底化"及自然调蓄能力降低、城市排水能力偏低、城市河道行洪能力不足、外江潮水顶托等多重因素的复合作用是大湾区城市洪涝灾害的主要原因。徐宗学等研究指出,深圳市独特的地理位置和地貌特征,以及快速城市化进程,使其在汛期极易形成复合洪(潮)涝灾害。以粤闽浙城市群为例,罗紫元等研究发现厦门市在台风期间同时面临风暴潮海水倒灌、上游水库泄洪、暴雨径流增多和雨污水直排入海等多重压力,易发生溃坝、漫滩等次生灾害风险。以长三角城市群为例,林发永等研究指出上海内涝与其特定的地理位置、地形条件以及风暴潮期间外围高潮位和上游洪水位的共同作用有关。王璐阳等研究指出上海市面临台风、暴雨、高潮位和上游下泄洪水叠加的"四碰头"复合极端风暴洪水威胁,并提出了大气-海洋-陆地相耦合的一体化风暴洪水淹没模拟方法。台风期间沿海城市的河流湾口防洪压力示意图如图21.3所示。

由此可见,沿海城市群处于海陆相过渡带的特殊地理区位,不仅面临暴雨、洪水等内陆灾害,还遭受台风、风暴潮、海平面上升以及由此引发的城市内涝等海洋灾害。沿海地区地势较低,多处在河流中下游,上承陆地径流积聚,下受潮汐高潮位顶托,排水不畅。暴雨期间,排水分区自身积水量和上游来水量汇合后,径流量增大,加之下游风暴潮高潮位在入海口对排水管网河渠的顶托作用,使之无法有效排出,导致河渠水位显著上涨,发生长时间严重内涝,从而加剧沿海城市群的防洪排涝压力。

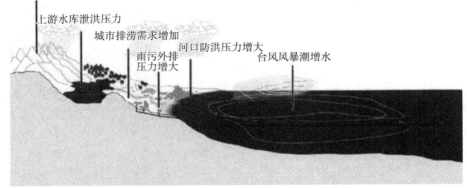

21.2 沿海城市防洪排涝措施

2024 年 3 月,《住房和城乡建设部办公厅关于做好 2024 年城市排水防涝工作的通知》(建办城函〔2024〕106 号)强调,要扎实做好排水防涝设施设备检查维护,加快实施易涝点和隐患点整治,持续推进城市排水防涝体系建设,强化洪涝联排联调。中国沿海城市当前的防洪排涝系统主要包括工程性措施和非工程性措施两大方面。其中,工程性措施包括防洪设施、排水防涝设施以及海绵城市建设;非工程性措施包括气象水文等监测预警体系以及平台、城市洪涝模型等计算方法和应急响应体系等。

防洪工程性措施包括建设河道工程、水库和堤防等,通过控制洪水走向和改变洪水特性,以达到防洪减灾的目的。河道工程和水库是抵御洪涝灾害的重要蓄滞排洪工程措施,可以拦蓄上游洪水,提高中游蓄洪能力,削减下游洪峰流量,对于城市水系的水位控制尤为关键。此外,由于沿海城市群易受到多种致灾因子影响的复合极端风暴洪水威胁,因此海塘(海堤)工程成为沿海城市群抵御"台风—风暴潮—洪涝"灾害链的主要屏障,能有效阻挡海浪和风暴潮侵袭和海水倒灌,与排水系统结合可以进一步保证城市内涝排水顺畅。

排水防涝工程性措施包括大排水设施和小排水设施。其中,大排水系统设施包括排水和蓄水部分,包括城市内河/港渠、道路、排水沟等地表行泄通道,城市深邃通道等大型地下行泄通道,以及城市初雨调蓄池、调蓄隧道等蓄水设施。小排水系统通常是指传统的管道排水系统，主要包括雨水管道、调节池、排水泵站等。排水管网和强排泵站等这些城市基础设施是沿海城市群应对短时强降雨情况的主要手段，当它们的排涝能力不足时，会直接导致城市内涝等一系列灾害问题。城市排水管网系统分为地上和地下两部分，且目前多数城市区域均采用雨污分流制以增强管道排放雨水的能力，城市排水管网系统承担了城市排水的大部分任务。随着城市化进程加快，很多城市道路越建越高，城市内部低洼地区依靠强排泵站方式，将积水抽排到邻近河流湖泊或直接入海，直接减轻沿海城市的排涝压力。

由于城市化进程不断加快，水利工程建设对于流域下游及沿海地区的保护越来越难以维持，我国城市内涝出现常态化。为了应对屡次出现的"城市看海"现象，需要采取额外的雨洪管理措施来提高城市下垫面在强降水天气过程下的渗透和储存能力。海绵城市是当前中国主推的解决城市雨洪管理难题的新模式。海绵城市概念类似于国际上早期提出的一系列整体性治理措施，例如美国的低影响开发（LID）方法、英国的可持续城市排水系统（SUDS）和蓝绿城市（BGCs）方法、澳大利亚的水敏感城市设计（WSUD）和新西兰的低影响开发城市设计（LIDUD）。从其倡议的短期、中期和长期发展目标来看，海绵城市的规模和比这些同类国际倡议都要大。

2013年12月，习近平总书记在中央城镇化工作会议上提出，要建设自然积存、自然渗透、自然净化的海绵城市。2014年，住建部发布了《海绵城市建设技术指南——低影响开发雨水系统构建（试行）》，介绍了一系列城市基础设施的设计和建设标准，提倡尽可能利用自然排水系统（即土壤渗透和过滤能力），以降低洪水风险、改善地表水质量并节约用水。2015—2016年，中央财政先后补贴30个海绵城市试点，全国各地海绵城市公共私营合作制（Public Private Partnership，PPP）建设项目投资总额已经超过1 000亿元；其中，2016年受试点海绵城市建设爆发的影响，全年海绵城市PPP建设项目投资额达480.4亿元；项目平均投资额也基本维持在10亿元/项以上水平。城市防洪排涝规划从传统的"快速排水"和"集中处理"模式逐步转变到"渗、滞、蓄、净、用、排"六位一体的生态性、综合性排水模式。

非工程措施主要是指洪涝灾害预警、立法限制、应急防灾管理、宣传教育和推行洪水保险等，是沿海城市应对极端气象灾害不可或缺的补充手段。这些措施不仅投资小，见效快，而且能够为防洪排涝的工程措施充分发挥效益提供保证。目前，我国沿海城市正在逐步推进灾害预报预警系统方面的建设，即利用气象预警系统对台风、极端暴雨和洪涝灾害进行预报，并通过预警系统将各类灾害信息及时发送给各级防灾负责人和广大人民群众。此外，《中华人民共和国防洪法》《中华人民共和国防汛条例》《中华人民共和国水土保持法》《中华人民共和国河道管理条例》

等一系列法令条例的先后颁布,成为依据我国洪涝灾害特点开展防汛工作的基本规范。考虑到沿海城市洪涝灾害的复杂性,各沿海城市在防灾管理方面努力实现城市内涝问题的统一规划、建设和管理,增强应对极端天气的综合调控能力,积极建设现代化、信息化、智能化的应急管理体系。同时,加强防台防汛防涝减灾的宣传工作、推广避灾知识技能的科普教育、提高群众的防灾救灾的意识与能力,也成为城市应急防灾安全建设的重要一环。洪水保险采取由社会或集体共同承担、分期付偿的方式,可以合理分担洪灾损失,以达到稳定人民群众生活、减轻国家负担的目的,目前我国正在积极探索洪水保险的实践落地。

21.3 洪涝灾害潮位设计、灾害调控与管理

潮位设计、灾害调控与管理是应对洪涝灾害影响的关键,多元利益主体共同参与能够有效减缓和适应洪涝灾害带来的风险和损失。

潮位设计旨在确定在一定频率(概率)下,防洪系统应当抵御的水位情况,直接影响着堤防工程高程的确定。由于强台风、暴雨等极端天气事件的频率和强度增加,沿海城市的潮位波动更加剧烈。现有的潮位设计可能无法适应未来更高的海平面,导致防洪设施如堤坝、水闸的设计高度和强度不足。2018 年发生的超级台风"山竹"引起的风景潮水位超过了以往记录,珠江河道水位达 3.07~3.28 m,造成大湾区多处堤段漫堤及倒灌,对人民生命财产安全造成了严重威胁。重新进行潮位设计能够为洪涝灾害预防、应对和恢复提供科学参考和标准,需综合考虑历史洪水资料、潜在气候变化影响、流域开发状态和下游地区的安全需求。

洪涝灾害潮位设计通常包括设计高水位、设计低水位、极端高水位和极端低水位,主要步骤与方法包括以下几个方面:①数据收集与分析,包括历史洪水记录、气候数据、流域地形地貌及社会经济数据等。②确定设计标准。根据防洪需要、经济条件和工程特点,确定设计频率或设计标准。③水文分析。应用水文学原理和方法,对流域的降雨、径流等进行分析,确定设计洪水流量。④水力计算。根据设计洪水流量和河道、水库等的水力特性,计算设计洪水水位。⑤风险评估。评估设计方案的风险,包括潜在的经济损失、环境影响等。⑥方案优化与选择。根据风险评估结果,优化设计方案,选择最合适的潮位设计。

潮位设计的标准和指导原则因国家和地区而异,但通常包括以下几个方面:①安全性要求。保障人民生命财产安全是首要原则,设计应足够保守,确保在规定的设计标准下,防洪设施能够安全有效地运行。②经济性考虑。在满足安全性要求的前提下,考虑工程的经济性,确保投入产出比合理。③环境与社会影响。评估

潮位设计对环境和社会的影响,力求达到生态和社会的可持续发展。④适应性和灵活性。鉴于气候变化和未来不确定性的影响,潮位设计应具有一定的适应性和灵活性,以应对可能的变化。

洪涝灾害的调控与管理指的是通过工程措施和非工程措施增加流域的蓄水和滞洪能力,提高城市排水和防洪系统的效率,以及提升应对极端天气事件的社会经济系统的韧性。防洪工程措施包括挡洪工程、泄洪工程、蓄滞洪工程及泥石流防治工程等。内涝防治系统包括源头控制、排水管渠、径流通道、内河港渠、调蓄水体、排涝泵站、绿色基础设施等工程性设施和应急除险等临时性工程措施。在近期,沿海城市要进一步复核防洪潮标准,检视及评估现状洪涝工程的防御能力及达标情况,对各重点、薄弱点进行封闭加固及达标提升。在远期,应规划和建设大型防洪工程,开展流域综合治理工程,提升河流的行洪能力。针对城市内涝,逐步升级和扩建城市排水系统,推广海绵城市理念、合理规划城市建设。

非工程性措施可通过在近期加强洪涝灾害监测预警、提升应对能力与恢复能力,远期完善政策法规等方面进行综合管理。在洪涝灾害监测预警中,构建全面洪涝灾害监测网络,实时监测降雨量、河流水位、土壤湿度等关键指标;通过大数据和人工智能技术分析监测数据,开发高效的数据分析系统;根据洪涝灾害的严重程度和紧急程度,建立多级预警系统。在提高应对能力方面,制定详细的洪涝灾害应急预案,并定期对相关人员进行培训,确保在灾害发生时能迅速有效地响应;通过教育和宣传活动提高公众的灾害意识,教育居民如何在洪涝灾害发生时保护自己和他人;发展应急响应队伍,包括搜救队、医疗队和志愿者,确保灾害发生时能够提供及时的救援和支持。在提高恢复力方面,灾后迅速进行损失评估,并制订科学合理的恢复重建计划,优先考虑关键基础设施和人民生活需求;重视恢复和保护自然生态系统,如湿地和林地,利用它们的自然蓄洪和水文调节功能;提供经济、技术和心理健康支持,帮助受灾群众和企业尽快恢复正常生活和生产活动。在政策法规完善方面,确立洪涝灾害管理的法律框架,明确政府、企业和公众的责任和义务;促进政府、民间组织、企业和国际组织之间的合作,共同参与洪涝灾害风险管理;强化规划和建设标准,特别是在洪涝易发区域,以减少未来潜在的风险。

21.4　沿海城市抗旱和海水倒灌防范措施

在气候变暖背景下,全球海平面持续上升,极端气候事件趋于频繁,沿海城市面临干旱等气候灾害的风险也随之增加。2015年广东省遭遇了严重的旱灾,超过50万人受到影响,农业损失达到数亿元。2016年福建省的旱灾影响了超过1.2万公顷的农作物,直接经济损失超过2亿元。2017年浙江省的旱情导致30万人饮水困难,20万公顷农田受到影响。2018年山东省的旱灾影响了40万人和10万公顷农田。2019年广东省再次遭受旱灾,60万人受到影响,农业损失达数亿元。2020年江苏省的旱灾导致50万人饮水困难,30万公顷农田受影响。2021年海南省的旱情影响了20万人,农业损失达数亿元。2022年辽宁省的旱灾影响了30万人和5万公顷农田。

为了防范干旱可能带来的不利影响,沿海城市采取了一系列切实有效的措施。首先是重大输水工程的建设,提高了水资源调配能力。例如,南水北调工程作为中国最大的跨流域调水项目,每年向北方缺水地区输送数十亿立方米的水资源,显著缓解了天津等北方沿海地区的用水压力。其次,水库增扩容建设和节水技术的推广有力提高了沿海地区抗旱防旱的能力。例如,通过水库扩容,增加蓄水量,提高防旱能力;通过推广节水灌溉技术,农业用水量比传统灌溉方式减少约30%,有效节约水资源。再次,通过海水淡化和雨水收集等措施,为沿海地区特别是岛屿城市提供解决淡水资源缺乏等问题。例如,浙江省舟山市的海水淡化厂,每天可淡化数万吨海水,为城市提供稳定的淡水供应;而在住宅小区和公共建筑安装雨水收集系统,可有效利用雨水资源,减少对市政供水的依赖。最后,通过推广种植耐旱水稻品种,建立旱情监测系统,提前预测旱情并采取应对措施,提高居民的节水意识和行为,开展节水宣传活动,可有效提高农业抗旱能力,减轻旱灾的影响。

当前我国部分沿海城市抗旱能力不足主要体现在:①抗旱基础设施相对滞后。例如,病险水库多,雨季时怕垮坝,只好低水位运行,水库蓄水不足,难以保证干旱时的用水。②抗旱应急能力建设严重不足。应急备用水源缺乏,供水体系脆弱,使得很多城市应急抗旱能力薄弱、面对"水荒"十分被动。③抗旱保障能力很低。比如,应急抗旱灌溉的设备、物资储备严重不足,每当大旱来临时都极度紧缺,往往需要临时从外地组织调运。④抗旱资金投入不足。据国家防汛抗旱总指挥部办公室掌握的资料,很多沿海城市财政预算中没有安排抗旱资金,远低于防汛开支。⑤缺乏抗旱工作的总体规划。各级抗旱指挥机构决策和处置措施有很大的随意性,缺乏长远考虑,有时还会造成大量重复建设和浪费,应加强以流域为单元的抗旱水源的统一管理和调度抗旱。

海水倒灌在沿海城市更是一种常见自然灾害,主要由风暴潮、台风等极端天气事件引起。2023年8月30日至9月2日,第9号台风"苏拉"以超强台风的威力席卷了厦门,带来了显著的风暴增水,沿海地区的最大增水达到了68 cm,厦门验潮站记录到了729 cm的高潮位,超出了黄色警戒潮位9 cm。2022年9月,青岛遭遇了第12号台风"梅花"的侵袭,这场台风不仅带来了强风和暴雨,还导致了沙滩的流失和沿海设施的严重破坏,经济损失总计约 26.5 万元,其中包括沙滩修复,电缆、监控和防鲨网等设施的损坏。2021 年 7 月,宁波在第 6 号台风"烟花"的影响下,近岸海域出现了 7～11 m 高的狂浪,风暴潮增水高达 150～270 cm,对宁波市的沿海地区造成了严重的影响,沿岸街道遭受了严重的水淹;同年 10 月,第 18 号台风"圆规"给广东和海南带来了风暴增水,特别是在惠东县平海镇,1 750 亩农田被淹没,造成了封堵水路、冲毁闸门等影响,海南岛沿海地区也未能幸免,出现了 30～110 cm 的风暴增水,导致了海水倒灌现象。2019 年 8 月,第 9 号台风"利奇马"在浙江沿海登陆后,转向偏北方向移动,给山东半岛南部和北部沿岸带来了 30～150 cm 的风暴增水。东营市受灾严重,出现了达到当地红色警戒潮位的高潮位,导致了水产养殖池塘围堰的损毁、电力设施的损毁和大面积停电,以及基础设施的严重破坏。2018 年 9 月,第 22 号台风"山竹"在深圳造成了严重的海水漫堤和倒灌现象,东部沿岸的最高水位平均为 5.5 m,多个社区和度假村遭受了海水的淹没,公共和建筑设施受损严重,部分完全损毁,绿化和树木也遭受了破坏。

同样,在应对海水倒灌问题方面,沿海城市也采取了一系列积极防范措施。例如,上海市在黄浦江沿岸建设的防洪墙,设计标准为能够抵御百年一遇的高潮位;深城市通过升级城市排水系统使得台风期间排水能力提高了 30%,有效减少了由强降雨引起的内涝问题;天津滨海新区通过建设蓄洪区和分洪工程,成功调节了洪水的影响,使得 2019 年的一次台风期间,减少了超过 50% 的潜在洪水损害;广州市通过在珠江口安装的防洪闸门系统,成功阻挡了 2018 年台风"山竹"期间的海水倒灌,保护了城市中心区域免受洪水侵袭;海南三亚市通过种植红树林和建设人工沙滩,增强了海岸线的防护能力,并在 2019 年的风暴潮中减少了约 40% 的海岸侵蚀;温州市利用风暴潮预警系统,在 2020 年的台风季节成功提前 24 h 预警了两次风暴潮事件,使得当地政府和居民能够及时采取防范措施。

21.5　应对措施和适应能力面临的挑战

（1）规划体系及管理机制不协调

我国现行的城市洪涝防治分为防洪标准、除涝标准和管网排水标准这三类,其中城市防洪标准主要是为应对城市过境或城市边缘持续时间较长的河湖洪水或沿海高潮位的防御标准;城市除涝标准是处理较长历时和较大汇流面积上强降水产生的涝水,并将其控制在可接受的范围,能确保 24 小时内暴雨不成灾;城市管网排水标准是针对较短历时和较小汇流面积上的雨水排放。长期以来,我国这三类城市洪涝防治标准都是分开制定的,城市防洪和排涝分别属于水务和市政两个部门,按照各自的行业规范制定设计标准,不仅设计方法不同,而且两者之间的衔接和协调关系较少被综合系统考虑,从而造成城市内涝的积水难以尽快排放等一系列问题。针对此问题提出的"水务一体化"改革仅在部分市县区域推行,还未涉及省、部级层面,且城市的防洪排涝理念及方法也没有进行统一管理,仍然存在无法统筹洪涝灾害治理思路的问题。

此外,我国很多沿海城市现行防洪排涝规划早已不适应当前城市高速发展的需求,有的城市防洪规划的编写时间较早,大多只规定了排水管网建设标准,而未考虑强降雨发生时城市内涝的防灾措施、超标雨水处理方法、排水管道与邻近河道水位衔接关系等。新城区扩建后的城市产汇流关系可能发生很大变化,而现有排涝系统没有做进一步的规划建设,常常会使城市防洪排涝工作陷入被动。城市防洪排涝是一个系统工程,需要从总体规划及布局层面出发,统筹调度相关的防洪除涝标准间的关系,且在规划和设计时应充分考虑气候变化和人类活动的影响。

(2)城市防洪排涝工程设计标准偏低

我国沿海城市群的防洪排涝设施的设计标准整体偏低,部分城市旧城区的雨水系统主要随着城区建设逐步扩张,通过将原有道路边沟进行盖板、暗涵化逐步演变而来,整个排水系统未经统一规划建设,排水分区不明确,雨水涵洞埋深较浅,随地形地势、道路坡度随意连接,造成个别低洼路段汇水面积过大,容易积水。因此,即便经过一系列改造提高,仍然无法适应快速城市化的步伐。另外,对排水管网进行改造时也侧重于提高排水能力,而没有针对内涝成因对管道和河道之间的衔接做系统规划。

此外,在快速城市化和气候变化的双重影响下,推求设计暴雨洪水的一致性假设不再适用于城市地区的降雨和流量序列,同时,降雨在空间上的变化也会对洪水过程具有显著的影响,使得城市洪水的响应机制更为复杂。设计洪水是确定水利工程建设规模及制定运行管理策略的重要依据,而目前国内外与工程设计联系比较紧密的设计洪水研究成果主要基于洪水序列的一致性分析,包括抽样方法、P-Ⅲ型分布线型、经验频率公式、参数估计、设计洪水过程线、分区设计洪水、PMP/PMF洪水计算等。气候变化和人类活动影响下流域水循环及其伴生过程发生改变,水文非一致性增强,传统设计暴雨洪水计算方法导致城市防洪设计标准的不确定性增加,已无法满足城市地区的防洪设计需求。因此,考虑变化环境对水文序列一致性的影响,加快完善变化环境下防洪排涝设施设计标准的计算方法至关重要。

(3)城市防洪排涝基础设施维护不到位

城市地面产汇流过程受到下垫面条件(硬化地面、草地、林地等)、局部微地形(复杂立交桥、小区挡墙、道路隔离带等)、管(渠)排水系统(雨水口布设、管网排水能力、管网出口河道水位顶托情况、雨箅子堵塞、雨水管网淤损等)、河道排洪能力(河道断面、闸坝调度等)、蓄滞工程(地表水库、滞洪区、地下水库等)等多种因素的影响,城市洪涝形成与演化机理极为复杂。

我国沿海城市群的诸多旧城区的排水管网普遍管径较小且埋于地下,分布范围广,实际改造施工过程会对城市道路和居民生活产生较大影响,地下排蓄水工程开挖难度相对较大,后期的日常维护管理落实不到位,管网老旧堵塞现象严重,遇到强降水天气排水困难。因此,目前城市防洪排涝基础设施维护不到位的情况普遍存在,从而影响设施的实际泄流能力和效率的发挥。我国沿海城市群的城市防洪排涝设施主要存在设计不系统、运行不科学的问题,需要从流域—城市系统和变化环境的视角,分析研判城市防洪排涝系统效能不足的问题,研究提出全新的设计理念和设计方法。

(4)海绵城市建设不够成熟

目前我国沿海城市防洪排涝主要以灰色基础设施为主,"灰绿蓝"措施的应用还尚未形成较大规模。"蓝绿"方法在过去被证明是高效且可持续的,需要对此进行创新以应对未来气候变化下城市洪涝及水安全问题,例如推广屋顶绿化、普及透水路面、重视公共绿地、建设河道绿带等,从而加强海岸带生态屏障系统的完善。

海绵城市是目前我国城市管理的最新理念,建设初期由于理论和实践不够成熟,处理城市水问题的最终成效不符合预期。2016年全国强降雨期间,开展海绵城市试点建设的30座城市中就有16座遭遇了严重城市内涝问题,需要反思和探讨海绵城市建设的未来方向。当前我国强调"一片天对一片地"的试点区域尺度模式,忽略了产汇流中最基础的"流域整体"概念,因此海绵城市在缓解长历时极端暴雨造成的城市内涝过程中的作用十分有限。此外,海绵城市建设的主要目标不仅是缓解城市洪涝灾害,还需要解决城市水资源、水环境及水生态等问题。因此,将海绵城市视作城市防洪排涝的主要手段并不能避免洪涝灾害的发生,必须结合排水管网和调蓄工程形成系统洪涝治理体系来增强城市防洪排涝能力。

(5)非工程措施有待完善

城市洪涝时间和空间的预报尺度比流域范围小,且城市水文过程对变化环境的响应十分敏感,而短历时强降雨的定量预报较为困难,导致相关部门和广大人民群众常常无法提前为防范灾害做充分准备,采取进一步措施来提高极端降雨预报的准确率和时空数据模拟的分辨率是预防洪涝灾害的关键。因此,完善气象水文监测体系,提升城市洪涝预报预警能力和精度至关重要,尤其要重视变化环境下、超标准降水条件下城市内涝过程的模拟预报与应急调度,提升沿海城市群应对极端事件的韧性。

　　此外，随着全球气候变化的加剧，极端恶劣天气的发生频率和强度可能会进一步增加，这意味着城市防洪排涝面临着更大的挑战。很多城市的人民群众和相关部门对应对气候变化的防洪排涝工作重要性认识不足，缺乏必要的防范意识和应对能力。因此，除了加强防灾救灾的宣传教育之外，还应开展城市洪水风险地图绘制、群众参与社区应对气候变化韧性建设、灾害易发地区应急演习等工作。

　　为了确保防汛工作顺利进行并减少灾害损失，风险清单、气象水文监测预警、风险管控等信息的实时透明共享至关重要。通过实时共享信息，相关部门能够迅速响应，采取有效的应对措施。同时，利用社交网络平台的便利性，人们可以快速分享和更新有关洪水预警、交通拥堵、被淹没地区和避难所位置的信息，可以有效增强基层组织的应对能力，提高社会的整体防灾减灾能力。

第二十二章
结论与展望

海平面上升已对我国沿海地区防洪、供水及环境等产生重要影响,随着全球变暖,这种影响会越来越明显。中国沿海地区大多地势低平,极易遭受因海平面上升带来的各种灾害威胁,海平面上升引起的一系列问题,对中国沿海地区防洪、水资源和生态环境等应对气候变化提出了现实的严峻挑战。

（1）中国沿海海平面、台风、风暴潮的演变规律及未来趋势

近 50 年来,中国沿海海平面整体呈上升趋势,20 世纪 80 年代中期后上升加快。1980—2014 年,中国沿海海平面上升速率为 2.9 mm/a;1993—2003 年,中国沿海海平面的上升速率为 5.5 mm/a,高于全球平均水平。我国沿海海平面变化具有明显的区域特征,渤海西南部、黄海南部和海南岛东部沿海海平面上升较快,而辽东湾西部、东海南部和北部湾沿海海平面上升较缓。

江苏、浙江与上海沿岸海平面具有显著的季节变化,年变幅由北向南逐渐减小,季节性高、低海平面出现的月份自北向南逐渐递推。江苏北部沿岸季节性高水位一般出现在 8 月,季节低水位出现多为 1 月,年变幅达 45 cm 左右。1980—2014 年,江苏、上海与浙江沿岸海平面的平均上升速率为 3.2 mm/a。江苏南部与浙江北部沿岸海平面上升趋势最强,升速超过 4.0 mm/a;江苏北部与长江口海域升速约为 3.0 mm/a;浙江中部与南部海平面上升较缓,升速约为 2.2 mm/a。

登陆我国的台风生成个数呈减少趋势,但强台风个数和占总数比例均呈上升趋势;生成台风的平均生源地扩大,这意味着台风的频率和强度与之前相比均增大。登陆我国的台风 21 世纪以来呈现个数多、强度大、灾损重的趋势,登陆时间的极端性和集中程度也更趋明显,登陆时间跨度呈逐渐增大趋势;登陆台风在我国大陆产生的降水资源量呈明显增加趋势,台风暴雨灾害风险也在增加。

受气候变化和海平面上升等因素的影响,江苏、上海与浙江沿岸的平均潮差和

平均高、低潮位均出现了明显的趋势性变化。潮差总体呈现增大趋势,平均增速为 2.7 mm/a;平均高潮位呈显著上升趋势,上升速率为 5.2 mm/a,较同期海平面变化速率高 63%;平均低潮位总体也呈上升趋势,上升速率为 2.5 mm/a。

江苏、上海与浙江沿岸最大增水一般在 1.5 m 以上,其中浙江南部与江苏南部最大增水较大,江苏北部、浙江北部与中部次之;从超过 0.5 m、1.0 m 与 1.5 m 增水的出现频率看,位于江苏南部较大增水出现频率最高,苏北沿岸次之,长江口附近海域最低。海平面上升和潮差增大,抬升了沿岸的高潮位,导致出现同样高度极值潮位的重现缩短;若未来相对海平面上升 50 cm,6 个长期验潮站中,有 3 个站的 100 年一遇的高潮位将变为不足 10 年一遇的极值水位;若考虑潮差增大的因素,极值高潮位重现期将下降得更为显著。

基于中国近海近 50 年海平面变化的周期性、趋势性等规律,分别应用海平面变化预测的统计方法和构建的西北太平洋潮波数学模型,预测了我国沿海海平面上升趋势和空间变化。相对于 2001—2010 年平均海平面,中国沿海 2020 年上升幅度为 6~17 cm,2050 年为 18~38 cm,2100 年为 34~77 cm。外海海平面上升以后,我国沿海高水位影响较大的海域是福建沿海、杭州湾海域和北部湾海域。

（2）海平面上升对典型沿海地区防洪安全的影响

海平面上升对风暴潮最高水位和最大增水的影响:预测 2050 年和 2100 年外海海平面分别上升 15 cm、30 cm、50 cm 和 90 cm 的情况下海平面上升对我国东部沿海风暴潮高水位和最大增水的影响。计算发现,风暴潮最高水位的增加幅度往往超过相应海平面上升的幅度,最大变幅可达 20%(相对海平面上升值),体现了风暴潮、天文潮和海平面的非线性作用。对台风暴潮最大增水而言,海平面上升的影响不明显。

海平面上升对典型地区感潮河段防洪的影响:海平面上升和风暴潮对长江、黄浦江和瓯江河口的影响与径流有关,上游径流小则对上游影响范围大;海平面上升的幅度越大对上游的影响范围越大。洪水条件下,海平面上升后,沿江堤防水位在河口段存在非线性叠加现象。在风暴潮、洪水和海平面上升共同作用下,河口局部地区非线性叠加效果更加明显,需要在堤防设计中给予考虑。

海平面上升对典型沿海地区海堤防御能力的影响:上海现有海堤在海平面上升 36 cm 的情景下,仅考虑海平面影响线性作用于设计高潮位,现状 200 年一遇的高潮位下降到 50~80 年一遇,100 年一遇的高潮位下降到不足 50 年一遇;江苏现有海堤一般均能满足抗御现状 50~100 年一遇高潮位的袭击,而不会被漫溢,但当海平面上升 50 cm 时,现状 100 年一遇和 50 年一遇频率的高潮位将分别变为 50 年一遇和 20 年一遇左右。考虑到风暴潮水位的非线性叠加影响以及波浪的变化,其重现期还将进一步降低。因此，在海堤建设和防护中，要充分考虑海平面上升的影响。

海平面上升对海堤设计标准修订的建议：以《海堤工程设计规范》(GB/T 51015—2014)为主，结合我国沿海地区防风暴潮标准和防御风暴潮能力，探讨了海平面上升背景下海堤设计标准修订的建议。建议在堤顶高程设计中，在设计高潮位和波浪爬高计算中均要考虑海平面上升的影响。建议在近期拟建的新海堤堤顶高程设计中，推算设计高潮位和波浪爬高时，至少考虑到 2050 年海平面可能上升值。

(3) 海平面上升对沿海地区水资源安全的影响

长江三角洲和珠江三角洲的咸潮变化对沿海典型地区水利工程、供水设施及供水布局等具有一定的影响。海平面上升对盐度的影响计算表明，对长江口而言，海平面上升 90 cm 时，盐度增加 0.2 ppt 的范围在吴淞以下，对上游的影响较小。对珠江口来说，随着上游来水频率的增大，流量减小，咸潮上溯距离增大；同一来水频率条件下，随着海平面的上升，咸潮上溯界线明显向上游方向移动。

结合目前水资源现状和水利工程建设情况，利用耦合咸潮分析模型和水资源优化配置模型建立了受咸潮影响区的水资源优化配置模型，通过水资源优化配置模型对各用水户之间水资源进行的科学分配，可缓解咸潮上溯对水资源利用的影响。

(4) 海岸带典型退化生态系统演变及修复关键技术

1980—2014 年，整个苏北沿海区域湿地面积净减少了 1 203.49 km²，年平均减少速率为 35.40 km²/a。其中天然湿地面积减少 2 685.91 km²，占整个研究区域面积的 8.73%，人工湿地增加 1 482.42 km²，占整个研究区域面积的 4.82%。天然湿地面积丧失以及人工面积增加主要发生在海岸滩涂区域，天然湿地面积的减少丧失要大于人工湿地面积的增长。人工湿地的增加，主要表现为养殖水体、水田及水库坑塘的面积增长，其中养殖水体的面积增加占绝对主导地位。

苏北海岸带区域天然湿地的转型变化最为显著，尤以天然湿地向人工湿地的转型最为明显。海岸带区域湿地系统的结构性退化，主要以生境丧失即天然湿地向人工湿地转型类型为主，人类干扰对苏北海岸带研究区域湿地系统结构性退化的影响最为显著。湿地系统的正向演进主要以草甸向天然湿地的渐进恢复为主，自然过程对苏北海岸带研究区域湿地系统结构性正向演进的影响最为显著。目前苏北海岸带地区现代湿地系统的演化过程主要是以退化过程为主导。

以江苏 10 个沿海县(市、区)行政单元为评估单元，滨海湿地生态系统脆弱性评价结果表明，以如东等级程度为最高；射阳、大丰、东台和启东次之，脆弱程度较高;海门脆弱程度中等;通州脆弱程度较低;响水、滨海、海安脆弱程度最低。

苏北海岸带典型退化湿地系统生态修复的关键技术包括生物修复技术、生物阻断技术、物理修复技术、工程修复技术、综合修复技术等。应对海平面上升应加强工程技术措施与生物技术的结合,考虑在集水区乃至流域系统尺度上寻求构建湿地修复与区域社会经济发展的良性循环机制。

(5)沿海地区应对海平面上升的技术应用

以江苏盐城和南通典型沿海地区为例,在海平面上升 50 cm 的情景下,对区域水安全影响最为严重的为防洪安全,以中部海积平原的射阳、大丰、东台受影响最为严重;由于海平面上升引起的盐水入侵导致的供水安全,以海门和启东最为严重;由于海平面上升引起的生态安全,以如东和东台最为严重。

基于未来我国海平面上升、风暴潮变化趋势分析方法以及海平面上升、风暴潮变化对防洪安全、水资源安全、生态安全影响评价方法,整合 GIS 空间分析,集成了沿海地区应对海平面上升技术,构建了综合模拟、未来预测及影响评估模型系统平台,实现了海平面上升背景下对水安全影响时空格局的模拟,为海平面变化对社会经济的影响研究以及海岸带管理、开发与决策提供新的思路与应用工具。

从法律建设、区域规划、工程措施和非工程措施相结合的多种途径着手,在沿海地区因地制宜综合应用海岸带环境的监测技术和灾害预警技术、海平面、台风及风暴潮演变趋势分析技术、风暴潮及其影响的数学模拟技术、沿海城市和重大工程设施的防护标准修订技术、咸潮盐水入侵模拟与信息预警技术、陆地河流与水库调水相结合压咸补淡技术等关键技术,可以提高应对海平面上升能力,保障沿海地区的防洪安全、供水安全和生态安全。

(6)应对海平面上升的展望与建议

全面核定和修订海堤设计标准。目前研究已经提出了典型区海堤的修订标准,还需在全国范围开展海堤设计标准核定和修订研究,对于保障沿海地区防洪安全尤为紧急重要。

高度重视海平面上升对地下水的影响。海平面上升和地面沉降加剧了海水入侵,进而影响沿海地区供水安全和生态安全。针对典型区江苏沿海,因其供水水源主要为地表水,需要注重从海平面上升和风暴潮变化引起的长江口盐水上溯影响供水水源来开展。我国其他沿海地区,主要分布在渤海、黄海沿岸,海水入侵尤为严重,该地区有部分地下水作为供水水源,海平面已影响到其供水安全,研究黄渤海典型区海平面上升对地下水的影响及适应措施并开展应用示范,是亟须解决的问题。

积极开展沿海地区海平面上升、风暴潮、海浪灾害预警评估系统建设。气候变化背景下,海平面上升及风暴潮灾害可能威胁沿海地区经济社会的可持续发展,建设沿海地区海平面上升、风暴潮、海浪灾害预警评估系统,是亟须开展的重要研究内容。

科学推进全球变化对海岸带影响的综合风险评估与管理。海岸带自然特征与社会经济发展水平的区域差异明显,海平面上升对各地区海岸带自然环境的影响和社会经济的风险表现也不尽相同,对海岸带地区面临的海平面上升风险进行科学评估和综合管理具有重要的实践意义。

参考文献

［1］ BRUWIER M，MARAVAT C，MUSTAFA A，et al. Influence of urban forms on surface flow in urban pluvial flooding ［J］. Journal of Hydrology，2022,582：124493.

［2］ CHAN F K S，JAMES A，GRIFFITHS，et al. "Sponge City" in China—A breakthrough of planning and flood risk management in the urban context ［J］. Land Use Policy，2018,76：772-778.

［3］ COOLEY S，SCHOEMAN D，BOPP L，et al. Oceans and coastal ecosystems and their services，IPCC AR6 WGII ［M］. Cambridge：Cambridge University Press，2022.

［4］ DOHMANN M. 雨水处理及回用在德国海绵城市排水系统中的应用 ［J］.净水技术，2017,36(3)：1-7.

［5］ FENG J L，LI D L，WANG H，et al. Analysis on the extreme sea levels changes along the coastline of Bohai Sea，China ［J］. Atmosphere，2018，9(8)：324.

［6］ FERREIRA C，MORUZZI R，ISIDORO J M G P，et al. Impacts of distinct spatial arrangements of impervious surfaces on runoff and sediment fluxes from laboratory experiments ［J］. Anthropocene，2019，28：100219.

［7］ FIDAL J，KJELDSEN T R. Accounting for soil moisture in rainfall-runoff modelling of urban areas ［J］. Journal of Hydrology，2020,589：125122.

［8］ GRIFFITHS J，CHAN F K S，SHAO M，et al. Interpretation and application of Sponge City guidelines in China ［J］. Philosophical Transactions of the Royal Society A：Mathematical Physical and Engineering Sciences，2020,378

（2168）：20190222.

[9] HAGUE B S, JONES D A, JAKOB D, et al. Australian coastal flooding trends and forcing factors [J]. Earth's Future, 2022, 10(2)：e2021EF002483.

[10] HAUER M, MUELLER V, SHERIFF G, et al. More than a nuisance：Measuring how sea level rise delays commuters in Miami, FL [J]. Environmental Research Letters, 2021, 16 (6)：064041.

[11] HILMI E, AMRON, CHRISTIANTO D. The potential of high tidal flooding disaster in North Jakarta using mapping and mangrove relationship approach [J]. IOP Conference Series：Earth and Environmental Science, 2022, 989(1)：012001.

[12] KUMAR N, LIU X L, NARAYANASAMYDAMODARAN S, et al. A systematic review comparing urban flood management practices in India to China's Sponge City Program [J]. Sustainability, 2021, 13(11)：1-30.

[13] YANG L, SCHEFFRAN J, QIN H P, et al. Climate-related flood risks and urban responses in the Pearl River Delta, China [J]. Regional Environmental Change, 2015,15(2)：379-391.

[14] MENG L T, SUN Y, ZHAO S Q. Comparing the spatial and temporal dynamics of urban expansion in Guangzhou and Shenzhen from 1975 to 2015：A case study of pioneer cities in China's rapid urbanization[J]. Land Use Policy, 2020, 97：104753.

[15] MILLER J D, KIM H, KJELDSEN T R, et al. Assessing the impact of urbanization on storm runoff in a peri-urban catchment using historical change in impervious cover[J]. Journal of Hydrology, 2014, 515：59-70.

[16] MILLY P C D, BETANCOURT J, FALKENMARK M, et al. On critiques of "Stationarity is Dead：Whither Water Management?" [J]. Water Resources Research, 2015,51(9)：7785-7789.

[17] SILVA C D M, SILVA G B L D. Cumulative effect of the disconnection of impervious areas within residential lots on runoff generation and temporal patterns in a small urban area [J]. Journal of Environmental Management, 2020, 253：109719.

[18] SONG M M, ZHANG J Y, BIAN G D, et al. Quantifying effects of urban land-use patterns on flood regimes for a typical urbanized basin in eastern China[J]. Hydrology Research, 2020, 51(4)：1521-1536.

[19] SWEET W V, KOPP R E, WEAVER C P, et al. Global and regional sea level rise scenarios for the United States [R]. NOAA Technical Report NOS CO-OPS 083, 2017.

[20] SYTSMA A, BELL C, EISENSTEIN W, et al. A geospatial approach for estimating hydrological connectivity of impervious surfaces [J]. Journal of Hydrology, 2020, 591: 125545.

[21] TANG Y T, CHAN F K S, O'DONNELL E C, et al. Aligning ancient and modern approaches to sustainable urban water management in China: Ningbo as a "Blue-Green City" in the "Sponge City" campaign [J]. Journal of Flood Risk Management, 2018, 11(4): e12451.

[22] YANG Y T, RODERICK M L, YANG D W, et al. Streamflow stationarity in a changing world[J]. Environmental Research Letters, 2021, 16(6): 064096.

[23] ZHOU Z Z, LIU S G, ZHONG G H, et al. Flood disaster and flood control measurements in Shanghai [J]. Natural Hazards Review, 2016, 18(1): B5016001.

[24] 白冰, 费智涛, 马东辉. 中美风暴潮防控对比——以惠州和纽约为例: 人民城市, 规划赋能——2022中国城市规划年会论文集(01城市安全与防灾规划)[C]. 武汉: 中国城市规划学会, 2023: 721-731.

[25] 蔡祎, 艾松涛, 赵前胜. 我国东南沿海风暴潮灾害时空分布规律及可视化研究[J]. 测绘地理信息, 2023, 48(4): 116-121.

[26] 岑国平, 沈晋, 范荣生, 等. 城市地面产流的试验研究[J]. 水利学报, 1997(10): 47-52.

[27] 陈文龙, 何颖清. 粤港澳大湾区城市洪涝灾害成因及防御策略[J]. 中国防汛抗旱, 2021, 31(3): 14-19.

[28] 陈新芳, 冯慕华, 关保华, 等. 微地形对小微湿地保护恢复影响研究进展[J]. 湿地科学与管理, 2020, 16(4): 62-65+70.

[29] 仇威, 朱建荣. 持续强北风天气下长江口盐水入侵对径流量的响应[J]. 华东师范大学学报(自然科学版), 2023(3): 132-146.

[30] 戴慎志. 增强城市韧性的安全防灾策略[J]. 北京规划建设, 2018(2): 14-17.

[31] 丁依婷, 董帝渤. 基于韧性视角的福建沿海风暴潮风险综合评估研究[J]. 热带海洋学报, 2024, 43(1): 126-136.

[32] 方佳毅,史培军.全球气候变化背景下海岸洪水灾害风险评估研究进展与展望[J].地理科学进展,2019,38(5):625-636.

[33] 冯杰,黄国如,张灵敏,等.海口市城市暴雨内涝成因及防治措施[J].人民珠江,2015,36(5):71-74.

[34] 付翔,梁森栋,郭洪琳,等.中国沿海40年台风风暴潮特征研究[J].海洋预报,2023,40(6):1-11.

[35] 侯精明,李东来,王小军,等.建筑小区尺度下LID措施前期条件对径流调控效果影响模拟[J].水科学进展,2019,30(1):45-55.

[36] 侯精明,李钰茜,同玉,等.植草沟径流调控效果对关键设计参数的响应规律模拟[J].水科学进展,2020,31(1):18-28.

[37] 黄光玮,匡翠萍,顾杰,等.海平面上升对珠江口咸潮入侵的影响[J].水动力学研究与进展(A辑),2021,36(3):370-379.

[38] 黄叶华.沿海平原地区防洪排涝规划对策研究——以浙江省宁波市为例[J].城乡建设,2014(4):33-35.

[39] 李昌志,程晓陶.日本鹤见川流域综合治水历程的启示[J].中国水利,2021(3):61-64.

[40] 李娜,张念强,丁志雄.我国城市内涝问题分析与对策建议[J].中国防汛抗旱,2017,27(5):77-79+85.

[41] 李思达,方佳毅,周巍,等.高潮位洪水的致灾机制、风险评估与预报评述[J].地理科学进展,2024,43(1):190-202.

[42] 李文善,左常圣,王慧,等.中国主要入海河口咸潮入侵变化特征[J].海洋通报,2019,38(6):650-655.

[43] 李颖,朱美琪,张雪玲.1971—2020年影响中国的热带气旋特征[J].辽宁师范大学学报(自然科学版),2024,47(1):103-109.

[44] 廖喜庭.关于水文测验中岸边流速系数的选用问题[J].水利水电技术,1987(7):1-6.

[45] 林发永,李学峰,丁国川,等.超大城市排涝关键技术思考与探讨[J].水利规划与设计,2022(6):12-15+68.

[46] 刘金贵,李谊纯,仇天宇.珠江河口咸潮入侵研究进展[J].广东海洋大学学报,2023,43(1):134-140.

[47] 刘仕潮,李明杰,吴少华.江苏沿海台风风暴潮特征分析[J].海洋预报,2024,41(2):1-12.

[48] 刘曙光,周正正,钟桂辉,等.城市化进程中的防洪排涝体系建设[J].科

学,2020,72(5):32-36+4.

［49］罗智丰.2000—2022年严重影响珠江口的台风暴潮增水规律分析[J].广东水利水电,2024(2):7-13.

［50］罗紫元,曾坚.城市化品质、城市韧性与"台风-暴雨"灾害风险分析——以7个东南沿海省市为例[J].科技导报,2021,39(15):124-134.

［51］梅超,刘家宏,王浩,等.城市下垫面空间特征对地表产汇流过程的影响研究综述[J].水科学进展,2021,32(5):791-800.

［52］石先武,高廷,谭骏,等.我国沿海风暴潮灾害发生频率空间分布研究[J].灾害学,2018,33(1):49-52.

［53］宋鹏越,徐宗学,李鹏,等.土地利用变化对流域产汇流的影响:以济南市黄台桥以上流域为例[J].水利水电技术(中英文),2023,54(12):143-154.

［54］宋晓猛,张建云,贺瑞敏,等.北京城市洪涝问题与成因分析[J].水科学进展,2019,30(2):153-165.

［55］宋晓猛,徐楠涛,张建云,等.中国城市洪涝问题:现状、成因与挑战[J].水科学进展,2024,35(3):357-373.

［56］田富强,程涛,芦由,等.社会水文学和城市水文学研究进展[J].地理科学进展,2018,37(1):46-56.

［57］王慧,李文善,范文静,等.2020年中国沿海海平面变化及影响状况[J].气候变化研究进展,2022,18(1):122-128.

［58］王璐阳,张敏,温家洪,等.上海复合极端风暴洪水淹没模拟[J].水科学进展,2019,30(4):546-555.

［59］王强,许有鹏,于志慧,等.快速城市化地区多尺度水文观测试验与暴雨洪水响应机理分析[J].水科学进展,2022,33(5):743-753.

［60］王玉琦,李铖,刘安琪,等.2022年长江口夏季咸潮入侵及影响机制研究[J].人民长江,2023,54(4):7-14.

［61］王照华,吴克俭,赵栋梁.西北太平洋热带气旋极端事件对比分析[J].海洋环境科学,2024,43(5):755-765.

［62］王振康,雍斌.中国沿海地区热带气旋变化特征分析[J].水电能源科学,2023,41(4):22-26.

［63］夏军,石卫.变化环境下中国水安全问题研究与展望[J].水利学报,2016,47(3):292-301.

［64］徐宗学,程涛,任梅芳."城市看海"何时休——兼论海绵城市功能与作用[J].中国防汛抗旱,2017,27(5):64-66+95.

［65］徐宗学,任梅芳,程涛,等."城市看海":城市水循环是基础,流域统一管理是根本[J].中国防汛抗旱,2020,30(4):20-24.

［66］徐宗学,陈浩,黄亦轩,等.我国沿海地区城市洪(潮)涝成因及应对策略——以深圳市为例[J].中国防汛抗旱,2024,34(1):14-18+35.

［67］徐宗学,廖如婷,舒心怡.城市洪涝治理与韧性城市建设:变革、创新与启示[J].中国水利,2024(5):17-23.

［68］杨冬冬,韩轶群,曹磊,等.基于产汇流模拟分析的城市居住小区道路系统布局优化策略研究[J].风景园林,2019,26(10):101-106.

［69］杨芳,林中源,邹华志,等.极端干旱条件下珠江口东江三角洲咸潮上溯响应规律研究[J].海洋通报,2023,42(5):496-507.

［70］袁方超,吴向荣,卢君峰.福建中南部沿海风暴潮统计特征分析[J].海洋预报,2018,35(3):68-75.

［71］张春艳,刘昭华,王晓利,等.20世纪50年代以来登陆中国热带气旋的变化特征分析[J].海洋科学,2020,44(2):10-21.

［72］张海燕.南海区台风风暴潮时空分布特征[J].海洋预报,2019,36(6):1-8.

［73］张浩东.城市洪涝灾害模拟与工程调度研究———以广州市沙河涌为例[D].武汉:华中科技大学,2022.

［74］张建云,宋晓猛,王国庆,等.变化环境下城市水文学的发展与挑战——I.城市水文效应[J].水科学进展,2014,25(4):594-605.

［75］张建云,王银堂,贺瑞敏,等.中国城市洪涝问题及成因分析[J].水科学进展,2016,27(4):485-491.

［76］张建云,王银堂,胡庆芳,等.海绵城市建设有关问题讨论[J].水科学进展,2016,27(6):793-799.

［77］张建云,王银堂,刘翠善,等.中国城市洪涝及防治标准讨论[J].水力发电学报,2017,36(1):1-6.

［78］张金良,罗秋实,王冰洁,等.城市极端暴雨洪涝灾害成因及对策研究进展[J].水资源保护,2024,40(1):6-15.

［79］张怡然.温州市台风风暴潮灾害风险辨识与生态防灾规划研究[D].天津:天津大学,2021.

［80］张震,王露露.海绵城市背景下城市防洪排涝规划经验探索[J].人民珠江,2019,40(1):121-124.

［81］赵珊珊,李莹,赵大军,等.2001—2020年中国月尺度热带气旋灾害时空

变化特征研究[J].气候变化研究进展,2023,19(5):592-604.

　　[82] 赵越,张白石.我国沿海城市极端天气洪涝灾害的防灾对策调查与思考[J].建筑与文化,2017(11):175-177.

　　[83] 自然资源部.2022年中国海平面公报[EB/OL].[2023-04-05].https://gi.mnr.gov.cn/202304/t20230412_2781114.html.

　　[84] 自然资源部.2023年中国海平面公报[EB/OL].[2024-04-15].https://gi.mnr.gov.cn/202404/t20240429_2844012.html.

　　[85] 钟华,张冰,商华岭,等.滨海城市多致灾因子洪涝淹没情景分析:2022中国水利学术大会论文集(第一分册)[C].郑州:黄河水利出版社,2023.

　　[86] 周宏,刘俊,高成,等.我国城市内涝防治现状及问题分析[J].灾害学,2018,33(3):147-151.

　　[87] 朱建荣,吴辉,李路,等.极端干旱水文年(2006)中长江河口的盐水入侵[J].华东师范大学学报(自然科学版),2010(4):1-6+25.

　　[88] 朱诗尧.城市抗涝韧性的度量与提升策略研究——以长三角区域城市为例[D].南京:东南大学,2021.

　　[89] 朱宜平.长江口青草沙水域外海正面盐水入侵特点分析[J].华东师范大学学报(自然科学版),2021(2):21-29.

　　[90] 庄媛.长江口潮汐特征分析:第二十二届华东六省一市测绘学会学术交流会论文集(二)[C].南京:江苏省测绘地理信息学会,2021.

　　[91] 自然资源部.2022年中国海洋灾害公报[EB/OL].[2023-04-05].http://gi.mnr.gov.cn/202304/t20230412_2781112.html.